BIBLIOTHÈQUE DES PARENTS ET DES MAITRES

PUBLIÉE SOUS LA DIRECTION DE M. PAUL CROUZET

Honorée d'une souscription du Ministère de l'Instruction publique.

X

E. POUTHIER

PROFESSEUR AU COLLÈGE ROLLIN.

Pour qu'on apprenne les Mathématiques

PRÉFACE DE M. B. BAILLAUD

MEMBRE DE L'INSTITUT ET DU BUREAU DES LONGITUDES, DIRECTEUR DE L'OBSERVATOIRE DE PARIS

TOULOUSE
ÉDOUARD PRIVAT
ÉDITEUR
RUE DES ARTS, 14

PARIS
HENRI DIDIER
ÉDITEUR
RUE DE LA SORBONNE, 6

1912

Pour qu'on apprenne les Mathématique

BIBLIOTHÈQUE DES PARENTS ET DES MAITRES
PUBLIÉE SOUS LA DIRECTION DE M. PAUL CROUZET
Honorée d'une souscription du Ministère de l'Instruction publique.

X

E. POUTHIER
PROFESSEUR AU COLLÈGE ROLLIN.

Pour qu'on apprenne les Mathématiques

PRÉFACE DE M. B. BAILLAUD
MEMBRE DE L'INSTITUT ET DU BUREAU DES LONGITUDES.
DIRECTEUR DE L'OBSERVATOIRE DE PARIS

TOULOUSE
ÉDOUARD PRIVAT
ÉDITEUR
RUE DES ARTS, 14

PARIS
HENRI DIDIER
ÉDITEUR
RUE DE LA SORBONNE, 6

1912

A Monsieur Albert PIAT

Hommage d'estime et d'amitié.

PRÉFACE

A la page 205 de ce livre, M. Pouthier fait un rêve aussi séduisant, dit-il, que lointain. Il conçoit un collège où toutes les études théoriques seraient distribuées chaque matin, tandis que l'après-midi serait réservé aux travaux pratiques dirigés au laboratoire par les professeurs de physique et de chimie, sur le terrain par ceux d'histoire naturelle et de géographie physique, en pleine campagne ou dans les musées par le professeur de littérature, à la salle à dessiner contenant divers outils par le professeur de mathématiques ; tout cela donnant aux élèves, pour leur plus grand bien, des heures de liberté, de temps perdu, de gaieté. Dans ce collège idéal, la coopération des parents et des maîtres serait plus facile, sans doute, qu'elle ne l'est aujourd'hui.

Nous ne verrons pas se réaliser le rêve de M. Pouthier, qui ne l'espère pas lui-même; mais, avec beaucoup de bonne volonté de la part de chacun, la coopération est réalisable. Les volumes déjà parus de cette collection l'ont assez mis en évidence : *Collégiens et familles, Mères et fils, Préjugés d'autrefois et carrières d'aujourd'hui, La vie familiale, Pour mieux vivre*, pour les aspects les plus généraux; *L'art et l'enfant, Pour qu'on voyage, Le français de nos enfants,* à des points de vue particuliers. Le livre de M. Pouthier, à son tour, en donne le moyen pour les premières études mathématiques, celles qui sont nécessaires à tous.

L'étude des mathématiques, dans ces limites, peut être éducative; elle ne l'est que si les maîtres s'arrangent pour être compris. Qu'ils puissent l'être de tous les élèves, c'est l'avis de M. Pouthier et de nombreux professeurs des plus expérimentés. Dans le cycle scolaire, les notions de mathématiques doivent être enseignées deux fois : d'abord par la méthode naturelle, observation et expérience, qui, appliquée avec la lenteur et le soin nécessaires, donne aux élèves des vues claires des éléments en cause.

Ce n'est qu'ensuite, dans une seconde étude, que l'on appliquera la méthode logique. C'est vraiment plaisir de voir comment M. Pouthier, depuis la première idée de nombre entier jusqu'à l'étude de la variation des fonctions simples, depuis la notion de plan, de ligne, de point jusqu'à celle des cylindres, des cônes, de la sphère, des surfaces réglées, sait conduire l'enfant comme par la main, l'intéressant sans le fatiguer, lui faisant souvent deviner la solution des questions posées, ne laissant rien qui paraisse obscur à cet enfant qui doit devenir « un esprit clair, voyant juste, raisonnant juste », suivant une expression de L. Liard. Plus tard, quand viendra l'application de la méthode logique, parents et élèves ne tireront pas des judicieux avis de M. Pouthier un profit moindre.

Il n'est pas besoin d'être spécialement doué pour comprendre les mathématiques. C'était l'avis d'Henri Poincaré. Beaucoup de professeurs ont eu occasion de constater que des élèves excellents dans tout autre domaine, mais qui restaient les derniers de leur classe en mathématiques, s'y sont placés au premier rang le jour où, un maître les ayant intéressés, ils ont pris la peine d'apprendre; quelques-uns, plus tard, se sont révélés mathématiciens de valeur. Cependant, il serait excessif de ne pas dire que là comme ailleurs les élèves éprouvent des difficultés plus ou moins grandes. Ile sont plus ou moins capables d'attention et, aussi, ils ont plus ou moins la mémoire un peu spéciale des formules, des propriétés des nombres ou des figures. Tisserand, qui a illustré l'Observatoire de Paris, disait voir plus clairement les positions relatives des points de la Terre sur le tableau de leurs longitudes et de leurs latitudes que sur une carte. Ce n'était pas, sans doute, une coquetterie paradoxale : Tisserand n'en était pas capable. Plus d'un élève peut avoir grand' peine à retenir les propriétés mathématiques; il en souffrira, suivra difficilement les explications, ne songera pas, pour résoudre les problèmes, à rapprocher des propositions qui ne se présenteront pas à son esprit. S'il est patient, qu'il se rassure! Cette sorte de mémoire, comme toute autre, se développe par l'exercice. Un de mes camarades de collège, à neuf ans, pleurait sur ses livres, ne pouvant apprendre ses leçons; en rhétorique, il les savait dès qu'il les avait lues une fois. Peut-être est-ce cet exemple qui m'a laissé l'impression profonde que l'essentiel est l'effort et que, aussi bien au collège que dans la suite de la vie, on distingue surtout ceux qui sont persévérants, acharnés, et les autres.

Cet effort que l'on doit demander aux élèves, M. Pouthier veut qu'il ne soit pas, pour eux, sans résultats immédiats. S'il l'était, le découragement viendrait vite. Les devoirs doivent être faciles ; tout au moins, un devoir doit comprendre une partie très simple, que tous les élèves puissent trouver d'eux-mêmes. Pour le reste, si les parents ou les maîtres les aident, ils le feront très discrètement. Il ne s'agit pas, pour eux, de se substituer aux enfants : un mot bien choisi doit suffire. Il n'est pas utile et il n'est pas moral que l'élève apporte à son maître un devoir fait complètement par un autre que lui. Le maître se contentera souvent de n'en avoir qu'une partie, si elle est vraiment l'œuvre de l'élève. Il devinera qu'à tel endroit l'élève a été aidé ; mais il appréciera l'effort à de nombreux indices, au soin notamment apporté à la rédaction. Celle d'un élève se distingue de celle d'un autre, comme le style d'un écrivain de talent du style d'un autre. Les parents (et il y en a de fort instruits) qui font les devoirs de leurs enfants les trompent et se trompent eux-mêmes. Ils pourront être surpris, plus tard, d'avoir des fils sans énergie intellectuelle et d'une insuffisante valeur morale. Il eût mieux valu, pour ces enfants, avoir des parents d'instruction médiocre. Ceux-ci, M. Pouthier l'affirme et nul ne le contredira, en s'intéressant, même de loin, au travail de leurs enfants, peuvent aider le maître à leur prouver que tout effort produit un résultat. Si l'enfant, en quittant le collège, en est profondément convaincu, il aura, pour la vie, une arme essentielle; le but de son éducation sera atteint; on ne saurait trop le redire.

B. BAILLAUD.

INTRODUCTION

« Comment se fait-il qu'il y ait des gens qui ne comprennent pas les mathématiques? » se demande M. H. Poincaré.

Et cependant, il faut convenir que les mathématiques effrayent bien des personnes, et que, leur appareil aidant, elles paraissent être un monde mystérieux, ouvert aux seuls initiés.

C'est avec un parfait détachement, quelquefois même avec une nuance d'orgueil inattendu, que plus d'un homme mûr proclame que « au collège, il était nul en mathématiques ». En parlant ainsi, il sait qu'il peut compter sur l'indulgence de tout le monde.

Évidemment, on se trouve ici en présence d'une langue à part; mais une langue peut s'apprendre. On ne fait appel, en mathématiques, qu'à des principes simples, principes de bon sens ou de pure logique; on n'y étudie que

1

des phénomènes simples, simples parce qu'ils sont débarrassés des caractères accidentels.

Mieux encore, tous ceux qui s'adressent aux jeunes enfants, et leur apprennent les premiers éléments du calcul, constatent que, garçons et filles, tous s'y mettent avec plaisir. C'est un jeu qui les amuse autant que les *boîtes* de combinaisons qu'ils reçoivent en cadeaux d'étrennes. Le regretté Ed. Lucas allait jusqu'à prétendre que tout enfant, par un dressage convenable, peut devenir un calculateur-prodige, capable d'étonner le public, comme ceux que l'on exhibe dans les cirques et music-halls.

Tout cela est vrai, et cependant, lorsque l'enfant grandit, on constate trop souvent un éloignement, qui va en croissant, pour le calcul et l'arithmétique. Comment ce calcul, qui paraissait si amusant d'abord, est-il devenu moins agréable, puis pénible et insupportable? Comment l'arithmétique qui mène, selon l'expression de Bachet, sieur de Méziriac, *à de plaisants et délectables problèmes*, n'inspire-t-elle trop souvent que de l'indifférence ou de l'aversion ?

Ce n'est pas tout : l'insuffisance dans la pratique du calcul empêche, dans la suite, l'élève de s'intéresser dès le début à l'algèbre et d'y faire ces progrès qui encouragent plus puissamment que les récompenses et les bonnes notes.

On pourrait encore répéter presque les mêmes choses au sujet de la géométrie.

Nous ne saurions mieux résumer ces constatations journalières qu'en rappelant les paroles adressées par M. H. Poincaré à une assemblée de professeurs :

« Comment se fait-il qu'il y a tant d'esprits qui se refusent à comprendre les mathématiques? N'y a-t-il pas là quelque chose de paradoxal? Comment, voilà une science qui ne fait appel qu'aux principes fondamentaux de la logique, au principe de contradiction, par exemple, à ce qui fait pour ainsi dire le squelette de notre entendement, à ce qu'on ne saurait dépouiller sans cesser de penser, et il y a des gens qui la trouvent obscure! et même ils sont en majorité! Qu'ils soient incapables d'inventer, passe encore, mais qu'ils ne comprennent pas les démonstrations qu'on leur expose, qu'ils restent aveugles quand nous leur présentons une lumière qui nous semble briller d'un pur éclat, c'est ce qui est tout à fait prodigieux. » (*Conférences du Musée pédagogique*, 1904, Imprimerie nationale.)

Ce fâcheux état de choses tient à des causes multiples; les unes sont tout simplement inhérentes à la nature humaine; hommes et enfants, nous répugnons à l'effort prolongé. Or, si les questions qui se présentent en mathématiques sont d'abord simples, faciles même; si elles nécessitent moins d'intelligence peut-être que celles que l'on rencontre dans d'autres études, il faut aussi reconnaître qu'elles s'enchaînent, et que cet enchaînement n'est maintenu que par cet effort constant de la volonté que l'on nomme *attention*. Et les attentifs sont rares, surtout dans les grandes villes, dont la vie trépidante entraîne les citoyens de toutes classes à l'instabilité.

D'autres causes tiennent aux maîtres eux-mêmes : il nous a été donné à tous, maintes fois, de constater que l'ennui est communicatif; la leçon donnée sans plaisir est reçue avec indifférence ou pis. Et l'on ne peut vraiment que plaindre l'enfant condamné à réciter, si inutilement, *par cœur,* d'interminables tables d'opérations, des définitions abstraites incompréhensibles pour lui, des démonstrations plus ou moins recherchées dont il ne voit pas la nécessité. On ne se rappelle pas assez souvent que, l'attention exigeant un effort pénible, il faut offrir à l'enfant une compensation à cette peine, chercher toujours à l'intéresser et, au besoin, à l'amuser. Le travail accepté avec joie est le plus fécond. Et ne voyons-nous pas tous les jours, autour de nous, ces mêmes personnes qui ne cachent pas leur éloignement des mathématiques se livrer à des amusements qui exigent la même attention, mettent en jeu les mêmes facultés : les dames, les échecs, etc.?

Nous avons tous, dans les familles et à l'école, pu observer, et nous ne devrions pas oublier un instant qu'un enfant est plein de bonne volonté, mais qu'il n'est qu'un enfant, qu'il a besoin de mouvement et de gaieté autant que d'air et de nourriture, qu'il a besoin par conséquent de leçons vivantes, évoquant des faits et des êtres qui frappent son imagination. Il sera toujours temps, ensuite, plus tard, de l'amener à y découvrir les idées générales, auxquelles il ne répugnera pas, dès que son intelligence sera prête à les recevoir. Nous voilà loin, assurément, d'une belle leçon, bien ordonnée dans le silence du cabinet, mais dont la froide perfection ennuie l'élève qui l'écoute vaguement, n'en entend pas un mot, l'esprit ailleurs.

*
* *

Mais, dira-t-on, n'est-il pas avéré que l'on a besoin de dons naturels pour être mathématicien, et, dès lors, n'est-il pas impossible d'amener à l'intelligence des mathématiques ceux qui sont dépourvus de ces dons? La réponse à cette objection est facile : il est possible (et encore l'exemple des Pascal, des Descartes, des Voltaire, des Leibnitz, des Courier, des Berthelot et de bien d'autres que l'on pourrait citer, semble établir qu'une vaste intelligence ne se limite pas si étroitement), possible, dis-je, que des dons particuliers soient nécessaires pour être mathématicien, pour être peintre ou poète; mais ceux-là, qui pourraient fort bien se passer de maîtres, ne seront jamais que des exceptions fort rares, et nous avons, dans le problème de l'éducation, à nous occuper de la généralité des enfants. Or, un élève, d'intelligence moyenne, peut, avec des efforts suivis, savoir convenablement les lettres, les mathématiques, etc., sans aspirer jamais à être ni mathématicien, ni poète. La société a besoin surtout d'ingénieurs, de commerçants, d'agriculteurs. Les poètes, les artistes, échappent à toute discipline, ou, si l'on préfère, se développent isolément, en dehors de l'école.

Il s'agit uniquement, pour nous, d'une éducation, d'une formation intellectuelle; instruire, c'est, étymologiquement, former, aménager l'esprit de l'enfant. Rappelons-nous le conseil de M. Liard aux professeurs : « Ne perdons pas de vue que, dans nos classes, il s'agit de former, non des candidats à la section de géométrie de l'Académie des Sciences, mais des esprits clairs, voyant juste, raisonnant juste. »

Le but de l'enseignement des sciences est de former des citoyens réfléchis et actifs, et non pas seulement des savants. Si l'on se propose de meubler un appartement, on se gardera bien d'y entasser, au hasard, le plus de meubles possible. De même, l'éducation scientifique ne saurait consister dans l'accumulation inconsidérée de toutes sortes de connaissances ; elle apprendra à se servir, avec jugement, de celles que l'on possède en petit nombre, et à rechercher des méthodes pour s'attaquer aux difficultés que l'on rencontre dans la vie. Elle est donc une éducation de la volonté plus encore que de l'intelligence. L'erreur a été, précisément, de séparer trop souvent l'*éducation* de l'*instruction*, de rechercher l'érudition, d'étudier les mathématiques en elles-mêmes et pour elles-mêmes, alors qu'il s'agit uniquement de dégager des MÉTHODES, d'habituer à diriger l'effort. Alors que l'on ne devait voir dans les matières d'enseignement qu'un moyen, on y a vu un but.

Or, tous ceux qui ont enseigné les mathématiques ont pu constater que, si les élèves suivent volontiers une leçon qu'ils sont en état de comprendre, en revanche, ils donnent des signes d'indifférence, voire d'ennui, quand on répète trop longtemps cette leçon. Leur intérêt n'est de nouveau excité que si on leur propose des difficultés *nouvelles*, sous forme d'exercices. Ils ne fuient donc pas l'effort, mais ils demandent qu'un intérêt les soutienne.

Voici donc, ce semble, comment se pose le problème de l'éducation mathématique : d'une part, il *faut* surtout que l'enfant *veuille*, et veuille toujours, et, d'autre part, on ne peut pas demander un effort trop considérable, ni laisser venir l'ennui. Exciter sa curiosité, c'est l'amener à vouloir. Comment y arriver?

Pour exciter sa curiosité, il n'y aura qu'à lui faire promener ses regards autour de lui, l'aider à retrouver partout les premiers éléments des mathématiques, qui, nées de l'expérience, réduites au début à quelques recettes générales découvertes dans la lutte constante de l'homme contre la nature, forment peu à peu, lentement, un édifice admirable, de plus en plus vaste. Dans les pays civilisés surtout, on peut dire que les mathématiques nous entourent, pénètrent notre vie de toutes parts sans que nous en ayons conscience, à cause de l'habitude. Il y a de la géométrie partout, disait Leibniz. Après des observations répétées, la raison passe, des êtres *concrets*, imparfaits, à leurs types parfaits, conceptions *abstraites*, qui proposent à notre activité un but toujours plus élevé.

Pour amener l'enfant à vouloir, il suffira de lui faire constater que tout effort est suivi d'un résultat, que la volonté persévérante vient à bout des difficultés, que l'esprit d'initiative entretient chez nous l'activité, condition nécessaire de notre développement normal.

Il est clair maintenant que les parents peuvent, contrairement à une opinion générale, être d'un grand secours pour l'éducation mathématique de leurs enfants. Mis sur la voie, au besoin, par le professeur, ils auront plaisir à guider leurs enfants vers ces mathématiques que le monde nous offre de tous côtés.

Qu'ils ne viennent pas alléguer qu'ils sont incompétents, qu'ils ont oublié tout ce qu'ils avaient appris. Même dans ce cas, ce leur sera une grande joie, un regain de jeunesse, de refaire leur propre éducation avec celle de leurs enfants. La vie moderne, plus extraordinaire, grâce aux découvertes qui se succèdent si rapidement, que les plus étonnants contes de fées, ne peut laisser personne indifférent. Pour la goûter plus complètement, il faut à chacun un peu d'initiation mathématique, ne fût-ce que pour avoir l'habitude de l'enchaînement des idées, de la précision du langage si nécessaire à la clarté, de l'esprit critique ennemi de l'étroitesse d'esprit.

Un mot encore : dans ce qui va suivre, le père de famille ne doit pas s'attendre à trouver un cours, même abrégé, de mathématiques, qui y serait déplacé, mais il y rencontrera quelques utiles indications pour suivre le travail de l'enfant, collaborer avec ses maîtres, et donner ainsi à ce travail le meilleur rendement.

C'est pourquoi l'on devra y chercher non une suite d'études qui feraient double emploi avec l'école, mais des méthodes qui assureront et fortifieront l'œuvre de l'école, *quelle qu'elle soit*. C'est pourquoi aussi les débuts y seront exposés avec plus de détails, d'abord à cause de leur importance capitale, puis parce que c'est là que peut intervenir la famille avec le plus de fruit. A mesure que l'enfant croît en âge et en science, il prend conscience de ses forces, acquiert la confiance en lui-même, et peut de plus en plus se passer de tutelle.

D'autre part, les matières, devenues plus ardues, plus spéciales, offriraient de sérieux obstacles aux parents.

C'est pour les mêmes raisons que les développements qui vont suivre s'arrêteront naturellement après les éléments de l'arithmétique, de l'algèbre et de la géométrie. Les élèves qui abordent la trigonométrie, la mécanique, la géométrie analytique, le calcul infinitésimal, sont devenus des hommes, et le rôle de la famille est, quant à l'intervention directe, complètement terminé.

Qu'y trouveront les élèves? Pour répondre à cette question, il nous suffira de faire appel aux souvenirs nombreux que laisse toujours un long passé d'enseignement et d'éducation. Que de fois n'a-t-on pas reçu les tristes doléances, toujours les mêmes, d'une famille désolée de voir un enfant rebelle, malgré tout ce qu'elle a tenté, aux sciences, aux mathématiques surtout! Que de fois aussi, l'enfant, pressé de questions au sujet de cet éloignement, d'une prétendue inaptitude, n'a-t-il pas fini par déclarer qu'il lui répugne d'étudier une chose à laquelle il ne comprend rien, à laquelle il ne trouve aucune signification et, par suite, aucun intérêt! Que lui importent les triangles, les circonférences, et Thalès, et Pythagore, et tous les signes algébriques, qui ne parlent aucunement à son imagination, si prépondérante, si exigeante? Depuis que ses yeux se sont ouverts sur le monde des réalités, il a fait chaque jour des découvertes, des acquisitions nouvelles; il espère que chaque lendemain lui en apportera encore d'autres, et tout cela, on le conçoit, sollicite plus vivement son attention que des constructions abstraites, sévères, et vides de sens pour lui.

Et si nous nous souvenons des jeunes hommes rencontrés hors du collège qu'ils ont quitté, qui sont lancés dans la vie, dans les affaires, presque tous déplorent à l'envi de se sentir si dépaysés au milieu de toutes les applications scientifiques qui les entourent et se succèdent avec une étonnante rapidité. Ils ont bien suivi des cours scientifiques, voire même subi avec succès les épreuves des divers examens, mais leur savoir est une arme débile, inutile dans leurs mains. Les sciences mathématiques servent de truchement universel dans les sciences; c'est un langage qui permet l'assimilation complète des autres connaissances. Mais c'est à la condition que l'on ait la clef de ce langage.

Dès lors, il est permis d'espérer que les élèves trouveront dans ces pages, outre un écho des leçons de leurs professeurs et un reflet de la classe même, les raisons de prendre conscience des mathématiques, de leur point de départ, de leur but, de leurs méthodes, de leur universelle immixtion dans la vie. Puisqu'elles reposent sur l'expérience, l'observation du monde réel, elles parleront à leur imagination. Au lieu de leur apparaître comme une étude à part, elles se grouperont à côté de leurs autres acquisitions journalières, d'une façon naturelle. Puisqu'ils sauront à quoi elles tendent, où elles les mènent, ils s'y intéresseront; ils y verront l'appareil indispensable pour aborder d'autres études.

Une fois qu'ils auront reconnu qu'elles partent d'une vérité d'expérience, pour se développer graduellement, et qu'elles nécessitent, non des aptitudes spéciales, mais seulement de la bonne volonté, ils n'en auront plus peur. Puis, conscients de la force que leur apporte l'usage de quelques méthodes très nettes, ils s'y attacheront et seront bien souvent tentés, leurs études au collège finies, de rouvrir leurs livres, de ne pas délaisser le fonds acquis, et, au contraire, de l'augmenter afin de pouvoir se tenir au courant de la vie moderne. Cela vaudra mieux que la hâte à se débarrasser d'un bagage inutile de cours mal compris et de questions d'examen ou de concours, dont le souvenir n'est rien moins qu'agréable.

CHAPITRE PREMIER.

CALCUL ET ARITHMÉTIQUE

Voici un tout petit enfant n'ayant encore rien appris, pas même à lire, si vous voulez. Aussi bien s'agit-il de quelque chose de bien moins effrayant que d'apprendre à lire ou à écrire : il s'agit d'apprendre à calculer.

Combien peu, même de latinistes, en prononçant le mot *calcul*, pensent au latin *calculus*, dont nous avons fait, d'autre part, le mot *caillou*? Le calcul ne doit-il donc pas nous apparaître, ne serait-ce que par souvenir de ses origines, comme une sorte de jeu, que l'on joue au moyen de petits objets aussi pareils que possible : cailloux, haricots, pois, perles de verre, allumettes, etc.? Voyons comment.

Nous apprenons à compter.

L'enfant n'est pas exigeant et ne s'embarrasse pas de métaphysique. Vous mettrez devant lui successivement un, puis deux, puis trois... cailloux, et vous lui direz : voici un, deux ou trois cailloux. Il aura tôt fait de s'y reconnaître et sera fier de son petit succès. Mais il faut contrôler, et pour cela il suffit de lui proposer la difficulté *inverse*, de lui demander de placer sur la table un caillou, puis deux, puis trois.

Dans ces préliminaires, le bon sens nous gardera d'aller vite, et nous varierons en reprenant avec d'autres objets, en ne passant que prudemment à des acquisitions nouvelles; il sera bon de ne se trouver satisfait que lorsque l'enfant répondra sans se tromper aux deux questions inverses, comme : Combien y a-t-il d'épingles sur la table? Et : Mets cinq aiguilles sur la table. On profite, d'ailleurs, de la grande aptitude de l'enfant pour le jeu, en feignant de se laisser, à son tour, guider, interroger par lui. Quelle gaieté, lorsque l'enfant croit avoir attrapé papa ou maman, sans cesser cependant, tant est heureuse sa nature, d'avoir confiance en eux !

*
* *

Dès le début, l'opération *directe* peut être suivie de l'opération inverse; car, pour l'éducation future de l'enfant, il est nécessaire que les deux soient inséparables dans sa pensée; et, à cet égard, rien ne vaut l'habitude. L'enfant ayant compté jusqu'à trois objets, trois sous, par exemple, placés sur la table, on pourra en retirer un, puis un, puis le dernier, et faire *décompter*. Quand il n'en reste plus, vous dites qu'il y en a *zéro;* ceci a le don d'amuser les enfants, sans qu'il soit bien possible de dire pourquoi.

Aussitôt que notre élève sait compter jusqu'à six ou sept, nous pouvons aller plus avant. Voici un jeu fort amusant : prenant l'enfant sur ses genoux, le papa dessine sur une feuille de papier, soit au crayon, soit, ce qui est plus apprécié, au pinceau, avec de vives couleurs, un, puis deux, puis trois... objets semblables et connus de l'enfant : couteaux, verres, cuillers, etc., puis demande de les compter. Il a affaire à un auditoire bienveillant, très facile à contenter, qui admire sincèrement les dessins les plus rudimentaires et que cela amuse énormément.

*
* *

Avançons toujours dans l'abstraction. La pendule sonne : demandez à votre élève de compter les heures. Vous frappez sur la table : dites-lui de compter les coups, — ou, inversement, de frapper, à la demande, un nombre de coups donné.

La notion du nombre, ainsi basée sur l'expérience, est acquise sans ennui.

Nous pouvons, dès maintenant, faire un peu de science; les tas de cailloux se divisent en deux sortes : ceux que l'on peut mettre sur deux lignes

Fig. 1.

égales, et ceux pour lesquels c'est impossible. Ces alignements sont faciles à obtenir avec une boîte de soldats (*fig. 1*).

Nous distinguons ainsi les nombres en *pairs* et *impairs*. Nous pourrons alors proposer de trouver des exemples des deux : rangées d'arbres, les bras, les jambes ou les doigts, etc.

Avec les doigts, nous voici arrivés à dix; et, ici, la difficulté est plus grande. Notre petit élève a compté dix objets que nous lui avons montrés;

nous pouvons lui proposer de compter sur ses doigts jusque-là. Après, il sera impossible d'aller plus loin. Un moyen de se tirer d'affaire sera de poser sur la table une marque quelconque, un jeton, pour se rappeler que l'on a pris une fois tous les doigts des deux mains, et de recommencer à compter sur les doigts, sans oublier les dix premiers, en disant : dix-un, dix-deux, dix-trois, etc. Une pièce blanche de o fr. 50 comparée à dix sous, et représentant la même valeur sous son petit volume, permettra de faire apprécier cette abréviation.

Il est inutile, on le comprend sans peine, de révéler trop tôt à un enfant les exceptions : *onze*, *douze*, *treize*, *quatorze*, *quinze* et *seize*. Ces mots ne sont que des altérations des mots latins *undecim*, *duodecim*... *sexdecim*, qui signifient, proprement dit : un-dix, deux-dix, trois-dix... six-dix, et qui étaient suivis logiquement de : *septemdecim*, *octodecim*, *novemdecim*. Seulement, ces altérations rendent les mots en question peu reconnaissables et, en conséquence, ne laissent pas apercevoir la règle.

Rien ne ravit un enfant comme d'avoir un morceau de craie, ou un crayon, ou un pinceau chargé de couleur; il est bon d'en profiter pour l'habituer à fixer ses idées, maintenant qu'il sait compter, pas très loin, mais cela suffit. Il va sans dire que l'on aurait pu agir ainsi dès le début. Vous demandez à l'enfant de faire sur le tableau, l'ardoise ou le papier, un bâton, puis deux, puis davantage. Il sera enchanté si vous lui proposez de deviner vous-même le nombre de bâtons qu'il aura tracés tout seul; il vous verra les compter et comprendra qu'il vaut mieux se rendre compte de toutes choses au lieu de chercher à les deviner.

Puis, vous lui ferez effacer les bâtons l'un après l'autre, pour décompter, car c'est un point essentiel.

Il est temps de passer à l'écriture.

Votre élève, après avoir tracé deux bâtons, apprendra avec plaisir qu'il y a un moyen d'aller plus vite, qui est de procéder par le signe 2, — puis trois bâtons par le signe 3, — et ainsi de suite; cela lui plaît, parce qu'il y trouve une abréviation et aussi parce qu'il aime ce qui est nouveau.

Ne parlez pas d'emblée d'écrire dix; mais dix-un, dix-deux... en lui expliquant que l'on n'a à sa disposition que neuf chiffres, que dix ou une dizaine peut être représenté en abrégé par la lettre D. Par suite dix-un s'écrira d'abord 1 D. 1, dix-deux 1 D. 2, et ainsi de suite. Puis on peut encore se donner moins de peine en supprimant le D et mettant seulement le signe 1 à gauche de 1 et *convenant* que cela voudra dire en abrége dix-un, puis 12 dix-deux, etc. Alors, dix s'écrira *1 D. et rien*, et rien est représenté par le signe 0, qui n'est pas, à proprement parler, un chiffre, mais plutôt un signe indiquant qu'il n'y en a pas à écrire à cette place.

En procédant ainsi, on ne sera plus exposé à voir des élèves de douze ans et plus incapables de dire pourquoi le signe 10 représente une dizaine.

Il n'y a que le premier pas qui coûte : avec la pièce de 1 franc — comme avec la pièce de 0 fr. 50 — il est facile d'expliquer les nombres vingt, vingt-un, vingt-deux... de même trente, trente-un... et les suivants, jusqu'à cinquante; et là, on pourra se reposer quelque temps. Il vaut mieux ne pas vouloir aller trop vite, ni lasser l'attention; à cet âge, on a besoin de changer fréquemment d'exercice.

L'enfant est invité à prendre une poignée de billes ou de cailloux; puis à en écrire le nombre; si on ne le presse pas, il s'en tire, et le plaisir que lui procure ce petit succès lui est un grand encouragement.

Pour varier encore, on lui dit : « Combien as-tu ? — Vingt-six sous. — Si tu en gagnes un lundi, puis mardi, puis chaque jour, combien en auras-tu dimanche? » Ou bien on suppose qu'il les dépense l'un après l'autre. Ces deux opérations ne doivent pas être disjointes.

*
* *

Ainsi, en résumé, on s'attachera à faire des exercices courts, variés, assez faciles pour que l'enfant s'en tire seul, en partant toujours du concret, parce que l'emploi d'objets ou de signes matériels permet toujours la vérification, et c'est celle-ci qui, répétée souvent, donne la confiance nécessaire.

La marche à suivre a été suffisamment expliquée pour que chacun puisse apprendre à son enfant, sans ennui, à compter et à écrire les nombres.

Nous commençons le calcul.

Chacun sait le pouvoir de la suggestion dans l'éducation, ce qui nous amène naturellement à nous efforcer de provoquer le désir de savoir; une vérité désirée trouve un esprit mieux préparé à se l'assimiler.

Si vous prenez dans une main six billes, dans l'autre trois, et que, les réunissant dans la même main, vous demandiez à un enfant combien il y en a, il n'aura qu'une ressource : les compter de nouveau. Et si vous lui dites que vous saviez d'avance qu'il y en a neuf, il sera désireux d'apprendre comment vous faites pour le savoir.

Et vous lui répondrez que vous avez *additionné* les deux nombres.

∴

Additionner, c'est construire, ou superposer deux constructions.

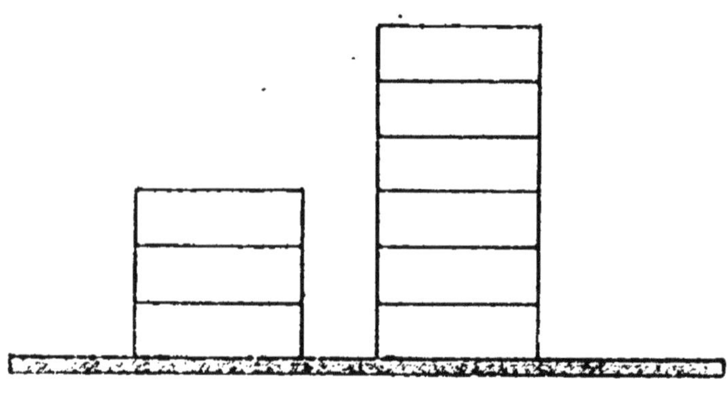

Fig. 2.

Voici la manière de procéder, la plus simple et non la moins bonne : on pourra prendre des jetons, des pions d'un jeu de dames ou de jacquet ; à défaut, on pourra se procurer de grosses règles carrées et les scier de façon à avoir un jeu de cubes très maniables. Un jeton, un pion, ou un cube figurera le nombre *un*. Il sera intéressant de faire construire les nombres unité par unité en superposant ces pièces, puis de les faire démolir de même. Et l'enfant comprendra mieux, parce qu'il aura eu une figure concrète de nombres abstraits.

Additionner 6 et 3, c'est, avec deux piles de jetons ou de cubes, en faire une seule (*fig.* 2). L'expérience montre à l'enfant qu'il est indifférent de superposer 3 à 6 ou 6 à 3. Il y arrive d'abord en prenant un seul jeton à la fois, puis deux, et ainsi de suite progressivement. L'habitude est assez vite prise et les résultats acquis par l'expérience se fixent dans la mémoire, grâce à leur association avec une image réelle. De temps en temps, afin de constater les progrès, on demande l'un des résultats, au hasard, sans regarder les cubes; mais on reprend toujours ceux-ci pour la vérification.

* * *

Il n'est donc pas question d'apprendre *par cœur* une table ennuyeuse, à grand renfort de larmes, mais d'acquérir lentement, sûrement et gaiement, en raison de l'application si intense des enfants au jeu, des résultats d'expérience.

Une précaution excellente est de faire suivre toute opération de son inverse, afin que cela devienne une véritable habitude de l'esprit de ne les point séparer. Par exemple, on peut dire : Si j'ajoute 5 à 3, je trouve 8; donc, si je retranche 3 de 8, je trouve 5, *puisque* je sais vérifier que 5 et 3 font 8. De même, si je retranche 5 de 8, je trouve 3, pour la raison déjà invoquée. Ainsi, la soustraction ne s'explique pas par elle-même; elle n'existe que par l'addition, dont elle est l'inverse. Elles sont inséparables : si je ne savais pas que 7 et 5 font 12, retrancher 5 de 12 non seulement serait impossible, mais serait vide de sens; et si je sais que 7 et 5 font 12, je sais par là même que si j'ôte 7 de 12, il me restera 5, et que si je retranche 5 de 12, il me restera 7. Apprendre l'addition, c'est apprendre par surcroît la soustraction. Qui ne sait que les caissiers des maisons de banque ou de commerce font la soustraction par le moyen de l'addition qui la vérifie?

Bien entendu, les jetons et les cubes donnent à la fois le moyen de rendre concrètes, visibles, ces petites opérations, et le moyen d'en vérifier les résultats.

Ainsi, notre petit élève est habitué progressivement à ajouter 2, puis 3, puis 4,..... à chacun des nombres qu'il connaît, ces calculs très simples étant dirigés habilement en partant toujours des colonnes de cubes ou de jetons pour finir par l'opération abstraite et en laissant à l'enfant l'illusion qu'il a trouvé seul les résultats.

En l'occasion, il est facile de l'amener à les trouver véritablement, car il remarquera vite, si on le met sur la voie, qu'ajouter 3, c'est ajouter 1, puis 2, opérations qu'il sait faire; de même, ajouter 5 revient à ajouter 2, puis 3; ajouter 9 revient à ajouter 10, puis retrancher 1, et ainsi de suite. Cela exerce son ingéniosité; c'est, en même temps, la préparation la plus effective au calcul mental et au calcul algébrique, puisque calculer, c'est toujours construire, combiner.

*
* *

Dès que nous savons ajouter 2 aux dix, puis aux vingt premiers nombres, puis leur ajouter 3, 4,... et enfin 9, nous pouvons étendre ces calculs jusqu'aux nombres les plus grands que nous connaissions, soit 50, et faire des opérations répétées, par exemple : à 17 ajouter 2, puis 2, et ainsi de suite; ou bien de 29 retrancher 2, puis 2,..... De même avec 3 et ceux qui suivent jusqu'à 9.

Une vérification définitive consiste à partir d'un nombre pris au hasard, soit 12, et à lui ajouter 3, puis 2, puis 5, etc., sans suivre l'ordre des nombres — et inversement.

Si l'on s'y prend bien, l'enfant remarquera vite certaines périodicités; par exemple, en ajoutant 5 + 5 + 5..... indéfiniment, on obtient successivement comme dernier chiffre 5 et 0. De lui-même, il trouvera que ajouter 2 dizaines à 3 dizaines est la même chose que ajouter 2 unités à 3 unités. En ajoutant 10 + 10 + 10..... il aura une autre périodicité.

L'écriture lui révélera les mêmes particularités. A ce propos, à quel moment écrira-t-on les opérations? La question est plutôt secondaire; c'est le calcul mental, c'est-à-dire la construction dans l'esprit qui est le véritable calcul; l'écriture n'est que la représentation des résultats; elle vient les fixer en un tableau imaginé pour soulager l'attention. On la fera intervenir quand on jugera à propos de le faire; il ne semble pas qu'il y ait à suivre une règle uniforme. D'autre part, pour lever les petites difficultés qui se rencontrent dans ces opérations écrites, il suffit d'un peu d'attention pour ramener leur solution à une simple question d'ordre.

∴

Afin d'étendre le champ de nos opérations et de mettre un peu de variété, nous pouvons maintenant continuer, sensiblement plus vite qu'au début, l'énumération des nombres de 50 à 100; à partir de là, l'élève continuera bien seul. Qu'il nous soit permis, en passant, d'exprimer le vœu que, avec la jeunesse, on revienne à la vieille habitude, simple et logique, de dire *septante. octante, nonante.* C'est ce que l'on fait dans d'autres pays, particulièrement en Suisse.

*
* *

Il peut se faire que l'on désire avoir un moyen simple pour habituer à une plus grande rapidité les enfants arrivés au point auquel nous sommes parvenus. On pourra avoir recours aux excellents tableaux de calcul imaginés par trois distingués instituteurs de la ville de Paris, MM. Lamy, Lange, de Rouget, et adoptés dans nombre d'écoles et de classes élémentaires des Lycées. Voici l'un d'eux (*fig. 3*), pour l'addition et la soustraction; il y en a 9, et autant pour la multiplication et la division.

En suivant la flèche, l'élève devra dire, en partant du centre : 7 et 0, 7; 7 et 7, 14 (le dernier chiffre seul est écrit et exige un effort; le changement de couleur est là pour avertir); 14 et 7, 21; 21 et 7, 28, etc. Le nombre des combinaisons est illimité, car on peut commencer n'importe où; par exemple, on dira : 7 et 2, 9; 9 et 7, 16, etc.; ou bien : 27 et 4, 31; 31 et 7, 38, etc. En sens inverse de la flèche, mais toujours en partant du centre : 7 ôté de 15, reste 8; 7 ôté de 8, reste 1; 7 ôté de 11, reste 4, etc. Ceci suffit pour montrer toutes

Fig. 3.

les ressources de ces tableaux. Ils sont assez grands et conviennent admirablement aux personnes qui s'adressent à plusieurs enfants à la fois. Une méthode détaillée accompagne chaque jeu de tableaux.

*
* *

Une précaution s'impose ici. Ce serait une illusion dangereuse de croire que de longues opérations prouvent une plus grande habileté dans le calcul. Dans la vie de tous les jours, on ne rencontre que des nombres peu élevés et, en fait, il est difficile de se rendre compte d'un million; quand nous avons dit que cela équivaut à mille fois mille, nous ne sommes guère plus avancés et nous ne pouvons pas nous le représenter nettement. Un exemple bien connu va illustrer cette remarque.

Certaines personnes forment le projet de réunir un million de timbres, en échange desquels on leur donnera un beau meuble, un piano, etc. Supposons que ces personnes arrivent à en réunir cent par jour, ce qui est peu pour un jour isolé, sans doute, mais qui paraît singulièrement difficile à continuer chaque jour; on voit qu'il faudra dix mille jours, soit un peu plus de vingt-sept ans! En en réunissant dix par jour, il faudrait près de trois siècles!

Nous faisons un pas de plus dans le calcul.

Les opérations de l'arithmétique offrent le caractère de tout progrès humain : très rudimentaires au début, elles se sont lentement perfectionnées.

Dans l'intérieur de l'Afrique, on rencontre, au

dire des explorateurs, des peuplades nègres de civilisations très différentes et qui peuvent nous représenter synoptiquement les étapes par lesquelles ont dû passer nos lointains ancêtres. Il s'en trouve dont l'arithmétique se réduit à savoir compter jusqu'à quatre; au delà, ils disent : *beaucoup*, pour désigner tous les nombres. D'autres individus peuvent déjà, dans nos écoles indigènes, apprendre quelques opérations. Enfin, il y en a qui abordent les mêmes études que nous, parfois avec succès.

On ne saurait dire, même approximativement, combien de siècles il a fallu à nos ancêtres pour passer d'une opération à l'autre. L'étude des opérations, qu'un enfant apprend aujourd'hui en si peu de temps, fournit l'occasion de lui montrer tout ce qu'il doit aux efforts collectifs et patients de tous les hommes qui nous ont précédés.

Au fond, tout revient à savoir compter; chaque opération dérive de la précédente et l'on ne connaît pas d'autre moyen de l'expliquer que de la ramener à la première. Elle constitue un progrès sur celle-là, elle donne un moyen d'aller plus vite et de résoudre de nouvelles difficultés. Mais aucun progrès ne s'accomplit sans effort et sans peine. On se rappelle le mot d'un savant grec à un Pharaon qui lui enjoignait de lui apprendre les sciences : « En mathématiques, il n'y a pas de chemin de traverse pour les rois. »

Ainsi, l'on ne peut passer à une opération qu'autant que l'on connaît celle qui précède; chacune représente un degré d'abstraction de plus.

On voit aussi que, à toute opération *directe*, correspond une opération *inverse*, qui ne se comprend que grâce à la première. Le nombre des opérations apparaît donc comme un nombre pair, et il n'y a aucune raison sérieuse de supposer que ce nombre puisse être définitif : à des besoins nouveaux, on opposera des moyens nouveaux propres à les satisfaire.

Il en est de même dans la vie de tous les jours. Nos maisons, à chaque époque, s'adaptent à nos besoins actuels et sont plus perfectionnées, au moins pour toutes les petites commodités accessoires; de même, l'extension de la fabrication des bicyclettes a fait inventer nombre de nouvelles machines-outils; et pour l'automobile, c'est mieux encore. Il est facile de prévoir que l'aviation aussi, de son côté, va encourager les inventions. Et que sera-ce lorsque l'on utilisera tout à fait l'électricité, puis la lumière et d'autres sources d'énergie encore inconnues?

∴

La *multiplication* n'est, au début, qu'une addition plus rapide. Aussi, n'y aura-t-il qu'à en faire une suite naturelle des exercices d'addition. Multiplier un nombre par 2, c'est l'ajouter à lui-même; le multiplier par 3, c'est l'ajouter à lui-même, puis l'ajouter au premier résultat.

Sans entrer dans de plus longs détails qui deviendraient fastidieux, il suffira d'apprendre, par addition, les produits par 2, en suivant la même progression et commençant toujours par les cubes ou les jetons, sans parler, bien entendu, de ce que l'on entend par *multiplication*. En même temps, l'enfant s'assimilera, comme conséquences de ces produits, les quotients par 2. Il en sera de même de 3, 4, 5, 6, 7, 8, 9. Plus encore que l'addition, ces petites opérations offrent un grand nombre de combinaisons; elles donnent au calcul de la variété et préparent le calcul mental.

Le produit de 2 par 5 est donc une abréviation de la somme de 5 nombres égaux à 2. L'écriture exprime très bien cette propriété, puisque la somme $2 + 2 + 2 + 2 + 2$ est remplacée par le symbole plus court 2×5.

⁂

Ce sont les petits problèmes tout simples qui montrent l'utilité des opérations et en font le mieux voir le caractère. Nous y aurons recours ici, comme dans l'étude de l'addition.

Paul achète 3 gâteaux de 2 sous chacun. Combien a-t-il dépensé?

On se gardera bien de dire, comme cela se faisait autrefois : « Puisque 1 gâteau coûte 2 sous, 3 gâteaux coûtent 3 *fois plus* ou 2×3. » Il y a là un procédé plutôt pour dissimuler la difficulté que pour la résoudre. On invoquait, il est vrai, que c'était une manière de refrain commode que l'on pouvait faire répéter en chœur. Si nous voulons tout simplement que l'enfant comprenne, nous n'aurons qu'à le mettre en face de l'expérience. Nous rangerons nos trois gâteaux (*fig. 4*), ou, si nous ne les avons pas sous les yeux, trois jetons qui les représentent, et, en regard de chacun, nous déposerons deux sous. Nous aurons la disposition ci-contre qui nous montre, d'une façon claire, que le résultat sera obtenu en additionnant les sous, c'est-à-dire en faisant l'opération $2 + 2 + 2$ qui, précisément, s'écrit plus brièvement : 2×3. Cette façon de procéder est, au dire des voyageurs en

Afrique, adoptée par les nègres au marché ; ceux-ci exigent, en effet, que l'acheteur dépose le prix de chaque objet en face de cet objet.

Et nous raisonnerons ainsi : Puisque 1 gâteau

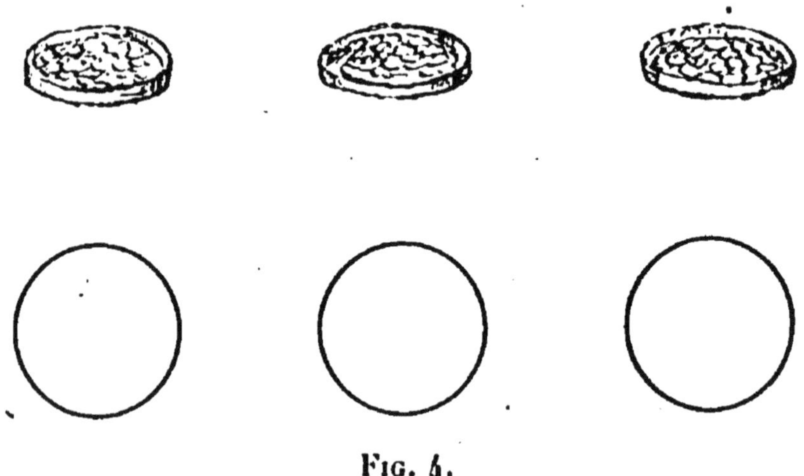

Fig. 4.

coûte 2 sous, 3 gâteaux coûtent 2 sous multipliés par 3 (2×3) ou 6 sous.

Passons au problème inverse :

Paul a acheté 3 gâteaux pour 6 sous. Que coûte un seul gâteau?

Nous nous abstiendrons aussi de dire, pour la même raison : Si 3 gâteaux coûtent 6 sous, 1 seul coûte 3 *fois moins* ou $\frac{6}{3}$. Nous dirons : Puisque les 3 gâteaux ont coûté 6 sous, un seul coûte 6 sous divisés par 3 ou 2 sous. Ou encore, en se reportant en pensée à l'acquisition elle-même : Nous devons trouver le nombre qui, multiplié par 3, a donné 6 sous; ce nombre est donc le quotient de 6 sous divisés par 3.

* * *

Ces petits exercices, très simples, très courts, sont excellents parce qu'ils sont tout à fait près de l'opération qu'ils illustrent.

Ce ne sera qu'après que notre élève aura compris parfaitement cette correspondance, qu'il conviendra d'aller plus loin dans la pratique de la multiplication et de la division, sans perdre de vue que les longues opérations font inutilement perdre un temps précieux, et ennuient. Ces petites leçons, pour porter tous leurs fruits, n'ont pas besoin d'être longues; leur durée ne doit pas excéder quelques minutes. Il suffit qu'elles soient fréquentes.

Si l'on veut obtenir des résultats plus complets encore, on pourra revenir aux tableaux déjà cités de MM. Lamy, Lange, de Rouget (*fig. 5*).

Voici l'un de ces tableaux : dans le sens de la flèche, on dit en partant du centre : 4 fois o, o, ou 4 fois 10, 40; puis, 4 fois 1, 4, ou 4 fois 21, 84, etc. Le changement de couleur prévient toujours de la nécessité de la retenue.

En sens inverse de la flèche, on dira : o divisé

par 4, 0; 4 divisé par 1, 4; 8 divisé par 2, 4, etc.

Rien n'empêche, après cela, de passer à de petits

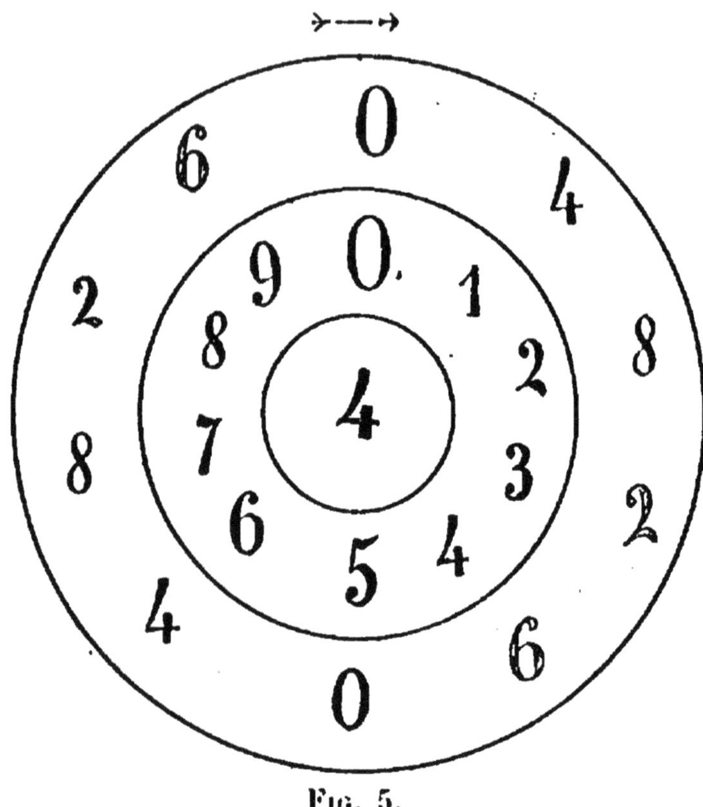

Fig. 5.

problèmes où interviennent seulement deux opérations simples.

* * *

Le Calcul mental.

Tout le monde, dans la vie, a besoin du calcul mental; dans les affaires, c'est une nécessité plus pressante : ici, le calcul mental s'impose, en raison du besoin d'opérer vite; il est aussi une condition du sang-froid. Un homme qui, au cours d'une affaire, ne sait pas calculer rapidement en pensée, se trouble et se trouve aussitôt en désavantage vis-à-vis de son partenaire.

Le calcul mental ne peut pas être envisagé comme un effort de la mémoire et de l'imagination pour suivre en esprit une opération posée sur un papier idéal. Il vaudrait mieux, à ce compte-là, l'écrire franchement; cela irait tout aussi vite.

Bien au contraire, le principal avantage de ce calcul, dans la vie pratique, est de permettre une plus grande rapidité. La première condition à remplir est donc d'éviter la fatigue; au lieu de se figurer une opération posée, on décomposera celle-ci en opérations simples, les plus importantes étant effectuées les premières.

*
* *

Au point de vue éducatif, outre l'habitude du sang-froid, le calcul mental développe l'esprit de combinaison. Il se recommande à tous les élèves, et particulièrement à ceux qui, parachevant leurs études, y trouveront un précieux auxiliaire pour l'étude des propriétés des nombres et pour le calcul algébrique.

Comment procéder? Rien de plus facile, et tous les papas, toutes les mamans sont capables d'y réussir pleinement : il n'y a qu'à suivre ce que l'on a déjà fait. Supposons que notre élève sache additionner deux nombres d'un chiffre; pour calculer 12 + 23, il décomposera et dira : 12 et 20 font 32; 32 et 3 font 35. Il est inutile de chercher dès le début la rapidité; elle viendra à son heure.

Cette décomposition simple permet d'éviter la fatigue et les erreurs. Il n'y a aucune autre règle que celle-ci : décomposer et combiner. Soit encore 23 + 38; on peut dire : 23 et 30, font 53; 53 et 8 font 61.

Ou bien : 23 et 40 font 63; 63 moins 2 font 61.

Ou bien : 23 et 37 (même chose que 30 et 30) font 60; 60 et 1 font 61.

Et ainsi de suite.

Cette grande variété de combinaisons excite l'intérêt de l'enfant.

S'il s'agit de multiplications, la même méthode donne d'aussi bons résultats : soit à multiplier 18 par 12. On dira : 10 fois 18 font 180; 2 fois 18, 36; 180 et 36 font 216.

Ou bien : 20 fois 12 font 240; 2 fois 12 font 24; 240 moins 24, font 216.

S'agit-il de multiplier un nombre par 8; soit par exemple 36? Nous pourrons partir de 8 fois 40, et en retirer 8 fois 4 ; plus simplement, nous pourrons doubler 36, puis doubler, et doubler encore.

C'est pour la division que ces remarques seront commodes. Pour prendre le quart d'un nombre, il sera aisé d'en prendre la moitié, puis la moitié du résultat.

De même pour multiplier par 9, il suffit de multiplier d'abord par 3, puis le résultat par 3. Mais on pourra opérer plus vite encore en multipliant le nombre par 10, opération facile, puis retrancher le nombre de ce résultat.

En résumé : ne pas se figurer l'opération posée, décomposer en opérations faciles à suivre, puis combiner, telle est la méthode. Ajoutons que le calcul algébrique, consistant en combinaisons, trouve dans le calcul mental un utile auxiliaire.

En se perfectionnant dans le calcul mental, l'élève aura plaisir à découvrir certains résultats curieux, tels que ceux-ci : pour multiplier un nombre par 5, il revient au même de le multiplier par 10, puis d'en prendre la moitié ; inversement, pour diviser par 5, on divisera par 10 puis on doublera le résultat. Ces opérations sont simples et rapides. Autre résultat, pour multiplier un nombre par 11, le nombre 26, par exemple, on écrirait 26, puis au-dessous 26 avancé d'un rang ; cela revient donc à ajouter 2 et 6, soit 8, puis à écrire 8 entre 2 et 6 ; le produit est 286. Du reste, rien ne vaut les remarques personnelles.

Les produits par 12 sont si utiles dans le commerce et la banque qu'il est regrettable que l'on n'ait pas adopté, comme cela fut proposé au dix-septième siècle, la numération duodécimale. Le nombre 12 se décompose en facteurs 2, 3, 4, 6 extrêmement commodes à employer; c'est aussi 10 + 2.

Enfin, dans tous ces exercices, c'est moins la durée qui importe que la fréquence, la répétition quotidienne; par suite, nul n'est mieux placé pour les diriger, les constater, que le père ou la mère de famille.

*
* *

Nous passons aux nombres décimaux.

Chacun possède un mètre, et chacun sait s'en servir. Il est facile, par suite, de faire mesurer par un enfant la longueur de sa chambre, de la salle à manger, puis de passer à des dimensions plus importantes. Ces mesures fournissent des nombres tels que : 3 mètres, 5 mètres, 18 mètres, 247 mètres, etc. De là à faire comprendre ce que c'est qu'un décamètre, un hectomètre, il n'y a qu'un pas. Au besoin, nous montrerons les bornes sur la route. Et si nous écrivons 247 mètres, il en résulte que les décamètres sont comme les dizaines, et les hectomètres comme les centaines.

Mais si nous voulons mesurer la longueur d'un objet plus petit : livre, crayon. etc., nous n'y arrivons pas avec notre mètre, trop grand. L'enfant trouvera tout naturel de se servir, soit du décimètre, soit du centimètre. Et si nous trouvons que la table mesure 1 mètre et 23 centimètres, comment écrirons-nous ceci ? Puisque nous avons admis en fait des unités 10 fois moindres que le mètre, ou 100 fois, nous devons aussi bien pouvoir les écrire.

Examinons le nombre 237. S'il représente deux cent trente-sept unités ou mètres, c'est parce que nous avons fait cette *convention* que le 3 écrit à la gauche du 7 occupe le rang plus élevé dans l'échelle des nombres, celui des dizaines ou décamètres; de même 2, de deux rangs plus élevé, représente les centaines ou hectomètres. Alors, pourquoi ne conviendrions-nous pas qu'un chiffre écrit à la droite du 7 représente des unités de l'ordre au-dessous du mètre, c'est-à-dire des décimètres, abréviations de dixièmes de mètres et ainsi de suite?

Pour éviter toute confusion, un signe particulier indiquera le rang des simples unités. Aujourd'hui, ce signe est une virgule, et le nombre qui exprimera la longueur de notre table s'écrira $1^{m},23$ ou m. 1,23.

Et ainsi ces nombres nous apparaissent comme une extension naturelle de ceux que l'on a déjà vus, et les mêmes règles d'opération leur sont applicables.

∴

Puisque nous avons été amenés à cette considération par la mesure d'une longueur, opérée directement, saisissons l'occasion de montrer comment les opérations permettent d'obtenir une mesure que l'on ne saurait effectuer directement.

Supposons que nous désirons connaître l'épaisseur d'un cheveu ; nous couperons ce cheveu en parties quelconques, 20 par exemple. Nous disposerons un des fragments sur une plaquette de verre, que nous recouvrirons d'une autre ; sur celle-ci nous placerons un deuxième morceau de cheveu et ainsi de suite. Les 20 cheveux et les 21 plaquettes de verre donneront un assemblage d'une épaisseur suffisante pour être mesurée facilement. De l'épaisseur obtenue nous *déduirons* celles des plaques de verre, et enfin nous *diviserons* la différence par 20.

C'est de la même façon que nous aurions la

mesure de l'épaisseur du papier employé pour les feuillets d'un livre.

Un peu de philosophie.

Si nous devions répartir 35 francs entre 7 personnes, nous donnerions 5 francs à chacune d'elles ; rien de plus simple. Mais, s'il s'agit de 38 francs et que nous n'ayons que des pièces de 1 franc, nous ne pouvons plus nous en tirer aussi bien. En donnant 5 francs à chaque personne, nous lui faisons subir un préjudice ; nous pouvons dire seulement qu'il ne va pas jusqu'à 1 franc. Si nous disposons de pièces de 1 décime, nous pouvons payer mieux, l'écart pour chaque personne n'atteignant pas 1 décime. Mais nous savons bien qu'il nous est impossible de distribuer équitablement les 38 francs. D'une façon générale, nous savons que 38, divisé par 7, *n'a pas de quotient*. Aussi nous résignerons-nous à faire un sacrifice ; et ce sacrifice, nous le faisons sciemment. Ne pouvant évaluer le quotient qui, au sens précis de ce mot, n'existe pas, nous nous contentons à la place d'un *quotient approché*.

*
* *

En dépit d'une opinion très répandue, l'étude des mathématiques ne mène pas à tout envisager à un point de vue absolu ; c'est plutôt une question de caractère. Les êtres abstraits, que l'on y étudie, proviennent de simplifications indispensables qui ôtent aux êtres concrets leurs inégalités et différences naturelles, afin de nous procurer des modèles assez débarrassés de ces accessoires pour être parfaits. Et aussitôt que nous abordons les applications, nous retrouvons les mêmes êtres moins simples, moins parfaits, mais plus vivants et, par suite, nous devons abandonner toute prétention à avoir des solutions toujours rigoureuses.

« Le véritable esprit mathématique conduit, à l'encontre d'un préjugé maintenu par l'ignorance, à une méfiance perpétuelle de l'absolu. Très à l'aise, au milieu des plus profondes et difficiles recherches, tant qu'il raisonne sur les abstractions pures, le mathématicien sait à merveille que ces abstractions ne répondent pas et ne peuvent pas répondre aux faits ; et c'est avec des précautions infinies qu'il entreprendra de transposer dans la réalité des choses les résultats de ses raisonnements ou de ses calculs ». (A. Laisant, *La Mathématique.*)

Reprenons notre exemple : si la somme à répartir avait été de 35 francs, la part de chaque personne eût été donnée par le quotient $\frac{35}{7}$, puisqu'il existe un nombre, 5, qui, multiplié par 7, donne le produit 35; nous avons ainsi une vérification qui justifie notre solution. Nous sommes donc tentés de procéder de même s'il s'agit de 38 francs; mais le symbole $\frac{38}{7}$ n'exprime plus ici qu'une solution idéale, impossible, puisque nous savons qu'il n'y a pas de nombre dans le produit par 7 soit 38. Dès lors, il ne reste plus qu'à se plier aux circonstances, en adoptant résolument une solution, imparfaite, mais accessible et accommodée à ces circonstances. Il y a, en effet, autant de quotients approchés que l'on veut, dont chacun se calcule *exactement;* on peut décider que l'on adoptera un quotient à moins de 1 unité, ou de 0,1 ou de 0,01 selon les cas; mais une fois qu'il est choisi, il peut être calculé exactement. On peut tout aussi bien calculer des quotients approchés à moins de $\frac{1}{3}$, $\frac{1}{4}$, $\frac{1}{7}$, etc.; si on ne le fait pas, c'est parce qu'ils sont moins pratiques.

Dans notre exemple, le quotient approché à moins de 0,01 est $5^{fr},42$ qui, en fait, devient

5fr,40, puisque la plus petite monnaie courante est la pièce de 0fr,05, en France du moins.

D'ailleurs, au point de vue pratique, toutes les solutions sont plus ou moins approchées, et certaines solutions parfaites sont inutilisables. Si l'on sait que la longueur d'une planche, d'une barre métallique est exactement de 3m,453 ou de 3m,45367, cela n'aura aucune conséquence aux yeux d'un praticien. Ce serait bien autre chose, à plus forte raison, s'il s'agissait de la longueur d'un mur, d'une allée, etc.

La leçon qui s'en dégage est que *tout est relatif.* Il n'en résulte aucunement qu'il soit vain de demander aux mathématiques des solutions idéalement parfaites; car ce sont elles qui nous font tendre au progrès incessant. Ce n'est pas de propos délibéré que l'on recherchera un modèle imparfait. C'est en s'efforçant de se rapprocher d'un modèle parfait que l'on pourra améliorer sans cesse les solutions pratiques.

Enfin, il est bon de remarquer que si, dans les calculs approchés, nous acceptons des accommodements, nous savons du moins quelle est la limite de nos sacrifices. C'est, au point de vue de la vie, de l'action, un sérieux avantage.

*
* *

Les explications qui précèdent sont des idées générales dont la place naturelle est ici, afin que l'on puisse guider un débutant calculateur. Il serait prématuré d'entrer, dès le début, dans toutes ces considérations ; il vaudra mieux les amener peu à peu, lentement. Tout d'abord, en présence d'une division impossible, il suffira de lui dire que l'on calcule le quotient à moins de 1 unité, de 0,1 ou de 0,01, et comment on les calcule. Puis, avec l'exemple d'une somme à distribuer en se servant de diverses pièces de monnaie, on l'amènera à comprendre tout ce qu'un enfant peut savoir de cette question. Plus tard, quand il aura grandi, qu'il abordera l'arithmétique théorique, il sera en état de traiter la question d'une façon complète; mais toujours il aura à se rappeler qu'une opération approchée doit être définie dans chaque cas particulier, qu'elle n'existe qu'en vertu de cette définition. Pratiquement, tout quotient approché se ramènera à un certain quotient à moins de 1 unité. En effet, si j'ai à calculer $\frac{38}{7}$ à moins de 0,1, je convertirai 38 en dixièmes, soit 380, et je chercherai $\frac{380}{7}$ à moins de 1 unité près. Le but sera atteint, puisque la nouvelle unité adoptée n'est que le $\frac{1}{10}$ de la première.

Les approximations exprimées par une fraction ordinaire comme $\frac{1}{3}$, $\frac{1}{4}$, $\frac{1}{7}$, etc., ne sont pas employées dans la pratique, pas plus d'ailleurs que les fractions ordinaires elles-mêmes. Légalement, nous devons nous servir des unités du système métrique.

Le Système métrique. Le système métrique légal, c'est-à-dire seul reconnu par la loi, doit sa principale commodité à ce qu'il est *décimal* et, par suite, s'adapte parfaitement à notre système de numération. Il ressort de là, comme le faisait assez spirituellement observer un instituteur auquel on reprochait de donner trop de temps aux fractions ordinaires, que le choix de certaines compositions d'examen était illégal, et que le mauvais exemple venait d'en haut. On croit rêver lorsque l'on voit des énoncés de problèmes dans lesquels une longueur est de $3^{m}\frac{1}{7}$ ou d'autres analogues. Il y a là, en effet, violation de la loi promulguée et définitivement en vigueur depuis le 1er janvier 1840. Bien des personnes ignorent que cette violation les expose à une amende de 60 francs.

Et il est regrettable que la loi ne soit pas appliquée plus strictement, car il faut bien défendre le public malgré lui. Il suffit de parcourir un marché pour entendre parler de livres, de boisseaux, et souvent avec des valeurs différentes. Or, l'une des grandes raisons qui ont fait adopter le système métrique, c'est le peu de sécurité des transactions sous l'ancien régime, alors que chacun des gouvernements de la France avait ses mesures à lui, qu'il n'existait pas ordinairement d'étalons officiels de ces mesures, et que, enfin, des mesures, telle la perche, avaient, avec le même nom, des valeurs différentes d'un pays à l'autre.

Mais on s'est habitué à trouver tellement naturels les avantages de la civilisation qu'on finit même par les méconnaître, et que, loin d'apprécier la commodité du système métrique, on semble s'appliquer, en France surtout, à l'ignorer. On connaît la réponse d'une épicière de Neuchâtel à une dame de Paris en villégiature qui lui demandait un *quart* de café : « Je n'ai à ma disposition que des poids pour peser 120 ou 130 grammes. Quel est celui que vous désirez ? »

Il y a aussi quelque peu d'ingratitude là-dedans. Ce sont les efforts répétés de savants français qui ont fondé le système : c'est d'abord, sous Louis XIV, Mouton qui propose son système ayant pour base le mille marin ou minute géographique[1], avec la numération duodécimale. Puis on en reparle en 1735, et c'est en 1736 que des Commissions de savants, après l'adoption définitive et regrettable de la numération décimale, vont en divers lieux du globe terrestre mesurer l'arc de méridien, afin de vérifier les idées, nouvelles alors, sur l'aplatissement de la planète, et d'avoir la base du système des mesures. Ces Commissions se heurtèrent à des difficultés sans nombre ; celle qui opérait au Pérou dut y rester dix ans, au milieu des guerres qui déchiraient le pays, et y perdit un de ses membres.

Ce ne fut qu'en 1797 que l'on put aboutir au résultat ; sur la proposition faite par Talleyrand, en 1790, une commission avait repris les anciennes mesures et constitué le système.

En 1815, nouvelle aventure : par réaction contre le régime précédent, on revient aux anciennes mesures. Mais beaucoup de gens étaient habitués au système métrique et le préféraient ; de là, une regrettable confusion qui n'a pas encore disparu, bien que le système ait eu force de loi à partir du

1. La longueur de la minute géographique, appelée aussi *nœud marin*, est, en nombre rond, de 1852 mètres.

1er janvier 1840. C'est sans doute à ce trouble qu'il faut attribuer les dénominations défectueuses, irrationnelles, comme *dix centimes* au lieu de 1 décime, 50 centimes au lieu de $\frac{1}{2}$ franc; les mots de sous, de livres, etc.

Le meilleur moyen d'apprendre le système métrique est de se servir effectivement des mesures réelles; puis, en écrivant les résultats, de constater que l'on suit la règle décimale. Afin de faire apprécier ses avantages, il suffira de répéter les mêmes opérations en se servant des mesures anciennes, sans pousser toutefois plus loin; il est parfaitement inutile de les savoir par cœur. A ce compte, il vaudrait mieux montrer les inconvénients des mesures anglaises actuelles, et les apprendre au besoin, pour peu que cela puisse être utile.

Notons en passant que les mesures d'*aire* et de *volume* peuvent être regardées comme des nombres écrits dans des systèmes de numération de bases 100 et 1 000.

Simples réflexions sur les devoirs écrits.

Le temps n'est plus où les devoirs écrits étaient considérés comme un moyen d'occuper les enfants à la maison. Il en résultait naturellement que ces devoirs étaient d'autant plus appréciés qu'ils étaient plus longs.

Aujourd'hui, on ne défend guère cette opinion. La recommandation de ne dicter aucun cours en classe montre que l'on a fait un grand progrès dans ce sens, et que l'on désire que les élèves écoutent et réfléchissent. Il reste encore à les affranchir de la multiplicité trop grande des matières enseignées, qui a pour conséquence un trop grand nombre d'heures de classe. Il est bon qu'ils aient, en outre des heures de récréation et d'étude, du temps à perdre ; d'ailleurs, il ne serait pas perdu pour tous : beaucoup d'entre eux pourraient lire, réfléchir, observer. La jeunesse française gagnerait à être moins écrasée par les études.

On entend parfois des plaintes au sujet de la faiblesse des élèves. Il convient de faire une part aux préjugés : nous sommes tous, plus ou moins,

Laudatores temporis acti

et enclins à faire toujours le procès du temps présent en exaltant le passé. Il ne peut être question de savoir si l'un vaut mieux que l'autre, nous sommes trop près pour être de bons juges ; mais il est incontestable que les jeunes diffèrent de nous comme nous différons de nos aînés. Venus au monde au milieu de nouvelles acquisitions scientifiques auxquelles nous ne nous sommes pas facilement adaptés, les jeunes les trouveront toutes naturelles, et souvent ils seront un peu déconcertés par toutes les explications que nous voulons leur fournir parce que nous les croyons, à tort, obsédés des mêmes inquiétudes que nous. En un mot, sur bien des points, nous ne nous comprenons pas tout à fait les uns les autres. Il y a donc désaccord souvent entre les méthodes d'éducation et la vie moderne.

Il y a bien aussi la surcharge des programmes; mais est-ce la faute aux jeunes? N'est-ce pas plutôt un funeste effet de la division du travail, excellente pour produire, au meilleur marché possible, des objets usuels (dont l'absence de goût témoigne d'ailleurs de l'entière indifférence de ceux qui ont concouru, comme de simples outils, à leur fabrication), mais détestable pour faire de l'éducation?

Il paraît donc plus sage de nous dire que les élèves actuels ne sont pas, probablement, plus faibles que leurs aînés, que nous, mais que nous ne pouvons les juger qu'imparfaitement et à notre point de vue, sans quoi nos plaintes se retourneraient contre nous. En effet, s'ils valent moins, à qui la faute?

Laissons ces plaintes stériles et agissons; unissons tous nos efforts pour coopérer à l'œuvre de l'éducation. Que les spécialistes ne restent pas enfermés dans leur spécialité, qu'ils relient plutôt les diverses branches d'enseignement, et que les parents leur apportent leur collaboration, et il sera possible d'arriver à l'unité d'ensemble.

*
* *

Et nous voici revenus aux devoirs écrits; ici, l'unité d'action est désirable et, ajoutons-le, possible. Si elle est réalisée, le devoir écrit, au lieu d'être une tâche ennuyeuse, pourra devenir intéressant et utile. C'est au moyen du devoir écrit que l'enfant, mis en présence d'une difficulté, peut montrer ses aptitudes, ses progrès, en un mot se montrer au professeur tel qu'il est. Mais, pour cela, il faut que le devoir écrit soit bien dû au travail personnel de l'enfant. A quelles conditions en sera-t-il ainsi? L'enfant se décourage vite devant les difficultés : on ne lui donnera donc que des devoirs assez courts et assez faciles pour qu'il puisse les faire de lui-même sans se rebuter ou avec le moins d'aide possible. En mathématiques, rien de plus simple; on peut même donner un devoir accessible à tous et succeptible d'être étendu, développé par les élèves plus actifs ou plus avancés.

Montrons-le au moyen d'un exemple pris au hasard.

Supposons ce problème : *Montrer que, si l'on prend un point n'importe où, sur la base d'un triangle isocèle, la somme des distances de ce point aux 2 côtés égaux est toujours la même.*

Certains élèves ne pourront rien trouver au delà de la construction graphique, et il faudra un peu d'aide pour qu'ils comprennent nettement la solution. D'autres la trouveront seuls, et, sachant qu'un camarade a trouvé la solution d'une autre manière, ils s'efforceront de la trouver aussi. Enfin, les plus actifs auront la curiosité de voir ce qui arrive si, la base étant prolongée, le point y est transporté; puis, allant plus loin encore, d'étendre leurs recherches au cas du triangle équilatéral. Enfin, ceux qui auront quelques notions d'algèbre pourront donner une solution générale très simple. Et, en classe, le professeur pourra ajouter d'utiles réflexions sur ce problème : *Trouver le lieu des points dont la somme des distances aux 3 sommets d'un triangle équilatéral est égale à la hauteur de ce triangle.*

Par suite ce devoir peut avoir une demi-page de développement ou plusieurs pages.

Afin d'obtenir des devoirs personnels, il est bon de ne pas user de trop de sévérité et d'encourager toute initiative.

*
* *

Une copie soignée extérieurement montre de la déférence envers le professeur et du respect de soi-même. Peu à peu l'élève s'habitue à aimer le soin et l'ordre, puis, par simple suggestion, à aimer son travail pour lui-même. Faisons-lui comprendre que toutes ses études tendent vers un même but, que son esprit est un, et que tous les devoirs écrits doivent être *composés* avec le même soin : ce sont, tout d'abord, des compositions françaises. L'exposé de la solution d'un problème veut un ordre logique ; le lecteur demande qu'il soit clair et précis. Clarté, précision, vigueur, sont de précieuses qualités du style. La solution d'un problème, jetée sur une page de papier avec sécheresse, sans le moindre souci d'une phrase correcte, quelquefois même sans phrase d'aucune sorte, ne prouve guère que la paresse intellectuelle : c'est la manière des médiocres et des paresseux.

Il est on ne peut plus facile aux parents de s'assurer que le devoir a été bien écrit et convenablement présenté. Ils peuvent aussi s'assurer que l'enfant a pris soin d'expliquer correctement les solutions qu'il donne; de leur côté, les professeurs y tiennent la main, et, peu à peu, l'accord se fait. Que cela se fasse, et on ne verra plus de devoirs de sciences négligés au point de vue de la langue et même de l'orthographe la plus élémentaire.

*
* *

Tout le monde peut, maintenant, se procurer facilement un tableau noir; il s'en fait de toutes sortes et à tous les prix. Le tableau noir réunit des avantages nombreux : il tient l'élève isolé, éloigné de ses livres, le met seul en présence de son travail : cours à étudier, problème à chercher, calculs à effectuer; il lui en montre l'ensemble, permet d'effacer ce qui est mauvais et de recommencer; enfin, il l'empêche de rester trop longtemps assis.

Au tableau, l'élève écrit nettement les données de son problème; ce problème sera, en arithmétique, d'abord une simple application des définitions des opérations, puis une combinaison de plusieurs; plus tard enfin, ce sera une propriété des nombres. En tous cas, il ne pense qu'aux données et les utilise *une à une*, en suivant les exemples qui lui ont été proposés en classe. Il ne cherchera pas à côté, et rejettera tout ce que son imagination lui suggérera en dehors des données. La solution une fois découverte, il reprendra sa plume pour l'exposer le plus correctement, le plus simplement possible, dans un ordre logique. On trouvera quelques exemples au cours de cet ouvrage.

Les problèmes qui conduisent à des opérations directes sont les plus simples. L'élève qui aura compris l'utilité, puis, plus tard, la définition des opérations, n'aura pas de peine à discerner celle qui lui donne la solution, si les énoncés sont d'abord très simples.

Ceux qui ont trait aux opérations inverses sont plus difficiles; on peut dire que, seuls, ils sont difficiles. Or, il est facile de montrer qu'ils peuvent être ramenés, pour la plupart, à des problèmes de partage. Quelques exemples suffiront :

J'ai, dans les deux mains fermées, 27 perles, et l'une des mains en contient 5 de plus que l'autre. Combien y en a-t-il dans chaque main?

Ceci est un problème type qui revient souvent sous des formes diverses. La solution peut être exposée de plusieurs manières. En examinant cet énoncé, on voit que la seule difficulté provient de l'inégalité des nombres de perles contenues dans chaque main. Je n'ai qu'à ouvrir un peu celle qui en contient 5 de plus que l'autre, et à les laisser tomber. Je n'ai plus alors que 22 perles, mais chaque main en renferme autant que l'autre, c'est-à-dire 11. L'une en contenait donc 11 et l'autre 16.

Autrement, nous pouvons dire que si le plus petit nombre de perles est représenté par x, l'autre sera égal à $x+5$; si bien qu'il faut, pour que le problème soit juste, que la vérification

$$x + x + 5 = 27$$

ait lieu. Ceci revient à la suivante

$$2x + 5 = 27,$$

ou encore à

$$2x = 22,$$

ou enfin à

$$x = 11.$$

La première solution est éminemment concrète; la deuxième, basée sur l'emploi d'une égalité numérique, est plus abstraite, plus concise; et cependant, il semble que l'on suive, en l'écrivant, le développement de la première. On voit ainsi comment se fait progressivement le passage de la pratique à la théorie.

Soit encore à partager 48 francs en 2 parts dont l'une soit le triple de l'autre.

Si nous apportons toute notre attention à nous figurer devant nous les deux parts faites, nous reconnaîtrons que la plus grande peut être partagée en trois parts égales à la première, et que, après ce partage, la somme donnée est divisée en quatre parts égales. C'est donc que chacune vaut 12 francs. La première part est donc de 12 francs; la deuxième, qui est le triple, est de 36 francs.

Voici un autre moyen, que l'on peut appliquer avec succès à tous les problèmes de partage et qui donne une image concrète de la solution. Je puis

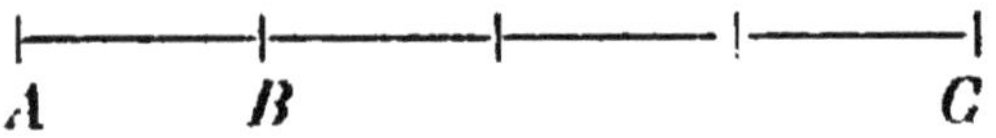

A B C

Fig. 6.

représenter la plus petite part par une longueur AB (*fig. 6*), prise au hasard, et alors la plus grande sera une longueur BC, triple de la précédente. Il saute aux yeux que la somme à partager est représentée par AC et qu'elle se compose de quatre parts égales à la plus petite.

On peut aussi écrire l'égalité numérique

$$x + 3x = 48.$$

A ce propos, disons qu'il ne faut pas se priver de ces égalités, après que l'enfant a compris les solutions raisonnées de petits problèmes, mais seulement après, parce que l'on aurait à craindre, avec leur emploi prématuré, la paresse d'esprit.

Notions d'Arithmétique.

A quel âge convient-il de commencer l'étude de l'arithmétique? La réponse est facile, s'il s'agit d'un seul enfant en particulier : il faut commencer quand il est en état de comprendre. Mais le plus souvent, il n'en est pas ainsi; dans un pays civilisé, les enfants suivent une discipline commune, et c'est vers l'âge de onze à douze ans, qui correspond à la cinquième B des lycées et collèges, que se placent les premières notions d'arithmétique.

Elles doivent être présentées prudemment, progressivement, avec l'expérience pour base. Il faut que, aux propositions les plus abstraites, correspondent des réalités et non de vains symboles. Leur influence développe la finesse d'esprit, le goût de la réflexion et de la combinaison.

Nous pouvons supposer que l'enfant, à cet âge, a suffisamment acquis la pratique du calcul des nombres entiers et décimaux; souvent même, il aura retenu quelques bribes du calcul des fractions dont l'utilité n'apparaît pas clairement. Comment aborder avec lui la théorie? Il est préférable de se guider toujours d'après le même principe : partir du concret, aller à la recherche d'une vérité, et enfin l'énoncer d'une manière générale, ce qui veut dire *abstraite*. Ce qui décourage un enfant, c'est l'obligation ennuyeuse d'apprendre par cœur et de réciter une définition à laquelle il est étranger, un théorème lu dans un livre, et pour lui, vide de sens et d'intérêt. « L'idéal, dit M. Liard, serait que, dirigé par le maître, il trouvât tout ce qu'il doit savoir. »

La marche à suivre sera mise en lumière par quelques exemples.

Nous nous proposons de faire *trouver* à notre élève — à nos élèves s'il s'agit d'une classe — la définition de l'addition. Sans prononcer ce mot, nous évoquons la figure connue d'un garçon de recettes de telle banque que l'on voudra. Il est parti en tournée, a encaissé plusieurs effets chez divers clients, puis est revenu à sa banque, où il doit rendre compte de ses rentrées. Comment vérifier ses opérations avant de passer à la caisse? L'élève vous dira — ils voudront, s'ils sont en classe, tous répondre à la fois — que le garçon posera les nombres sur une feuille de papier, les ajoutera, puis comptera sa recette. Il devra trouver dans sa sacoche autant de francs que dans son addition. Le but de l'addition apparaît ici nettement : c'est de réunir dans un nombre unique les unités que renferment plusieurs autres, et ce sera une définition que l'élève trouvera seul et elle sera, par suite, la meilleure pour lui.

On peut ainsi amener un élève de cet âge à trouver lui-même la définition complète de la multiplication : Si nous achetons 4 kilogrammes d'un produit quelconque valant 3 francs le kilogramme, il est équitable de donner, pour chaque kilogramme, 3 francs; et nous pourrons représenter la situation par l'arrangement suivant (*fig.* 7) :

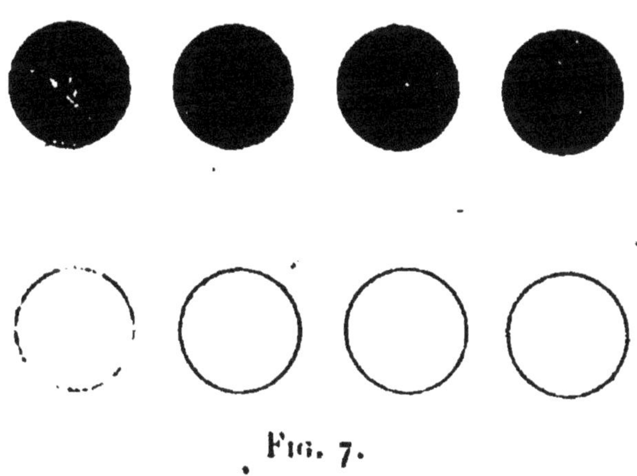

Fig. 7.

un jeton noir figurant 1 kilogramme, et 1 jeton blanc valant 3 francs. La somme à payer est donc, d'après cela : $3 + 3 + 3 + 3$ que nous écrivons plus vite 3×4, et que nous avons appelée un produit.

Maintenant, s'il s'agit, non plus de 4 kilogrammes, mais de 4,5, il paraît tout naturel de figurer un $\frac{1}{2}$ kilogramme par $\frac{1}{2}$ jeton noir (*fig. 8*), et de mettre en regard, pour le prix, un $\frac{1}{2}$ jeton blanc. De même, si nous avions acheté 4 kil. 25, nous aurions figuré le $\frac{1}{4}$ de kilogramme par $\frac{1}{4}$ de jeton noir, et, en regard, le prix par $\frac{1}{4}$ de jeton blanc. D'où les deux dispositions :

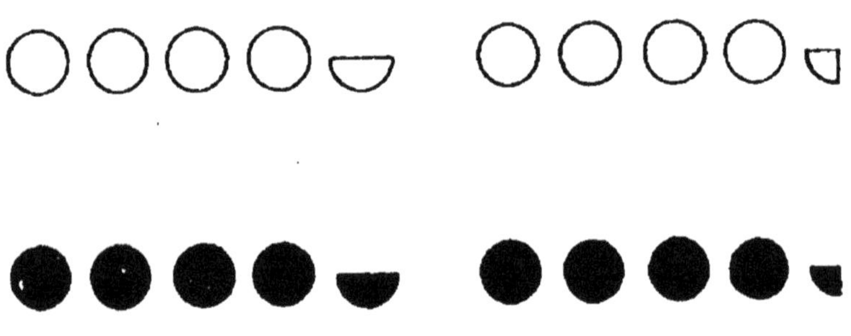

Fig. 8.

Dans chacun de ces achats, la situation reste la même ; nous continuerons à dire que, comme dans le premier cas, la somme due est représentée par le produit du poids, par le prix de 1 kilogramme, c'est-à-dire par les symboles $3 \times 4,5$ et $3 \times 4,25$. Ce qui nous frappe, en regardant les trois tableaux, c'est que la construction qui représente le prix à payer est copiée sur celle qui représente le poids. *Le produit est donc construit, au moyen du multiplicande, de la même manière que le multiplica-*

teur a été construit au moyen de l'unité. Il est excellent d'amener l'élève à trouver petit à petit, de lui-même, cette définition.

*
* *

Les conséquences sont diverses : d'abord, si le multiplicateur est plus petit que l'unité, ceci nous montre que le produit est plus petit que le multiplicande. Ainsi, multiplier un nombre par 0,5, 0,20, 0,25, c'est en prendre la moitié, le cinquième, le quart.

On ne devra donc pas dire que la multiplication consiste toujours à *répéter* un nombre. On saura aussi comment prendre la moitié, les 0,3, les 0,05 d'un nombre. Ce qui donne la solution immédiate de quelques problèmes que l'on rencontre journellement dans la vie.

Ainsi, lorsqu'on dit que l'on a réalisé un bénéfice de 3 %, on veut dire que ce bénéfice représente les 0,03 du prix déboursé. Dès lors, si nous avons besoin de calculer le bénéfice d'une vente, sachant que nous avions dépensé 657 francs en achat et que nous avons gagné 6 %, nous ferons l'opération $657 \times 0,06$ qui, mentalement, revient à 6 fr. 57×6. La même opération nous donne le revenu annuel de 657 francs à 6 %. Si nous avons à escompter un effet de 657 francs à 60 jours au taux de 6 %, nous voyons que c'est le revenu annuel d'un capital de 657 francs à 1 %; c'est donc 6 fr. 57.

*
* *

La même méthode s'applique aux propositions relatives aux opérations et aux propriétés des nombres. Il y a là un nombre infini de questions propres à exciter l'intérêt de chacun; c'est aussi amusant que les jeux de dames ou d'échecs, et les parents y trouveront avantage et plaisir. Autrefois, ce fut une mode de se poser de ces problèmes, et les plus grands savants se provoquaient mutuellement.

La correspondance de Descartes, de Pascal, du P. Mersenne, de Galilée, etc., en est remplie.

Nous vivons maintenant trop vite, au point de perdre le sens de la vie. On peut cependant essayer, pour ses enfants, de dérober quelques instants à la vie affairée, et de chercher avec calme, en leur compagnie, ces combinaisons. Le matériel reste le même : des cubes, des jetons, des pions; on peut aussi se servir des damiers pour les arrangements symétriques. Essayons quelques questions.

Élevons 3 colonnes de jetons (*fig. 9*); elles représenteront trois nombres. Pour ajouter au premier la somme des deux autres, nous devrons finalement construire une colonne unique par la superposition des deux autres à la première. Or, c'est un fait évident que l'on peut apporter successivement chacune des 2 colonnes, ou bien les superposer d'abord, et apporter cette seule colonne au-dessus

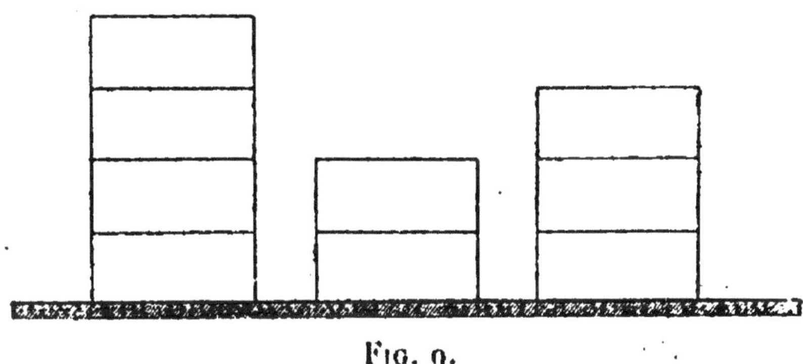

FIG. 9.

de la première. Des 2 façons, la colonne finale renfermera tous les jetons qui étaient dans les 3 premières. Ce que l'on traduit par l'énoncé abstrait :

Pour ajouter à un nombre la somme de plusieurs autres, on peut lui ajouter successivement chacun des autres nombres. On résume encore davantage en écrivant :

$$a + (b + c) = a + b + c$$

a, b, c désignant les 3 nombres, mais pouvant aussi bien désigner tous les nombres.

Voulons-nous faire voir, pour établir la règle de la soustraction, que : *la différence de 2 nombres ne change pas si on les augmente — ou diminue — chacun d'autant?*

Nous prenons 2 ficelles AB, CD (*fig. 10*), dont les longueurs figurent les 2 nombres, — en centimètres, par exemple. Nous égaliserons les 2 bouts

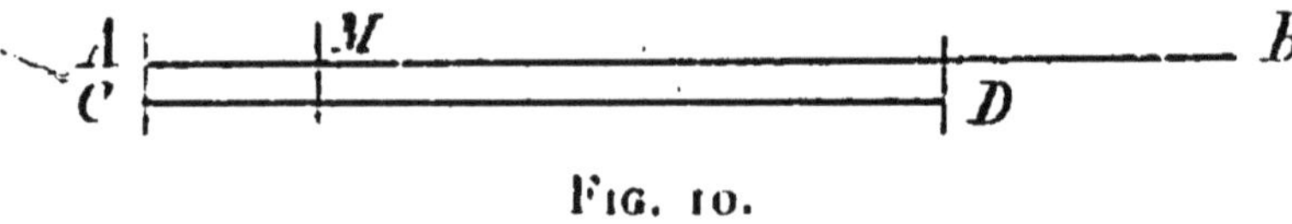

FIG. 10.

A et C, et alors la différence sera figurée par DB. En M, coupons-les, ce qui diminue chaque nombre d'autant, la différence reste la même; elle ne change pas non plus si nous rapprochons les morceaux enlevés. Un nombre pouvant être toujours figuré par une longueur, ceci constitue une véritable démonstration.

On peut varier les moyens, la méthode seule ne changeant pas. Proposons-nous de démontrer que : *si l'on multiplie — ou divise — le dividende et le diviseur par un même nombre, le quotient ne change pas, et le reste est aussi multiplié — ou divisé — par ce nombre.*

Nous dirons : soit 45 à diviser par 7; le quotient à moins d'une unité est 6 et le reste 3. Un exemple concret est facile à trouver : avec 45 fr., nous devons acheter des objets à 7 francs l'un; nous en aurons 6 et il nous restera 3 francs. Que si nous avions eu 45 pièces de 10 francs, pour

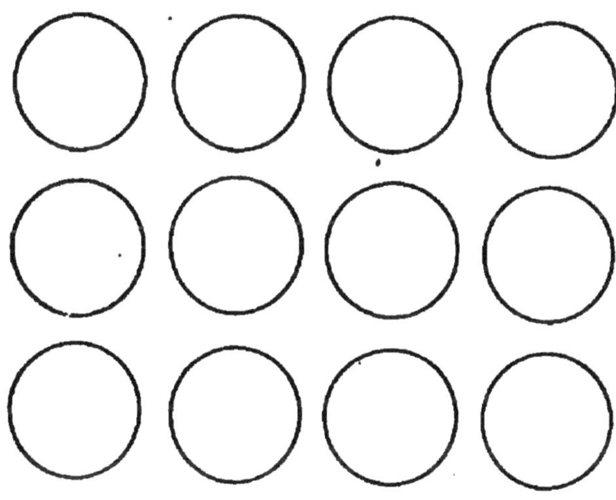

FIG. 11.

acheter des objets valant chacun 7 pièces de 10 fr., la situation eût été la même. Nous aurions eu 6 objets, et il nous serait resté 3 pièces de 10 fr. Nous écrirons tout cela sous la forme condensée suivante, qui exprime définitivement la vérité conquise :

Sachant que

$$a = b \times q + r$$

$$a \times m \quad \text{sera} \quad = (b \times m) \times q + r \times m.$$

Il suffira de rappeler ici le procédé classique pour démontrer que

$$3 \times 4 = 4 \times 3 \text{ (\textit{fig. 11})}.$$

On remarquera que, si chaque jeton vaut 5 fr. ou 5 unités, ceci démontre au surplus que :

$$5 \times 3 \times 4 = 5 \times 4 \times 3.$$

*
* *

Mais ces questions sont un peu sérieuses et il est bon de se dérider un peu de temps en temps. Nous aurons recours à des problèmes amusants, tel le célèbre problème du loup, de la chèvre et du chou que le bon Alcuin ne dédaignait pas de recommander comme propre à exercer la perspicacité des jeunes gens.

Sur le bord d'une rivière se trouvent un loup, une chèvre et un chou; il n'y a qu'un bateau si petit que le batelier seul et l'un d'eux peuvent y tenir. Il est question de les passer tous trois, sans que le loup puisse manger la chèvre, ni la chèvre le chou, en l'absence du batelier.

La meilleure façon de suivre ce problème et les questions analogues est de représenter les objets par des jetons appropriés. On verra que la solution est la suivante : 1° le batelier passe la chèvre; 2° il revient chercher le loup, le dépose et ramène la chèvre; 3° il passe le chou; 4° enfin, il revient prendre la chèvre.

Le problème a été généralisé; on le trouve parmi *les problèmes plaisants et délectables de Bachet, sieur de Méziriac*. C'est d'abord l'énoncé suivant : *Trois maris jaloux se trouvent avec leurs femmes au passage d'une rivière et rencontrent un bateau abandonné, si petit qu'il ne peut passer plus de 2 personnes à la fois. Comment vont passer les 6 personnes, de façon qu'aucune femme ne demeure en la compagnie d'un ou deux hommes, si son mari n'est présent?*

En désignant les 3 maris par 3 jetons longs, bleu blanc et rouge; les 3 femmes par 3 jetons ronds des mêmes couleurs, on verra qu'il y a 6 traversées à effectuer. La solution, empruntée aux temps reculés, est enfermée dans les vers suivants :

It duplex mulier, redit una, vehitque manentem;
Itque una, utuntur tunc duo puppe viri.
Par vadit et redeunt bini; mulierque sororem
Advehit : ad propriam sine maritis abit.

« Deux femmes passent d'abord; l'une d'elles revient et passe la troisième. L'une d'elles revient encore (et reste avec son mari); alors, deux hommes se servent du bateau (pour rejoindre leurs deux femmes). Un couple revient (laisse sa femme), et ils reviennent deux (maris); et la femme (que le mari avait laissée) revient chercher une sœur (l'une des deux autres); elle s'éloigne, sans maris, vers la troisième (pour la ramener). »

La solution latine est un peu concise; en désignant les hommes par A, B, C, leurs femmes respectives par *a*, *b*, *c*, nous pouvons représenter les opérations au complet, de la manière suivante :

	RIVE DROITE			RIVE GAUCHE		
Au début . .	A	B	C		Néant.	
	a	*b*	*c*			
1er Passage.	A	B	C	.	.	.
	.	.	*c*	*a*	*b*	.
2e Passage.	A	B	C	.	.	.
	.	.	.	*a*	*b*	*c*
3e Passage.	.	.	C	A	B	.
	.	.	*c*	*a*	*b*	.
4e Passage.	.	.	.	A	B	C
	.	*b*	*c*	*a*	.	.
5e Passage.	.	.	.	A	B	C
	.	.	*c*	*a*	*b*	.
6e Passage.	.	.	.	A	B	C
	.	.	.	*a*	*b*	*c*

Tel aussi le problème suivant, que pourront ignorer les gens graves :

Y a-t-il, en France, plusieurs personnes qui ont le même nombre de cheveux sur la tête?

La solution se trouve en remarquant que, s'il y a plus de 39000000 d'habitants en France, nous sommes loin d'avoir 1000000 de cheveux. Un savant docteur les a comptés, et a trouvé un nombre voisin de 100000. Le nombre des cheveux que tout Français a sur la tête va donc de 0 à 100000, et, par suite, il y en a beaucoup qui peuvent avoir le même nombre de cheveux.

*
* *

Les jetons sont tout indiqués pour exposer simplement le début de la *divisibilité*. Tous les nombres peuvent être formés en ajoutant 1 successivement; donc, on pourra les décomposer en unités. Cela se dit de la façon suivante : « Tous les nombres sont divisibles par 1. » Si l'on superpose des jetons, chacun représentant 2 unités, la construction réalisée figurera un nombre que l'on pourra décomposer en groupes de 2 unités, et dont on dira qu'il est divisible par 2. En somme, un nombre divisible par un autre, par exemple 7, doit être envisagé comme *ayant été formé* de groupes de 7 unités.

Les propriétés simples en dérivent immédiatement : formons plusieurs piles de jetons valant chacune 3 unités; en les superposant, nous obtenons une pile unique de jetons de même valeur. En langage abstrait : *si un nombre divise plusieurs nombres, il divise leur somme.* Ou encore mieux : *tout diviseur commun de plusieurs nombres est un diviseur de leur somme.*

L'expérience montre des nombres, comme 3, 5, 7, 11, qui sont rebelles à tout essai de division : on les appelle nombres *premiers;* c'est aussi expérimentalement que l'on construit une table de ces nombres. Et comme, en multipliant 1 par 1, indéfiniment, on trouve toujours 1, on arrive à cette conclusion que tous les nombres sont des produits de facteurs premiers autres que 1.

Ces premières notions, solidement assises sur l'expérience, servent de base à d'autres dans lesquelles le raisonnement prend de plus en plus de place : c'est l'extension indéfinie des nombres premiers, la limitation des recherches pour savoir si un nombre est premier, et toutes les propriétés des diviseurs premiers communs.

*
* *

En passant, on peut montrer comment ces propriétés permettent de poser des problèmes variés :

En rangeant une certaine quantité de cubes ou de jetons, on remarque que, si on les groupe par 10, il en reste 9; de même, si on les groupe par 5, il en reste 4, et par 4, il en reste 3. Combien y en a-t-il?

Il est à remarquer que, à chaque tentative, il en manque 1 seul pour que l'on puisse les grouper tous; ajoutons-en 1, et aussitôt nous avons un nombre divisible par 10, 5 et 4. Le plus petit qui réponde à la question est 20. Une façon amusante de présenter ce problème est celle-ci, bien connue :

Un Arabe laisse à ses enfants un héritage composé de 19 chameaux; l'aîné a droit à la moitié de la fortune, le deuxième au quart et le troisième au cinquième.

Très embarrassés, ils confient leur peine à un vieux cadi, qui promet de venir régler leur affaire. Il vient à dos de chameau et demande s'ils ne voient pas d'inconvénient à ce qu'il ajoute son chameau aux 19 autres. Naturellement, ils acceptent; le cadi, alors, dit à l'aîné : « Tu as droit à la moitié de l'héritage, prends 10 chameaux » ; au deuxième : « Toi, prends 5 chameaux »; au troisième : « Prends-en 4. Quant à moi, je reprends le mien qui reste, et je me retire. »

* * *

Un peu plus de théorie.

A mesure que l'enfant grandit, le rôle de la famille change, non d'importance, mais de nature. Après avoir guidé ses premiers pas, il est bon de le laisser voler de ses propres ailes; pour lui, il a encore besoin d'être encouragé, soutenu par l'intérêt que ses parents montrent pour ses progrès. En renversant les rôles, en lui donnant la satisfaction de montrer à son tour son savoir, d'instruire ceux qui lui ont montré la voie, ils pourront, longtemps encore, intervenir d'une manière utile pour lui, agréable pour eux.

En arithmétique, le bagage des connaissances nécessaires est assez réduit; d'autre part, les parents qui ont suivi leurs enfants ont acquis suffisamment de notions pour garder sur eux l'immense avantage de la maturité et de la réflexion. Ils pourront donc encore, quoique de façon plus restreinte, plus intermittente, prendre une part directe à ces études.

*
* *

Bases des systèmes de numération.

Voici, par exemple, la question des bases des systèmes de numération. Elle offre ample matière à réflexion, et, pour peu utile qu'elle soit en elle-même, elle permet d'élargir un peu les idées.

Au fond, écrire un nombre, donné dans le système décimal usuel, dans un autre système, de base 8 pour nous fixer, revient à réunir un certain nombre d'unités en groupes de 8. Il y a ainsi un nombre illimité de groupements possibles; mais on verra que tout ce qui a été établi au sujet des opérations, des propriétés des nombres, reste acquis quel que soit le groupement choisi. On ne sera plus tenté de dire que la grande supériorité du système décimal est dans la multiplication ou la division par 10, 100, 1000... puisque dans tous les systèmes la base s'écrit 10, l'unité de l'ordre au-dessus 100, et ainsi de suite. Il sera bon d'examiner aussi les réels avantages qu'eût présentés l'adoption du système duodécimal, préconisé en France dès le règne de Louis XIV, abandonné définitivement par l'Académie au début du dix-huitième siècle. Ces avantages tiennent, d'une part, à la fréquence du nombre 12 et de son carré (dans le commerce, on compte souvent par *grosses*), de ses sous-multiples, comme 360; d'autre part, à ses nombreux diviseurs, qui permettent des combinaisons variées pour le calcul mental.

On voit par là que, pour multiplier un nombre écrit dans le système duodécimal par 12, 144,... qui s'écrivent, dans ce système, 10, 100,... il suffira d'ajouter 1, 2,... zéros ou de reculer la virgule de 1, 2... rangs à droite. Ce serait le contraire pour diviser par ces mêmes nombres.

On peut citer un jeu, passé de mode, et dont l'explication raisonnée, donnée par E. Lucas, qui l'expose dans ses *Récréations mathématiques*, est basé sur la numération binaire : c'est le jeu du *baguenaudier*. On peut en trouver chez les marchands de jeux de salon. Il se compose d'anneaux enchevêtrés dans une navette, retenus d'autre part par des crochets qui glissent librement dans autant de trous pratiqués dans une réglette, et qu'il s'agit de dégager de la navette. On se sert le plus souvent d'un baguenaudier à 7 anneaux, bien suffisant pour exercer la patience du joueur. Il faudrait des milliards de siècles pour démonter entièrement un baguenaudier de 64 anneaux. Pour plus de détails, il suffira de consulter l'ouvrage de E. Lucas.

Les nombres premiers. On complétera peu à peu l'étude des nombres premiers, ébauchée antérieurement. Leurs propriétés permettent de préciser et d'étendre la théorie des diviseurs. Elles permettent enfin d'arriver au théorème fondamental qu'*un nombre est un produit* UNIQUE *de facteurs premiers*, duquel découlent les applications intéressantes pour la formation des diviseurs des nombres et toutes les questions qui en dérivent. C'est là le but auquel tendaient toutes les théories de la divisibilité; on est ainsi renseigné sur la constitution intime des nombres. On peut rapprocher ce résultat de celui qui sert de base à la chimie: la formule invariable de la molécule d'un corps. Il n'est pas jusqu'à cette formule qui n'ait le même *aspect extérieur* que le nombre décomposé en facteurs premiers. Ainsi les chimistes écrivent l'acide sulfurique : SO^4H^2; et le nombre 4050 s'écrit : $2 \times 3^4 \times 5^2$ ou $2 : 3^4 . 5^2$. Toutefois, il n'y a là qu'une analogie. Les nombres premiers apparaissent comme la *matière première* de tous les nombres.

Fractions. L'étude des fractions ordinaires, sans utilité dans la pratique, est excellente au point de vue éducatif et au point de vue de la préparation à l'algèbre et à la géométrie. Mais c'est à la condition que cette étude ne soit pas faite trop tôt et qu'elle repose sur la notion concrète de grandeurs représentées par des lignes droites. On aura, d'ailleurs, été peu à peu conduit à cette notion par des partages en parties égales effectués réellement sur des objets usuels : ficelle, pomme, gâteau, etc.

En d'autres termes, il est préférable, au début, d'envisager la fraction, non comme un nombre abstrait, mais comme un nombre analogue à ceux que l'on a déjà rencontrés dans l'emploi des mesures métriques légales. De même que, en prenant le mètre pour unité, on a rencontré des longueurs mesurées par 0,25 ou 0,68, etc., qui représentent 25 ou 68... parties de ce mètre divisé en 100 parties égales, de même la fraction $\frac{5}{12}$ devra être regardée comme exprimant la mesure d'une longueur comptant 5 parties d'une unité fondamentale divisée en 12 parties égales. De cette manière, la fraction $\frac{5}{12}$ correspond à une réalité.

Cette méthode permettra de donner une démonstration tangible et sûre de cette propriété fondamentale : *Toute fraction obtenue en multipliant les deux termes d'une autre fraction par le même nombre lui est équivalente,* puisque, en effet, elles représentent l'une et l'autre la mesure d'une même longueur avec une même unité.

Les exercices numériques seront aussi basés sur ces considérations. On ne peut que déplorer que l'habitude trop répandue d'enseigner les fractions à des enfants trop jeunes, à un point de vue abstrait, ait conduit à proposer des exercices d'application qui ont maintes fois égayé la chronique de l'enseignement; tels ces problèmes où il est question d'une fermière qui a vendu 18 œufs et $\frac{1}{3}$, cassé le $\frac{1}{5}$ d'un autre, etc.; ou encore de 4 ouvriers et $\frac{3}{5}$ qui font une besogne déterminée, et qui en feraient bien davantage avec $\frac{1}{7}$ d'application en plus.

Les exercices sur les nombres et les grandeurs sont bien suffisants, tout en restant sensés et basés sur des réalités; il ne paraît pas nécessaire, pour enseigner à raisonner droit, de se promener à travers des absurdités. Par contre, on peut, au moyen des fractions, varier les problèmes relatifs aux propriétés des diviseurs premiers. Ainsi, pour ne citer qu'un exemple, facile à modifier, on peut montrer qu'une fraction de la forme $\frac{2a+1}{3a+1}$, est, quel que soit a, irréductible. Tout d'abord, on constatera que, pour toutes les valeurs entières de a, on a bien une fraction ordinaire; si $a = 0$, c'est la fraction $\frac{1}{1}$; si $a = 1$, c'est $\frac{3}{4}$; si $a = 2$, c'est $\frac{5}{7}$; et ainsi de suite. Elles sont irréductibles, et cela se conçoit, car un facteur premier commun à ses deux termes divise leur différence a. Dès lors, il divise $2a$; mais alors, divisant $2a + 1$ et $2a$, il divise leur différence 1; il ne peut donc être que 1 lui-même. Ces exercices excitent l'ingéniosité et, par là, sont intéressants.

Si l'on s'adressait à de grands élèves déjà familiarisés avec les mathématiques, il y aurait lieu de se demander si l'étude des rapports et proportions doit être séparée de celle des fractions ou fondue avec elle. Pour des élèves plus jeunes, il suffira de leur en montrer les analogies et les différences. En tous cas, au début, un rapport tel que $\frac{5}{8}$ ne sera pas envisagé isolément, mais comme représentant le résultat de la comparaison de deux grandeurs telles que, si la deuxième était divisée en 8 parties égales, la première serait constituée par 5 de ces parties. C'est donc là une généralisation de la fraction.

*
* *

Le rôle des *rapports* est considérable dans la vie pratique; on peut dire qu'on les rencontre dans toutes les applications du calcul à l'étude des grandeurs, toutes les fois que l'on passe de la théorie à la pratique. Le taux d'intérêt, le titre d'un alliage, la densité d'un corps, la chaleur spécifique d'une substance, la conductibilité électrique, le grossissement d'un instrument d'optique, le rendement d'une machine, etc., etc., sont définis par des rapports.

Il sera bon, maintenant, en parlant des *proportions*, de préciser cette notion par des exemples tirés de la vie usuelle et que l'on a en abondance : le prix et le poids d'une denrée, la durée et le prix d'un travail, etc. Il est peu de mots dont on abuse plus, et souvent d'une façon incorrecte, dans le langage usuel, que du mot *proportionnel ;* sa signification sera établie avec soin.

On commencera par montrer des séries de quatre nombres formant une proportion, puis on passera au cas de deux grandeurs proportionnelles en faisant voir que leur nom se déduit du cas précédent.

La première grandeur peut être la longueur d'une pièce d'étoffe, la deuxième son prix. Si elle coûte 4 francs le mètre, nous aurons :

Pour 1 m.,	à payer	4×1 ;
pour 2 m.,	—	4×2 ;

pour 3 m., à payer 4×3;
pour 4 m., — 4×4;

et ainsi de suite. Prenons au hasard deux nombres de la première colonne, 2 et 3, si l'on veut. Leur rapport est $\frac{2}{3}$; il est aussi celui des deux nombres de la deuxième colonne qui leur correspondent : 4×2 et 4×3. En d'autres termes, deux valeurs quelconques de la première grandeur et les valeurs correspondantes de la deuxième forment toujours une *proportion*. Il est naturel de les appeler *grandeurs proportionnelles*.

C'est aussi une bonne pratique, pour les applications, de s'habituer à regarder les nombres proportionnels à des nombres donnés, tels que 3, 4, 7, 10, comme les produits de ces nombres par un même facteur susceptible de prendre toutes les valeurs, si bien qu'ils seront représentés par

$$3m, \quad 4m, \quad 7m, \quad 10m,$$

m étant le facteur précité.

Voici un exemple :

Répartir une somme de 32000 francs proportionnellement aux nombres 3, 5, 8.

Ce problème est de ceux qui se rencontrent dans la distribution des bénéfices entre associés.

Nous représentons les trois parts par les produits

$$3m, \quad 5m, \quad 8m.$$

Ces trois parts valent 32000 francs, et alors m vaut 2000 francs. Les parts sont donc enfin :

6000, 10000, 16000.

Plus tard, la géométrie fournira d'autres exemples de proportions.

Aux proportions se rattachent les *règles de trois*, dont on a souvent fait abus. Par une étonnante contradiction, alors qu'on exalte l'utilité de l'arithmétique au point de vue du développement du raisonnement et de la réflexion, on initie à la règle de trois de jeunes enfants, peu capables de la comprendre, sous le prétexte que le procédé de *réduction à l'unité*, étant machinal, est d'application commode!

C'est vouloir se tromper soi-même que de remplacer la réflexion par un procédé mécanique en raison d'une apparente commodité. Aussi, quels n'en sont pas les inconvénients! Il suffit, pour s'en rendre compte, de lire les énoncés des problèmes d'application, dans lesquels on semble se proposer de détruire tout bon sens chez l'enfant. On connaît ces éternelles et insipides questions de fossés de tant de longueur, tant de largeur, tant de profondeur, auxquels travaillent tant d'ouvriers pendant tant d'heures. Ne serait-il pas plus sensé de s'inquiéter des réalités, de rattacher la question à l'idée du volume de terre à enlever, et plus loyal de faire remarquer à l'enfant que, pratiquement, là où travaillent dix ouvriers il est souvent impossible d'en mettre vingt et que rien ne prouve qu'ils fassent une besogne double? On ne s'étonne plus, après cela, que des élèves, même âgés, pliés à cette routine, disent sans sourciller que *si un ouvrier creuse un trou de 1 mètre de profondeur en 1 heure, il mettra, pour creuser un trou allant au centre de la terre, 6 366 000* FOIS PLUS *d'heures*, ou encore que *si pour 8 sous on a acheté 5 œufs, pour 1 sou on en aura 5* FOIS MOINS *ou* $\frac{5}{8}$!

Ou encore que *si une famille de 4 personnes a dépensé 90 francs pour son chauffage, une de 6 personnes dépenserait moitié plus, etc.* Il y en a de plus fortes encore, et l'on ne peut tout citer, car :

Le vrai peut quelquefois n'être pas vraisemblable.

Pensons aux réalités. Il vaut mieux apprendre peu de choses, mais les comprendre; diriger l'effort, et non le supprimer : ce n'est pas un bon service à rendre aux élèves. Et, avant de les rompre à l'usage de la règle de trois, il est de toute importance de faire reconnaître si les grandeurs dont il s'agit sont, ou non, proportionnelles. Et, en fait, il y en a peu qui le soient; à bien considérer même, il n'y en a qu'en géométrie. Toutefois, dans la vie pratique, on admet, par esprit de simplification, que certaines grandeurs sont proportionnelles : par exemple, que, après 5 jours de travail, on paye à un ouvrier 5 fois le prix d'une journée, bien que certainement il y ait des variations, ou que 5 ouvriers reçoivent 5 fois autant qu'un seul, bien qu'on ne puisse prétendre que leur travail soit le même.

Et la solution de ces questions peut être présentée très simplement :

Soit à calculer le prix de 63 kilogrammes d'une marchandise, sachant que 18 kilogrammes ont coûté 24 francs.

Si l'on tient à la réduction à l'unité, on dira :

D'après l'énoncé, 18 kilog. valent 24 francs, le prix d'un kilog. sera $\frac{24}{18}$; et le prix de 63 kilog. sera par suite $\frac{24 \times 63}{18}$, ou, après simplification :

$$4 \times 21 = 84 \text{ francs.}$$

Autrement, appelons x le nombre cherché; les grandeurs dont il s'agit étant proportionnelles, les nombres 18 et 63 sont proportionnels aux nombres 24 et x. Écrivons la proportion :

$$\frac{18}{63} = \frac{24}{x},$$

d'où

$$18 \times x = 24 \times 63$$

et enfin

$$x = \frac{24 \times 63}{18}.$$

Enfin, il ne faut pas s'abuser sur l'importance pratique de ces questions. Théoriquement, elle est à peu près nulle.

Les Permutations. Il peut être agréable de dire quelques mots de cette question qui a le double avantage d'être facile et de donner d'amusantes applications.

Prenons un couteau, une fourchette, une cuiller; en les plaçant l'un à la suite de l'autre sur la table, nous obtenons une *permutation* de ces trois objets. Il est facile d'en déterminer le nombre. Car, si nous avions un seul objet, le couteau, il y aurait évidemment une seule manière de le placer. Avec un deuxième objet, la cuiller, nous pouvons obtenir les deux dispositions suivantes :

couteau-cuiller et cuiller-couteau.

La fourchette, troisième objet, peut, dans chacun des groupes précédents, occuper trois places différentes; par exemple, dans le premier groupe, elle nous donnera les trois permutations :

fourchette-couteau-cuiller, couteau-fourchette-cuiller, couteau-cuiller-fourchette,

et le deuxième groupe en donnera autant. On aperçoit la règle; ceci est facile à suivre, surtout en faisant réellement ces permutations avec trois objets différents.

Quand nous avions un seul objet, il y avait 1 permutation; avec 2 objets, 2 fois autant, soit 1×2; avec un troisième objet, chaque groupe précédent permettant d'en obtenir 3 nouveaux, il y en aura trois fois autant que pour 2 objets, soit $1 \times 2 \times 3$. Enfin, en continuant de la sorte, on trouve que le nombre de permutations d'un nombre quelconque d'objets que nous désignons par n est égal au produit

$$1 \times 2 \times 3 \times 4 \ldots\ldots, \times n$$

Par exemple, si nous avons à traiter une question dans laquelle nous sommes amenés à considérer 3 points situés sur une ligne droite, nous saurons que nous pouvons faire la figure de six manières différentes, — ceci sera utile plus d'une fois. On s'explique, par là, que les serrures, ou cadenas à lettres, puissent offrir beaucoup de combinaisons.

Voici une plaisanterie facile : vous pariez à un convive qu'il lui serait impossible de réaliser toutes les dispositions possibles des personnes présentes autour d'une table. Pour fixer les idées, supposons que la table est en fer à cheval, et qu'il y a 10 convives. Dans ce cas, c'est la même chose que si la table se réduisait à une ligne droite; le nombre des permutations de 10 personnes est :

$$1 \times 2 \times 3 \times 4 \times 5 \times 6 \times 7 \times 8 \times 9 \times 10 = 3\,628\,800$$

Ce nombre étonne toujours par sa grandeur; afin de s'en rendre mieux compte, imaginons que les convives se prêtent de bonne grâce aux permutations et que l'on en réalise une par minute, ce qui, pratiquement, n'est guère probable. Il faudra tout de même 60 480 heures; et si l'on pouvait se livrer à cette harassante occupation 10 heures par jour, il faudrait encore 6 048 jours, soit plus de 16 années de suite. Que serait-ce s'il y avait 20 convives?

*
* *

Les Progressions. Les progressions offrent d'autres exemples de grands nombres. Considérons la suite de nombres en progression arithmétique :

0   0,1   0,2   0,3   .....

Bien que les premiers soient faibles, on pourra toujours les additionner en assez grand nombre pour arriver à des résultats qui dépassent l'imagination.

C'est ici le lieu de rappeler le fameux problème du jeu d'échecs : On conte qu'un empereur de Chine, ou d'ailleurs, enthousiasmé par le jeu des échecs, voulut récompenser magnifiquement l'inventeur du jeu. Celui-ci, pour lui donner une leçon, demanda que l'on mît 1 seul grain de blé sur la première case du jeu, 2 sur la seconde, 4 sur la troisième, et ainsi de suite en doublant toujours. Il ajouta que même il se contenterait de ce qu'il y aurait à mettre sur la 64e case. Il fallut bien se rendre à l'évidence : malgré toute sa puissance, l'empereur n'aurait pu payer. Sur la 64e case, il aurait fallu placer un nombre de grains de blé représenté par 2^{63}. C'est le 64e terme de la progression géométrique

1 2 4 8 . . . .

ou 18446744073709551615. Ce nombre est tellement formidable que l'on ne peut essayer de s'en rendre compte que par des images. C'est un calcul bien facile à faire; on trouve ainsi que cela représente plus de 900 milliards d'hectolitres de blé; et que, si l'on pouvait avoir assez de wagons chargés de 10 tonnes pour l'emporter, on aurait formé un train faisant plusieurs fois le tour de l'équateur.

En passant, on peut opposer à ces nombres, qui nous étonnent par leur grandeur, d'autres nombres dont la petitesse nous cause une déception. Ainsi un centenaire n'a vécu que 36500 jours à quelques jours près; en 3 années de collège un élève n'a à dépenser que 840 journées d'études environ; encore faut-il en déduire dimanches et jeudis. Combien cela fait peu d'heures de travail personnel, déduction faite des heures de sommeil, de nourriture et de classe!

*
* *

Les questions amusantes abondent ici. Citons ce problème ancien emprunté à l'excellent recueil de M. Fourrey :

Sur une ligne droite sont disposés 100 cailloux à une toise l'un de l'autre; à une toise du premier est un panier. Deux personnes font ce que nous appelons aujourd'hui un match. L'une ira ramasser les cailloux l'un après l'autre, et les portera dans le panier; l'autre ira de Notre-Dame de Paris à Sèvres et reviendra. Celle qui aura fini la première aura gagné. On suppose que les deux personnes marchent également vite; la distance de Notre-Dame à Sèvres est d'environ 5050 toises.

La personne qui ramasse les cailloux fait, pour le 1er, 1 toise à l'aller et 1 au retour; pour le 2e, 2 toises à l'aller et 2 au retour, et ainsi de suite. Écrivons ces 2 sommes, en renversant l'ordre des termes de la deuxième, ce qui ne change rien au résultat :

$$1 + 2 + 3 + \dots + 99 + 100$$

et

$$100 + 99 + 98 \dots + 2 + 1$$

On voit que la somme des 2 nombres de chaque colonne est 101; et il y a 100 colonnes; cela fait donc 10100 toises. Les deux personnes ont le même chemin à parcourir. Il est clair que celle qui ramasse les cailloux est la moins favorisée, puisque, outre le chemin à parcourir, elle a encore à se baisser pour ramasser la collection.

*
* *

Les Logarithmes. Les logarithmes! Voilà un nom bien rébarbatif; évidemment, cela ne peut désigner que quelque chose de très mystérieux, de très difficile.

Certes, la théorie des logarithmes n'est rien moins qu'élémentaire; mais la pratique en est facile, comme on va en juger.

Écrivons sur deux lignes les deux progressions suivantes :

1	2	4	8	16	32	64	128
0	1	2	3	4	5	6	7

256	512	1024	2048	4096	8192
8	9	10	11	12	13

l'une géométrique, l'autre arithmétique. Ce tableau constitue une table de logarithmes. La seule condition imposée étant que la première commence par 1, et la deuxième par 0, on voit que chacun peut se faire, d'une infinité de manières, sa table de logarithmes. Dans cette table, chaque nombre inférieur est appelé le *logarithme* de celui qui est directement au-dessus de lui. Cela se comprend aisément, et il eût été à souhaiter que le nom fût choisi plus simplement.

Quelle est l'utilité des logarithmes? Supposons que nous avons à effectuer le produit 16 × 256; ce produit est 4096. Notre table va nous le donner très simplement : le logarithme de 16 étant 4 et celui de 256 étant 8, nous les ajouterons et nous trouverons 12. Or, au-dessus de 12, nous trouvons le produit tout fait. Soit encore à diviser 8192 par 512; les logarithmes de ces nombres sont 13 et 9 dont la différence est 4; or, au-dessus de 4, nous trouvons le quotient cherché, 16.

Une opération ennuyeuse est celle de l'extraction d'une racine carrée ou cubique; or, pour trouver la racine carrée ou la racine cubique de 4096 dont le logarithme est 12, nous n'avons qu'à prendre la moitié ou le tiers de 12. — La moitié 6 nous donne, au-dessus du nombre 6, la racine carrée cherchée 64; le tiers 4 nous donne la racine cubique 16.

Il est agréable, on le voit, de pouvoir réduire à ce point la longueur des calculs. Et cependant, l'usage de ces tables n'est pas aussi répandu qu'on pourrait le supposer; on en vend, dans le commerce, de tous les prix, et il serait désirable que l'on pût en mettre dans les mains des enfants dès qu'ils savent calculer convenablement. On se contentera, au début, des tables à 4 décimales, que l'on peut faire tenir en 2 feuillets de la taille d'un carnet de poche et dont le prix atteindra à peine quelques sous. Ces petites tables, que l'on trouve déjà dans le commerce, remplaceraient avantageusement la règle à calcul, toujours d'un prix élevé et qui fatigue la vue.

L'utilité de ces tables de logarithmes va plus loin : elles permettent des calculs inabordables par les opérations usuelles.

*
* *

Intérêts. Les intérêts composés offrent un exemple de question nécessitant l'emploi des logarithmes. Chacun sait que le mot *capital* désigne non pas une richesse, mais un certain mode de la richesse envisagée comme moyen de production d'autres richesses, et que l'*intérêt* est le loyer de ce capital, loyer dont l'importance est mesurée par son rapport au capital, enfin que ce rapport porte le nom de *taux*. Puisque le rôle normal du capital engagé dans une entreprise est de permettre de façon permanente le travail d'achèvement de cette entreprise, et par-là même de s'accroître d'une façon continue, la fiction qui en représente le développement de la manière la plus satisfaisante est celle des intérêts composés continus. En pratique, on a adopté leur division en *périodes*, et seuls, les actuaires, dans les Compagnies d'assurances, ont recours au taux *instantané*.

Exceptionnellement, lorsque la durée n'excède pas une année, on admet une autre fiction, celle des *intérêts simples*, dont les résultats sont, dans ce cas, très peu différents, et qui sert de base aux calculs du commerce et de la banque. A la fin de chaque période, le capital redevient le même. On dit couramment que le taux est de 5 °/₀, 4 °/₀, 3,5 °/₀, etc; on doit entendre par là que l'intérêt représente les 0,05, les 0,04, les 0,035 du capital. Il en résulte aussitôt que calculer le revenu d'un capital à 4 °/₀ revient à en calculer les 0,04. L'avantage pratique est évident. Si nous avons à calculer le revenu de 23500 francs à 4 °/₀, nous calculerons les 0,04 de ce capital, ou, mentalement, 4 fois le centième, ou 4 fois 235 francs.

Pourquoi en est-il ainsi? Nul ne saurait le dire; ce n'est même pas une convention, c'est un simple usage : *l'intérêt est proportionnel au capital et aussi au temps*.

Et, que nous ayons à calculer le prix de 500 oranges à 0 fr. 05, ou un bénéfice de 5 °/₀ sur un achat de 500 francs, ou le revenu de 500 francs à 5 %, ou la résistance totale d'un fil de 500 mètres de longueur, de 1^{mm^2} de section et dont le coefficient de résistance serait 0,05, et tant d'autres énoncés analogues, le résultat sera toujours donné par

$$500 \times 0,05.$$

Il n'est pas inutile, en passant, de montrer que le problème inverse, c'est-à-dire *l'escompte en dedans*, n'est encore qu'un problème de partage.

Cherchons le capital qui, réuni à son revenu à 5 %, donne 630 francs.

Ce revenu représente les 0,05 du capital. Il est donc simplement question de partager 630 francs en deux parts dont l'une soit égale aux 0,05 de l'autre; si l'une est x, l'autre sera représentée par $0,05\,x$. Et il faudra que la vérification suivante existe :

$$x + 0,05\,x = 630$$

ou bien

$$x \times 1,05 = 630$$

et enfin

$$x = \frac{630}{1,05} = 600 \text{ francs.}$$

Ce problème est le même que celui-ci :

Calculer l'escompte en dedans d'un effet de commerce de 2373 francs à 4 % et à 90 jours.

En effet, l'intérêt à 4 °/₀ et à 90 jours équivaut au taux annuel de 1 °/₀, c'est-à-dire au centième du capital.

Bien que la relation entre le capital et l'intérêt soit établie par de simples habitudes, l'application aux opérations de banque offre des exercices intéressants. Citons ici, entre autres, le procédé très ingénieux imaginé par les banquiers pour le calcul des intérêts sous le nom de *procédé des parties aliquotes*.

Ce procédé est basé sur la remarque que, si un capital est placé à 6 °/₀, pendant 60 jours, l'intérêt est le même que s'il était placé pendant 360 jours, ou une année, à 1 °/₀. Il est donc le centième du capital. Et alors, avec un peu d'ingéniosité, on ramène tous les taux à des parties dont chacune est un diviseur de 6, et le temps à des parties qui divisent 60. Ainsi pour calculer l'escompte *en dehors* de 950 francs à 4,5 °/₀ pendant 72 jours, nous disons : à 60 jours et 6 °/₀, l'escompte serait de 9 fr., 50. Décomposons le taux en 3 + 1,5, et le temps en 60 + 12, et nous avons le tableau suivant :

950	3 °/₀	60 j.	(la moitié de 9,50)	4,75
»	1,5	»	(encore la moitié)	2,37
en tout	4,5			7,12
	en plus pour	12 j.	(le cinquième)	1,42
			en définitive	8,54

Avec un peu d'exercice, on arrive à une grande rapidité.

Cette méthode convient aussi pour le calcul des nombres complexes.

∴

Lorsque la durée du placement excède une année, l'intérêt vient s'ajouter au capital à la fin de chaque période, et le capital s'accroît indéfiniment. C'est la forme sous laquelle le capital s'adapte le plus étroitement à la vie commerciale, industrielle, sociale. Le travail accroît, d'instant en instant, la richesse générale; le capital, qui en est le soutien et la représentation, doit naturellement s'accroître et augmenter le pouvoir de production.

Il n'entre pas dans le plan de cet ouvrage de rechercher si cet accroissement présente, au point de vue social, des avantages et des inconvénients; c'est le sort de toutes les institutions humaines. Il s'agit uniquement d'exposer des faits qui intéressent tout le monde et qui, malheureusement, ne sont pas assez connus. Il est probable que bien des personnes s'effraient de difficultés imaginaires. On a vu cependant combien l'usage des logarithmes est commode et simple. Bien mieux, l'*Annuaire du Bureau des Longitudes* publie des Tables d'intérêts composés, dont l'emploi réduit à rien la difficulté des calculs.

Au taux de 5 %, 1 franc, placé au début de l'année, vaut, à la fin de l'année, 1fr,05; et, si l'on s'interdit de toucher à l'intérêt de ce franc, il constitue, au début de la deuxième année, un capital de 1fr,05; en vertu du même mécanisme, la majoration de chaque franc de ce nouveau capital pendant la deuxième année est due à l'intérêt de 1fr,05 à 5 %; le nouveau capital sera donc le produit de 1,05 par 1,05 ou $(1,05)^2$; et ainsi de suite; après dix ans, ce franc initial sera devenu $(1,05)^{10}$, et au bout de n années $(1,05)^n$.

Bien que cet accroissement, à quiconque effectuera le calcul pour 1 franc et une période de 5 ou 10 ans, paraisse lent, il n'en est pas moins réel et grandit de plus en plus, puisque le capital est, d'année en année, plus important. Certains procès retentissants, engagés par des familles contre des États ayant, selon elles, contracté une dette envers un de leurs ascendants un peu éloignés, ont appris comment une dette assez faible finit par se convertir en un capital énorme.

Un problème amusant montre le danger de cet accroissement, si l'on pouvait admettre la fiction d'un capital ainsi placé pendant des siècles :

Un centime ayant été placé à intérêts composés,

au taux de 5 °/₀, à la date de la naissance de J.-C., quel capital représenterait-il en 1900?

Ce capital est exprimé en francs par le produit suivant :

$$0,01 \times (1,05)^{1900}$$

C'est le nombre 1824....., ayant 39 chiffres! Négligeons les autres chiffres significatifs, et prenons 180.... o suivi de 37 zéros. Ce nombre évidemment ne nous dit rien. Mais si nous nous rappelons que le nombre fantastique trouvé dans le problème des échecs n'avait que 20 chiffres, nous pouvons prévoir l'effrayante grandeur de celui-ci.

Pour nous en rendre vaguement compte, admettons que la pièce de 10 francs en or pèse exactement 3 grammes; le nombre de pièces de 10 francs qu'il comprend étant représenté par 180..... o (36 zéros), le poids de ce capital, réalisé en or, serait figuré par le nombre 60..... o (36 zéros). En tonnes, ce serait le nombre 60..... o (30 zéros).

Tout cela reste inintelligible; recourons au volume, en supposant, pour simplifier, la densité de l'or égale à 20, ce qui diminue le résultat; mais nous avons déjà fait des suppressions si colossalement grandes, que cela importe relativement peu.

Malgré cela, nous trouvons encore un nombre de mètres cubes égal à

(300..... o (29 zéros)!

Cela représente une sphère plusieurs millions de fois aussi grosse que la Terre. Les chiffres que nous avons négligés, pour simplifier, entraînent, on le voit, une erreur supérieure au volume de beaucoup de sphères en or massif aussi grosses chacune que la Terre. Le capital accumulé serait supérieur de beaucoup à celui que représenteraient, en or massif, le Soleil avec ses planètes.

Nous sommes évidemment en plein dans l'absurde, et nous voyons la nécessité de limiter, dans un pays civilisé, la durée d'un capital placé à intérêts composés. Nous allons y revenir.

*
* *

Ce qui est à retenir d'abord pour le public, c'est l'application des intérêts composés aux assurances sur la vie, à la constitution d'un capital réalisable à une époque donnée ou d'une dot pour un enfant avec les combinaisons variées que l'on peut désirer.

Mais, d'autre part, pour suivre le mouvement de notre époque, s'intéresser au mécanisme de la vie moderne, aux questions très actuelles de retraites pour la vieillesse, de retraites ouvrières, d'emprunts d'États et de communes, de grandes Compagnies de chemins de Fer et enfin de toutes les Sociétés qui entreprennent de grands travaux, il est impossible d'ignorer la question des intérêts composés.

Grâce à eux, les dettes les plus lourdes peuvent être *amorties* par des emprunts à long terme; et cette expression usuelle rend fidèlement la vérité. Ainsi, une dette de 1 000 francs, au taux de 5 °/₀, impose, selon le mode des intérêts simples, une charge *perpétuelle* de 50 francs chaque année, sans que jamais le capital dû soit entamé, tandis qu'il suffit de payer, par an, 51 francs pour être libéré en 60 ans. On dit que la dette de 1 000 francs a été amortie en 60 ans.

Il serait intéressant de rechercher quelle somme *annuelle* pourrait amortir un emprunt important, tel que celui qu'émet une Compagnie pour construire un chemin de fer, un canal, ou tout autre grand ouvrage. Mais on trouvera l'exposé de la solution dans les Cours d'Algèbre, bien que ce soit une question d'arithmétique. Un moyen simple de calculer cette somme annuelle, ou *annuité*, est d'établir, à la fin de chaque année, jusqu'à complet amortissement, le bilan de la dette.

Il sera plus actuel de parler d'une innovation qui s'est faite lors de la création des tramways de la banlieue de Paris, dits tramways de pénétration. Des Sociétés, ayant acquis, à des conditions avantageuses pour elles et aussi pour les vendeurs, les terrains qui devaient être traversés par les lignes nouvelles, y ont tracé des rues, planté des arbres et construit des maisons, de grandeurs variées. Puis, elles ont proposé au public, soit la location pure et simple de ces maisons, soit des combinaisons variées qui permettent au locataire de devenir, au bout d'un certain temps, par exemple dix ans, propriétaire de la maison qu'il a louée. Grâce à une majoration du prix de location, il devient propriétaire campagnard en payant sa maison par annuités.

Prenons une maison qui a coûté 10000 francs à un entrepreneur (le calcul serait évidemment le même pour d'autres sommes). Il veut la revendre en gagnant 6 %, soit, par conséquent, 10600 fr. Si l'on y ajoute les frais habituels, cela peut dépasser 11000 francs. Cherchons l'annuité à payer pour en devenir propriétaire. Cela revient à amortir une dette de 11000 francs en dix ans. Admettons un taux d'intérêt de 6 %, pour mettre les choses au pis; tous les livres nous donneront l'annuité suivante :

$$x = \frac{11000 \times (1{,}06)^{10} \times 0{,}06}{(1{,}06)^{10} - 1}.$$

On trouve environ 1450 francs. Si bien que, en dix ans, on aura réellement payé 14500 francs. Mais n'oublions pas que l'on a payé le loyer, et que l'on ne doit plus rien; d'ailleurs, aurait-on pu payer les 11 000 francs d'un coup? C'était impossible pour les bourses petites et moyennes; grâce aux annuités, le rêve de posséder sa maison à la campagne est devenu une réalité.

Les Sociétés préfèrent, cela va sans dire, aux annuités, les *mensualités*, sommes fixes à payer chaque mois; cela leur donne un meilleur rendement.

D'autre part, les combinaisons peuvent être variées; c'est ainsi que, en combinant les assurances avec les annuités, on a pu, dans la banlieue, offrir au public des maisons qui deviendront la propriété du locataire après un temps déterminé, soit en général dix années, mais avec cette clause que, si le contractant vient à mourir avant l'échéance, la maison est acquise de droit à ses héritiers sans aucun versement nouveau.

C'est en raison des avantages de l'amortissement à long terme que les communes, en France, ne sont autorisés à contracter que des emprunts de cette nature. En effet, cela ne crée pas des charges par trop lourdes, et elles sont ainsi capables d'améliorer peu à peu les conditions de la vie de leurs habitants par les grands travaux de voirie, d'hygiène et de bienfaisance.

Mais combien ne reste-t-il pas à faire encore? Il y a les retraites pour la vieillesse, les retraites ouvrières, et surtout l'aménagement des sources naturelles d'énergie pour le bien général, pour affranchir tous nos concitoyens, et leur permettre, selon le droit naturel, de vivre davantage pour eux-mêmes et pour leurs familles. Il y a donc un intérêt pressant à ce que chacun soit en état d'avoir, sur ces questions, le plus de clartés possible.

CHAPITRE II.

ALGÈBRE

Préliminaires.

On connaît la scène célèbre du *Bourgeois Gentilhomme*, dans laquelle M. Jourdain est si étonné, et en même temps si content, d'apprendre qu'il fait de la prose sans le savoir. Beaucoup de personnes seraient tout aussi étonnées, et peut-être satisfaites, d'apprendre qu'elles font, de même, de l'algèbre sans le savoir. Tellement c'est une conviction généralement répandue que l'algèbre est une science mystérieuse, usant de signes cabalistiques connus de rares initiés !

« C'est de l'algèbre pour moi », dira-t-on couramment de quelque chose que l'on ne comprend pas. Un littérateur qui eut son heure de célébrité, Paul de Saint-Victor, n'a-t-il pas écrit que « la banque, c'est l'algèbre de l'argent » (*Hommes et Dieux*), parce que, sans doute, banque et algèbre lui paraissaient également indéchiffrables? On connaît aussi le mot de Voltaire : « En algèbre, on s'avance sûrement, avec confiance, vers le but, mais en gardant un bandeau sur les yeux. »

⁂

D'où nous vient l'algèbre? Il serait difficile de le dire; et il ne semble guère probable qu'il y ait eu un inventeur la créant de toutes pièces. On en a attribué l'invention tantôt aux Hindous, tantôt aux Chinois, tantôt aux Arabes. Cette dernière version avait pour elle l'origine arabe du mot *algèbre*.

Ce qui a donné lieu à cette méprise, c'est que l'un des savants arabes chargés par le calife Almamoun d'un ensemble de travaux, Mohammed ibn Mousâ Alkhovarizmî, « rapporte qu'il fut invité à écrire, sur *Aldschebr* et Alumkâbala, un court ouvrage qui se bornât au plus usuel et au plus utile de l'arithmétique et de ses applications pratiques ». (Zeuthen, *Histoire des Mathématiques dans l'Antiquité et le Moyen âge*.) Or, l'opération désignée par Aldschebr est celle qui consistait alors, pour des raisons que nous n'avons plus, à s'arranger de manière que tous les termes d'une équation fussent positifs. Et le nom de cette opération très particulière, insignifiante pour nous, a été étendu à toute l'algèbre.

Ce n'est en rien la faute de Mohammed ibn Mousâ, qui était prédestiné sans doute, car son surnom, déformé, est devenu *algorithme*. C'était écrit!

Ce qui est vraisemblable, c'est que l'arithmétique, appliquée à l'évaluation de certaines grandeurs, comme on le verra plus loin, s'est révélée plus d'une fois insuffisante, et que, tantôt l'un, tantôt l'autre, a réalisé une extension, une généralisation. Puis, de temps en temps, se rencontrait un homme assez heureux, assez savant, pour réunir et coordonner les lambeaux épars, produits du hasard ou d'habitudes séculaires.

On pourrait aller jusqu'à dire que l'algèbre a été inventée par tout le monde : chacun fait plus ou moins de l'algèbre inconsciemment, et bon nombre d'opérations que l'on rencontre dans la vie relèvent de l'algèbre ou procèdent d'idées, de conventions, qui sont à sa base : c'est ainsi que la comptabilité repose sur l'emploi d'une double série de nombres, ceux du débit, et ceux du crédit, qui pourraient tout aussi bien être appelés des nombres positifs et des nombres négatifs, sans aucun autre changement. Les opérations de virements en banque sont purement algébriques. Les comptes courants offrent de multiples exemples de cette adaptation : la balance d'un compte exige que les deux sommes — débit et crédit — soient égales; nous dirions en algèbre que la somme générale doit être nulle; ce qui revient au même. Et pour faire cette balance, on ne retranche aucun nombre; au contraire, on *ajoute* toujours, comme en algèbre, le *solde* du compte. Il y a mieux encore : pour les échéances qui débordent la durée d'un compte au moment du règlement, on inscrit les nombres *rouges*, véritables nombres négatifs *ajoutés* soit à la série des nombres du débit, soit à ceux du crédit.

*
* *

Certes, l'algèbre présente, au début, une série de conventions; mais celles-ci qui, comme toutes les conventions, auraient pu être totalement arbitraires, ne le sont pas. Quoi de plus arbitraire que les conventions du jeu de tennis, de football ou de n'importe quel jeu de cartes? On pourrait en citer beaucoup d'autres, puisque toute société vit de conventions, et que la première de toutes est le langage, et qu'il suffit de parler de langues pour entendre déplorer le caractère arbitraire de la prononciation et de l'orthographe.

Eh bien, les conventions, très strictement réduites, que l'on établit au début de l'algèbre, sont loin d'être arbitraires. Elles ont été préparées lentement, et ne se sont imposées que le jour où l'on a voulu résoudre les difficultés relatives à toute une catégorie de grandeurs pour l'étude desquelles l'arithmétique était insuffisante. Et, tout naturellement, au lieu d'abandonner purement et simplement celle-ci, on a été porté d'abord à en faire une simple extension.

Un exemple illustrera avec avantage ce point

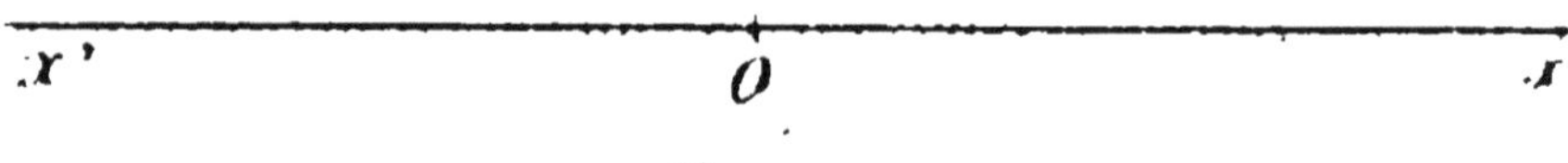

Fig. 12.

très intéressant. Imaginons que nous voulons suivre la marche d'un coureur qui se déplace sur une route indéfinie, et dont le mouvement ne nous est pas connu d'avance. Ce problème est celui qui se pose souvent, on le comprendra aisément, en mécanique, et, pour le résoudre, il faut être en état de préciser, à chaque instant, la situation du coureur.

Il nous faudra faire une première convention : fixer un point de repère sur la route parcourue par le mobile, afin de lui rapporter les positions successives qu'il occupe (*fig. 12*). Mais cela ne suffira pas à nous renseigner complètement. Il faudra encore que nous sachions, une fois que nous connaîtrons la distance du coureur au point de repère O, si le coureur est du côté ox, ou du côté ox'. En d'autres termes, nous avons besoin de connaître le *sens* du déplacement, et cela nous conduit à une deuxième convention.

Quelle sera cette convention? On pouvait adopter une désignation analogue à celle que l'on a imaginée en comptabilité ou indiquer, par une initiale ou autrement, la droite et la gauche, le haut et le bas, etc. Et cela eût résolu la difficulté d'une façon satisfaisante, s'il n'y avait jamais que des questions très simples à résoudre. Mais il n'en est pas ainsi.

Un savant distingué, M. Méray, après avoir examiné les divers moyens d'indiquer que le coureur se trouve sur l'une ou l'autre partie de l'axe $x'ox$, a été amené à conclure que celui qui a prévalu en algèbre est le plus simple et résout au mieux la difficulté. Il s'agit, on le sait, de convenir que les distances du coureur au point de repère seront représentées par des nombres précédés du signe +, autrement dit, des nombres *positifs*, quand il sera sur l'une des parties, ox par exemple, et par des nombres précédés du signe —, ou nombres *négatifs*, quand il sera sur l'autre partie ox' — Évidemment, on eût pu décider juste le contraire. En tous cas, on voit déjà que l'on ne s'est pas éloigné de l'arithmétique.

On saura ainsi que si la distance du coureur est + 5 mètres, cela veut dire qu'il est dans le sens *ox* à 5 mètres du point *o*, et que si elle est — 4 mètres, le coureur est à 4 mètres du point *o*, sur la partie *ox'*.

Cette convention est simple, et tout le monde entend parfaitement ce que signifie une température de + 10° ou de — 5° centigrades. C'est simple et bref, et le but est bien atteint. On commence aussi à indiquer les dates historiques par des nombres positifs ou négatifs, selon qu'elles sont postérieures à l'ère chrétienne ou antérieures. Et il serait facile d'en généraliser encore l'emploi. Ainsi, à Paris, on pourrait supprimer les désignations de faubourgs en disant, par exemple, rue Montmartre d'un bout à l'autre, et affectant les maisons de la rue proprement dite de numéros positifs et celles du faubourg de numéros négatifs.

.·.

Cette convention algébrique a été adoptée dès que l'on a voulu aborder l'étude des grandeurs qui peuvent être comptées en deux sens opposés, et dont la hauteur d'une colonne thermométrique nous donne un exemple familier. Ici, on se trouve embarrassé, car il n'y a pas d'unité désignée naturellement ; il a fallu en imaginer une, le *degré.* Il a fallu aussi adopter un point de départ, qui établit la démarcation entre les nombres positifs et les nombres négatifs. Et ceci nous montre une première singularité de l'algèbre : en algèbre, le zéro est un nombre, alors qu'en arithmétique il désigne simplement qu'il n'y a pas de nombre du tout.

D'ailleurs, il suffirait de changer le point de départ pour que le zéro ne fût plus le zéro et que certains nombres positifs devinssent négatifs, à moins que ce ne fût le contraire. Et ainsi cette convention n'a rien d'absolu.

*
* *

S'il est une notion dont le rôle est important en algèbre, c'est celle de *fonction*. C'est au point qu'Auguste Comte proposait de définir l'algèbre, l'*Étude des Fonctions*.

Le nombre des fonctions est illimité et la signification du mot *fonction* est des plus vastes. Ainsi, nous pouvons affirmer que le prix du pain dépend essentiellement du prix du blé, et celui-ci dépend d'un grand nombre de circonstances : de la quantité de blé qui a été récoltée et, par conséquent, du nombre de jours de soleil, de jours de pluie, de jours de gelée, sans que l'on sache évaluer ces influences. Mais il est clair que le prix du pain dépend encore de bien d'autres causes. On exprime cette vérité en disant que le prix du pain est une *fonction* du nombre des jours de pluie, du nombre des jours de soleil, etc. On en trouvera aisément bien d'autres à la réflexion. Seulement, ces fonctions sont malaisément connues, souvent impossibles à déterminer. Au contraire, celles que l'on étudie en algèbre sont plus nettes et plus simples. Ce sont des grandeurs liées invariablement à une ou plusieurs autres dont nous disposons à notre gré; et dès que nous faisons varier celles-ci, les premières ne sauraient rester invariables.

Nous en avons rencontré déjà en arithmétique : deux grandeurs proportionnelles sont liées indissolublement, et leur mode de dépendance est des plus particuliers. Par exemple, le prix du pain est invariablement lié au poids de ce pain; nous disposons de celui-ci comme nous voulons; mais, dès que nous en avons décidé, nous ne pouvons empêcher le prix d'atteindre une valeur déterminée, ni changer la valeur du poids sans changer celle du prix. Le prix du pain est donc une fonction du poids du pain.

En représentant le prix du pain par y, le poids par x, nous voyons, en nous reportant à ce qui a été dit des grandeurs proportionnelles, que y est une fonction de x. Évidemment, x est aussi une fonction de y; mais il est plus naturel de regarder x comme la *variable*, et y comme la *fonction*, afin de ne pas nous éloigner de la réalité. Il est clair aussi que la dépendance de y et de x est fixée par l'égalité $\frac{y}{x}$ = quantité constante, celle-ci étant déterminée par l'expérience.

Les fonctions simples que l'on étudie d'abord présentent le double avantage de leur simplicité, indispensable pour des débutants, et de leur caractère pratique. La fonction citée plus haut est la première que l'on étudie; nous écrivons l'égalité sous la forme

$$y = Kx,$$

K désignant une constante.

Elle peut représenter, d'ailleurs, la relation qui existe entre toutes les grandeurs proportionnelles; si y désigne un chemin, x le temps mis à le parcourir, la relation

$$y = Kx,$$

exprimant que le chemin est proportionnel au temps mis à le parcourir, représente un *mouve-*

ment uniforme. La quantité constante K est ce qu'on appelle la *vitesse* de ce mouvement. On peut aussi l'écrire autrement; dans le cas le plus général, on pourra commencer à évaluer le chemin parcouru lorsque le mobile sera, non au point qui sert d'origine pour cette évaluation, mais à une certaine distance que nous désignerons par a. Cette fois, le chemin parcouru pendant le temps x sera $y - a$. D'après ce qui précède, la relation sera

$$y - a = Kx$$

ou bien

$$y = Kx + a.$$

De mouvement réellement uniforme, il serait difficile de fournir un exemple pratique. Mais on admet qu'un piéton qui a une marche régulière se meut d'un mouvement uniforme; de même un bateau sur un canal, sur une mer calme; un train de chemin de fer en plaine, etc.

Puis on étudie la fonction $y = x^2$, et celle de même espèce que l'on retrouve en physique dans l'étude de la chute des corps.

Enfin, citons la fonction

$$y = \sin x$$

qui permet l'étude et la représentation de mouvements vibratoires comme ceux que l'on trouve en acoustique et en optique.

Plus loin, il sera encore fait allusion à l'utilité pratique de plus en plus grande des fonctions. Les recherches scientifiques et industrielles en donnent des exemples fréquents.

* * *

Pour le moment, il suffira de la caractériser en disant que l'étude des fonctions ne s'occupe des détails que pour arriver à un ensemble. Ce qui importe, ce n'est pas de dresser un tableau, nécessairement incomplet, de valeurs distinctes de la fonction, mais bien la marche de sa variation. Ainsi, l'indication, à un moment donné, du baromètre, ne nous renseigne que très imparfaitement; au contraire, la courbe tracée par le baromètre enregistreur nous indique d'une façon probable la variation du temps. Nous verrons plus loin les applications récentes de la variation des fonctions.

L'étude des fonctions a été véritablement rendue possible et même facile par l'unique convention établie plus haut, c'est-à-dire par l'emploi pur et simple des nombres positifs et des nombres négatifs. La nature de ces quantités étant telle qu'elles puissent toujours être comptées en deux sens opposés, le choix des nombres algébriques était le plus heureux et ne paraît plus arbitraire.

L'algèbre nous apparaît ainsi comme une sorte de langage, et, en cette qualité, elle repose sur des conventions. Ces conventions, aussi peu arbitraires que possible, sont, en outre, très simples. L'algèbre emploie un nombre fort restreint de signes; aussi est-ce un langage d'une rare concision. Galilée n'a pas dédaigné de montrer que pour exprimer, en langage ordinaire, tout ce que veut dire cette phrase algébrique si simple :

$$y = ax + b,$$

il ne lui fallait pas moins de quatre pages de texte in-folio. On a vu un peu plus haut que la fonction ainsi définie est la première et la plus simple que l'on rencontre. Cette relation est celle qui se présente dans tous les cas de deux grandeurs proportionnelles, et, en particulier, dans le cas du mouvement uniforme.

Le très petit nombre des signes employés par l'algèbre exige que le rôle de chacun soit admirablement précisé, et c'est ici une erreur presque générale des débutants qui, trompés par la simplicité du début de l'algèbre, ne pénètrent pas assez la signification des conventions premières et des signes.

D'autre part, la concision du langage algébrique est sa principale qualité; c'est elle qui permet de condenser les termes d'un problème de façon à les placer dans un tableau assez réduit pour qu'on le saisisse d'un seul coup d'œil..., à condition toutefois que l'on ait appris à le déchiffrer, ce qui ne demande qu'un peu de volonté.

Voici un exemple qui fera bien comprendre ce qui précède :

Supposons qu'il s'agisse de déterminer le trajet effectué par une voiture sachant que la roue de devant qui a 2 mètres de circonférence a fait 6000 tours de plus que la roue de derrière qui a 3m,2 de circonférence.

Convenons de représenter la longueur du trajet évaluée en mètres par le signe x. Le nombre de tours de la petite roue s'obtient en divisant la longueur du trajet par celle de la roue; ce sera donc $\frac{x}{2}$; de même, le nombre de tours de la grande roue sera $\frac{x}{3,2}$. Leur différence est 6000. Il en résulte que s'impose la vérification suivante, qui exprime que cette différence est bien 6000 :

$$\frac{x}{2} - \frac{x}{3,2} = 6000.$$

Tout le problème tient dans ce faible espace. Après cela, une règle toute mécanique, une sorte de recette que l'on trouve presque au début du Cours d'Algèbre, permet de tirer de là la valeur de x.

Que l'on cherche, à titre de comparaison, la solution de la même question par des moyens purement arithmétiques, et on sera édifié. Encore n'est-ce là qu'un problème très simple; et, plus la difficulté se complique, plus s'affirme la supériorité de l'algèbre.

En voici un autre déjà plus compliqué, qui fait toujours la joie des élèves :

Devinez les âges de deux personnes dont l'une parle ainsi : « j'ai deux fois l'âge que vous aviez quand j'avais l'âge que vous avez, et quand vous aurez l'âge que j'ai, nous aurons à nous deux 126 ans. »

Cette petite question, assez agaçante à la réflexion, est réellement difficile sans le secours de l'algèbre. Celle-ci écrit toute la solution en ces deux lignes :

$$x = 2[y - (x - y)]$$
$$x + (x - y) + x = 126.$$

En effet, si x représente l'âge de la première personne, y celui de la deuxième, la différence *constante* sera $x - y$; lorsque la première personne avait l'âge de la deuxième, le sien était diminué précisément de la différence. Dans le deuxième cas, au contraire, l'âge de la première est augmenté de cette différence; d'où l'on tire ensuite les réponses par des règles presque mécaniques.

Il s'agit là, on le comprend, d'enfantillages; mais ce n'est pas le lieu de poser ici des questions d'une réelle difficulté, puisque l'on ne pourrait en développer encore la solution.

*
* *

Si les mathématiques, dont ce n'est d'ailleurs pas le rôle, ne conduisent pas à des inventions, elles permettent du moins d'en faire une critique serrée avant de passer à l'exécution; l'algèbre, en particulier, donne un puissant moyen de contrôle. On conte que, lors de la publication des théories de Fresnel relatives à la propagation des ondes lumineuses, le célèbre calculateur Poisson accourut un jour chez lui pour lui annoncer triomphalement qu'il avait soumis la question au calcul, et que ses théories menaient à des conclusions absurdes. En effet, disait-il, le calcul montre que, au sein de l'ombre, construite selon la théorie de Newton, que porte un très petit écran vivement éclairé, il y a un point lumineux comme la source elle-même. A quoi Fresnel répondit que, avant de triompher si fort, il serait plus sage de soumettre la question à l'expérience. Et il se trouva que le calcul avait trouvé juste, et donnait raison à Fresnel, si bien que Poisson devint dès ce jour un des fervents soutiens de la théorie des ondulations lumineuses.

On pourrait toutefois citer quelques rares exemples d'inventions dues en partie ou en totalité aux mathématiques : telle la découverte de Neptune par Le Verrier. La planète Uranus, au lieu de suivre parfaitement la route que lui tracent les lois de Képler, se permettait quelques légers écarts; Le Verrier conclut, après discussion, que cette planète devait être dérangée par l'influence d'une autre planète inconnue. Après deux années de calcul, le savant astronome parvint à donner la solution exacte du problème. Et pourtant, quelle n'était pas la difficulté de ce problème! On ne pouvait compter ici sur la visibilité de la planète qui est à une distance si énorme du Soleil que, depuis sa découverte, en 1846, elle n'a pas encore parcouru la moitié de son orbite. Voilà un astre sur lequel les années sont longues!

Un de nos physiciens les plus autorisés, M. Bouasse, nous fait remarquer l'importance prépondérante de la méthode déductive et, par suite, de l'algèbre, dans la méthode en physique, et particulièrement en optique.

« Euclide connaissait déjà le *principe* sur lequel repose la *catoptrique*, c'est-à-dire la science des phénomènes dus à la réflexion..... Comment la science des miroirs courbes a-t-elle mis tant de siècles à s'achever?..... Ce qui manquait à Euclide, à Héron d'Alexandrie, à Ptolémée, pour parfaire une catoptrique, c'était tout uniment les connaissances mathématiques sans lesquelles il est impossible, une surface étant donnée, de savoir où vont, après réflexion, les rayons issus d'un point.....

« Depuis deux cents ans, les progrès de cette science (l'optique) sont parallèles aux progrès des mathématiques. » (Bouasse, *Physique générale.*)

Début de l'Algèbre.

Ces préliminaires ont montré l'intérêt que présente l'étude de l'algèbre en général et son début en particulier.

Après que l'on aura dit brièvement ce qu'on entend par nombres algébriques, l'élève se familiarisera d'abord avec leur emploi, en considérant des cas particuliers : thermomètre, questions d'argent, dates, et surtout positions d'un point sur un axe rectiligne où l'on aura marqué un sens positif. L'emploi de ce' axe est excellent pour comprendre la relativité des mots *positif* et *négatif* par le déplacement du point de départ O.

Ces notions étant acquises et fortifiées par l'expérience, on passe à une convention nouvelle où l'on retrouvera le souci de ne pas abandonner l'arithmétique. Il s'agit de définir la *somme* de deux, puis de plusieurs nombres algébriques. La voici tout entière; prenons, par exemple, les deux nombres 3 et 7 qui nous donnent, en algèbre, + 3 et — 3, + 7 et — 7. On *convient* que :

$$(+3) + (+7) = +10$$
$$(+3) + (-7) = -4$$
$$(-3) + (-7) = -10$$
$$(-3) + (+7) = +4$$

Les nombres ont été mis entre parenthèses pour faire bien comprendre que le signe et le chiffre sont liés d'une façon indissoluble.

Cette convention ne se démontre pas, puisque ce n'est qu'une convention. Elle pourrait être arbitraire; mais elle ne l'est pas, puisqu'elle a été inspirée par le désir naturel de continuer l'arithmétique. Nous allons voir qu'elle s'adapte admirablement aux réalités.

Supposons, par exemple, que l'unité représente

un pas. Les 4 égalités écrites plus haut signifient alors ceci : la 1re : Si je fais 3 pas *en avant*, puis 7 pas en avant, j'ai fait réellement 10 pas en avant. La 2me : Si je fais 3 pas en avant, puis 7 pas *en arrière*, je suis arrivé à 4 pas en arrière. La 3e : Si je fais 3 pas en arrière, puis 7 pas en arrière, j'ai fait enfin 10 pas en arrière. La 4e : Si je fais 3 pas en arrière, puis 7 en avant, j'ai avancé de 4 pas.

On peut recommencer avec des degrés de ther-

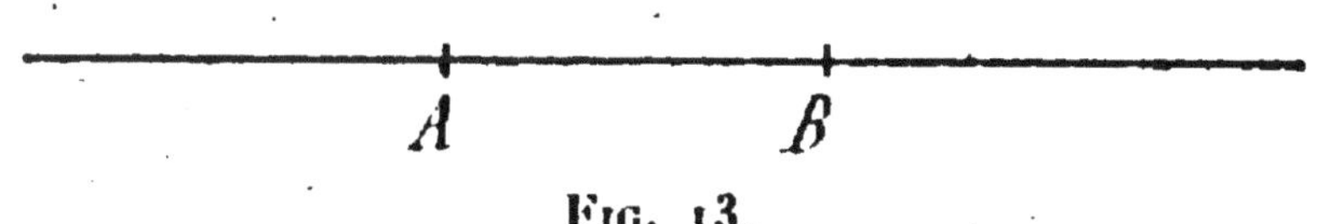

FIG. 13.

momètre, des sommes d'argent perdues ou gagnées, et l'on constatera que ces règles permettent une adaptation à la réalité plus complète que l'arithmétique.

On voit en particulier que la somme de deux nombres *opposés*, tels + 5 et — 5, est nulle.

Une conséquence remarquable de ces règles est le théorème (?) de Möbius généralisé par le grand géomètre Chasles.

Si, sur un axe rectiligne (*fig. 13*), où a été désigné un sens positif, quel qu'il soit, nous marquons au hasard 2 points A et B, nous pourrons avertir le lecteur, par l'écriture $\overline{AB}$ et $\overline{BA}$, que les longueurs envisagées sont mesurées par des nombres algébriques dont le signe dépend du sens de chacune. Or, quel qu'il soit, il est clair que

$$\overline{AB} + \overline{BA} = 0.$$

C'est une pure question de bon sens; si l'on va de A à B, puis de B à A, on a parcouru le même chemin en allant et en revenant. Ce sont deux nombres opposés, et leur somme est nulle.

Si nous ajoutons un point de plus, C, pris n'importe où, il est clair que

$$\overline{AB} + \overline{BC} + \overline{CA} = 0$$

toujours pour la même raison. Enfin, si nous marquons au hasard sur l'axe autant de points que nous voudrons, il en résultera toujours une même conséquence. Soit des points A, B, C, D, E, F, par exemple :

$$\overline{AB} + \overline{BC} + \overline{CD} + \overline{DE} + \overline{EF} + \overline{FA} = 0.$$

quelle que soit la disposition des points sur l'axe et quel que soit le sens positif, puisque, parti du point A, on y est revenu, il a fallu évidemment faire rigoureusement le même trajet dans un sens que dans l'autre.

L'avantage de ceci est considérable : c'est de permettre, au début, des calculs variés et des vérifications, par exemple en se servant de papier quadrillé, et surtout, plus tard, d'établir des propositions très générales sans qu'il soit besoin de tenir compte des cas de figure, parfois extrêmement nombreux et complexes.

Seulement, un tel avantage n'existe que si l'examen patient de la question, avec expériences nombreuses, a implanté cette conviction absolue dans l'esprit.

On peut aussi, en passant, remarquer que l'égalité écrite plus haut serait parfaite pour exprimer le mouvement du livre de caisse d'une maison de commerce pendant une journée. En effet, les sommes entrées et sorties doivent se faire équilibre et la balance doit être rigoureusement nulle.

*
* *

Il y a une différence importante entre le calcul arithmétique et le calcul algébrique. Le premier, lorsque nous cherchons la solution d'un problème, nous conduit, après diverses opérations, au résultat, qui est un nombre quelconque, tel 3,25 ou 4,6.

Mais il ne reste plus trace des opérations qui *ont été* effectuées, et le résultat ne peut nous renseigner à cet égard; ces nombres peuvent provenir évidemment d'opérations très dissemblables.

En algèbre, le plus souvent, on pose le problème d'une façon plus générale, en désignant les données, non par des nombres déterminés, mais par des lettres susceptibles de représenter une infinité de nombres. On résout ainsi, non le problème particulier du moment, mais du même coup tous les problèmes de même sorte qui ne diffèrent que par les valeurs des données. Le résultat n'est plus un nombre, mais un tableau résumant d'une manière très concise les opérations à effectuer sur les données. C'est ce qu'on appelle une *formule*.

Ce mot, venu du latin, signifie un *moule;* et ceci est très expressif : en effet, quand on possède la formule, il suffit d'y jeter les données pour obtenir une solution parfaite, comme il suffit de jeter le métal en fusion dans le moule pour obtenir un objet déterminé.

Ainsi, on cherche des formules; dans le calcul algébrique, on est à la recherche de *formes* à travers d'autres formes. En d'autres termes, ce qui caractérise ce calcul, c'est qu'il consiste en une suite de *transformations*.

Dès lors, comment l'élève pourra-t-il y parvenir?

C'est au moyen de l'association des idées; tout ce travail repose sur des analogies qui servent de guides. Le père de l'académicien Paul Bourget, lui-même recteur d'Académie, avait, dans un petit traité d'algèbre, groupé systématiquement un certain nombre de formes types qu'il appelait des *analogies*. En voici quelques-unes.

$$a(b+c) = ab + ac$$
$$a(b-c) = ab - ac$$
$$(a-b)(a+b) = a^2 - b^2.$$

L'idée était excellente; l'usage répété fixe ces analogies dans l'esprit; mais il faut convenir que les progrès sont lents chez les élèves distraits et n'ayant pas l'esprit d'observation. En algèbre, on le voit, l'expérience et l'observation jouent un rôle considérable; le mieux est d'accepter les choses comme elles sont, de les observer et de se laisser guider par leur forme, sans parti pris.

C'est l'habitude qui nous fournit des analogies. Il n'est pas nécessaire d'en posséder beaucoup; au début surtout, le nombre de celles qu'il faut connaître est très limité. Puis c'est la réflexion, l'observation, en un mot, la volonté, qui nous permet de les utiliser. Sans facultés éminentes ni spéciales, un élève consciencieux et ayant un peu d'énergie peut s'initier au calcul algébrique.

Cette question de forme, qui se pose dès les premiers pas en algèbre, devient encore plus importante plus tard. Dès maintenant, il suffira de dire que à toute forme algébrique correspond une forme géométrique, et inversement.

La première transformation, qui découle toujours de notre convention sur la somme, sans autre condition, est

$$a + b = b + a$$

que l'on peut étendre à un plus grand nombre de termes.

Cette première convention entraîne, toujours pour leur conserver le même caractère qu'en arithmétique, celle de la différence $a - b$. Un fait d'expérience qui s'en déduit est celui-ci, gros de conséquences : retrancher un nombre algébrique *revient à* ajouter son *opposé* (+ 3 et — 3, + 5 et — 5 sont *opposés*).

N'est-ce pas tout à fait l'opération du virement en banque?

En algèbre, on peut donc, si l'on veut, toujours ajouter; c'est un réel avantage, en raison de la plus grande facilité des opérations directes.

∴

Nous voici maintenant en mesure de résoudre une importante difficulté, celle du classement des nombres algébriques par ordre de grandeur. Jusqu'ici, en effet, nous n'avons pas eu à nous en occuper. En arithmétique, nous avons appris que, pour passer de 5 à 7, par exemple, il nous a fallu ajouter 1, puis 1. Nous savons ainsi, par expérience, que 7 est plus grand que 5. Et il en est de même pour tous les nombres, dès que nous savons compter. S'il s'agit des nombres algébriques, l'expérience ne peut nous servir de guide; aussi a-t-on réglé la difficulté par une convention très simple, mais que les élèves ont de la peine à admettre ou, plus exactement, à appliquer.

On dira que, un nombre a est plus grand qu'un autre b, lorsque leur différence $a - b$ est un nombre positif. C'est tout. C'est encore une extension de l'arithmétique, et c'est une idée très naturelle, car, si nous voulons comparer les tailles de deux enfants, nous les faisons placer l'un contre l'autre, ce qui est proprement mesurer la différence de ces deux longueurs. De même, si nous voulons comparer les longueurs de deux ficelles, de deux cannes.

En vertu de cette convention, les nombres positifs doivent être regardés comme plus grands que tous les négatifs, et même comme plus grands que *o*; tandis que les négatifs sont plus petits que *o*, locution qui serait absurde si *o* n'était pas lui-même un nombre. Un nombre positif s'accroît avec la valeur du nombre lié au signe +, et c'est le contraire qui a lieu pour les négatifs. Ces résultats paraîtront, à la réflexion, parfaitement conformes à la réalité.

Par suite le domaine de l'algèbre comprend l'infinité des nombres positifs depuis *o* jusqu'à des nombres tellement grands qu'ils échappent à l'appréciation et qu'on exprime en disant qu'ils vont de *o* à l'infini. De même pour les nombres négatifs, mais en sens inverse. En résumé, on dit que les nombres algébriques forment une suite indéfinie qui croît de *moins l'infini* à *plus l'infini* (de $-\infty$ à $+\infty$).

Les programmes récents d'algèbre obligent à faire un appel fréquent à ces notions; afin de les bien posséder, le mieux est de disposer, par ordre de grandeur, des nombres algébriques d'abord mêlés au hasard, jusqu'à ce que l'on ait une idée nette de leurs valeurs relatives. On ne saurait trop insister sur ce point; évidemment l'emploi d'un axe rectiligne ne peut qu'être excellent.

On gagne aussi du temps par l'emploi de papier quadrillé, chaque ligne de ce papier donnant un axe déjà divisé en parties égales que l'on peut prendre comme unités de longueur.

Au début, il sera excellent de faire des exercices sur les conventions fondamentales ; par exemple :

$$(+8)+(+11)=+19$$
$$+8+(-11)=-3$$
$$+8-(+11)=-3=+8+(-11)$$
$$+8-(-11)=+19=+8+(+11)$$
$$(+4)(+7)=+28$$
$$(-4)(+7)=-28$$

, etc, etc.

jusqu'à ce que l'on s'en tire vite et bien. La facilité n'est pas une raison pour s'en abstenir, puisqu'il s'agit de contracter des habitudes nouvelles.

Que l'on se rassure cependant ; il est inutile d'y consacrer de longues heures ; il vaut mieux s'y exercer fréquemment, en y consacrant chaque fois quelques minutes. Ce sont des exercices qui ont quelque analogie avec les exercices de violon ou de piano, mais ils sont beaucoup moins longs et moins ennuyeux, puisque les progrès seront d'autant plus réels que la réflexion personnelle interviendra davantage.

Un exercice excellent sera celui-ci : étant donné un point sur un axe rectiligne, il est défini par son *abscisse;* c'est-à-dire par le nombre positif ou négatif qui mesure sa distance au point de départ. On se proposera de calculer la nouvelle abscisse de ce point après que l'on aura déplacé le point O. Il en sera fait plus tard de nombreuses applications. Ce n'est qu'une application du théorème de Möbius.

Le lecteur saura faire de même avec les autres conventions : produit, quotient, etc. Une remarque à faire : toutes portent sur des caractères *extérieurs* purement *physiques*. Ce qui montre, une fois de plus, qu'il suffit d'ouvrir les yeux avec un peu d'attention, et qu'il n'est pas nécessaire d'avoir des aptitudes particulières. L'expérience joue un grand rôle. Prenons par exemple la convention relative au signe du produit de 2 facteurs. Si ces 2 facteurs ont le même signe (il n'y a qu'à regarder pour le voir), le produit aura le signe +; dans le cas contraire, le signe —. Un élève n'a vraiment aucune excuse s'il ne sait pas le reconnaître. Les qualités requises de lui sont : volonté pour observer et réfléchir, activité pour transformer.

Ces premières notions acquises, il sera possible d'en montrer une application qui habituera les élèves à l'emploi des nombres algébriques et leur en montrera l'utilité : c'est le problème du mouvement uniforme qui revient, au fond, à l'emploi des abscisses et du changement d'origine. On n'insiste que sur le côté pratique ; le cas des coureurs cyclistes sur route ou sur piste fournit beaucoup d'exemples qui intéressent les élèves et ont le double avantage de les exercer au calcul et de leur donner cette conviction que la machine algébrique fonctionne sûrement. L'emploi des signes permet de reproduire tous les cas possibles de la réalité ; les nombres qui représentent la mesure du temps, celle de l'espace et les vitesses seront tantôt positifs, tantôt négatifs, et donneront toutes les combinaisons possibles. On en trouve beaucoup d'exemples dans l'excellent petit livre d'algèbre de M. Borel.

Citons les suivants :

Un voleur s'est emparé d'une bicyclette et s'enfuit sur une route avec une vitesse de 20 kilomètres à l'heure ; on s'en aperçoit 3 minutes après son départ et un bicycliste s'élance à sa poursuite avec une vitesse de 22 kilomètres à l'heure. Au bout de combien de temps le rattrapera-t-il ?

Deux bicyclistes roulent dans le même sens d'un mouvement uniforme sur une piste circulaire de longueur a ; *le plus agile dépasse l'autre toutes les* n *secondes ; ils roulent ensuite en sens inverse sur une piste circulaire de longueur* b, *leurs vitesses restant les mêmes en valeur absolue ; dans cette seconde expérience, ils se croisent toutes les* p *secondes. Calculer leurs vitesses. Discuter.*

Ce dernier permet une grande variété. On prendra d'abord les nombres que l'on pourra changer de toutes les manières : par exemple, la première piste aura 500 mètres de longueur et les coureurs se retrouveront ensemble toutes les 45 secondes, et ainsi de suite.

On pourra se poser des problèmes analogues sur une piste rectiligne; une circonstance frappe tout de suite : alors que, sur une piste droite, il ne peut y avoir plus d'une rencontre, sur une piste circulaire il peut y en avoir un nombre indéfini; c'est un acheminement vers les solutions habituelles des équations trigonométriques, qui en ont toujours des séries.

Le Calcul algébrique.

Au point où nous sommes parvenus, nous supposons que l'élève est familiarisé avec le calcul des nombres algébriques. En les groupant entre eux, on forme des quantités très variées que l'on désigne en bloc sous le nom d'*expressions algébriques*. Les opérations sur ces expressions constituent le calcul algébrique proprement dit. On a vu plus haut quel est son caractère et quelles sont les qualités que l'élève doit y apporter.

Il ne s'y trouvera pas tellement dépaysé s'il veut bien remarquer les analogies avec l'arithmétique et s'il sait en profiter. Écrivons le nombre 527294; puis décomposons-le de la manière suivante :

$$500000 + 20000 + 7000 + 200 + 90 + 4$$

ou bien :

$$5 \times 10^5 + 2 \times 10^4 + 7 \times 10^3 + 2 \times 10^2 + 9 \times 10 + 4$$

Or, si nous représentons 10, base du système de numération, par la lettre x, ceci devient :

$$5x^5 + 2x^4 + 7x^3 + 2x^2 + 9x + 4.$$

De même 4203 s'écrirait

$$4x^3 + 2x^2 + 3$$

et l'on a ainsi tout simplement deux *polynômes* algébriques *ordonnés*.

Les règles des opérations algébriques, très simples, rappellent celles de l'arithmétique. On y écrit aussi les polynômes de façon que les termes de même ordre se correspondent, et il en résulte les mêmes avantages pratiques. Tout au plus écrit-on de gauche à droite, comme il est naturel à des Occidentaux, au lieu d'aller de droite à gauche, à l'orientale, contrainte imposée en arithmétique par les retenues.

Puis, après avoir fait en détail ces opérations, l'élève, mis sur la voie, est à même de trouver des formes plus concises qu'il ne pouvait songer à chercher au début. Ce sera le moment de l'initier au rôle de la *parenthèse*. Celle-ci permet de transporter plusieurs termes dans le calcul comme s'ils n'en formaient qu'un, en gardant toutefois l'avantage de leur forme. On voit d'ici son importance. Ainsi, pour écrire que la somme $a + b$ est multipliée par l'expression $c - d + e$, il suffit d'écrire $(a + b)(c - d + e)$.

La multiplication fournit des types importants à retenir, à savoir surtout assez bien pour pouvoir les appliquer. Ce sont par rang d'importance :

$$(a + b)(a - b) = a^2 - b^2$$
$$(a + b)^2 = a^2 + 2ab + b^2$$
$$(a - b)^2 = a^2 - 2ab + b^2$$

La première amène progressivement à la forme définitive.

$$x^m - a^m = (x - a)(x^{m-1} + ax^{m-2} + \ldots\ldots$$
$$\ldots\ldots + a^{m-2}x + a^{m-1})$$

Ce sont de nouveaux exemples des *analogies* de M. Bourget.

C'est en se basant sur ces types et la règle de multiplication que notre élève sera amené à reconstituer les facteurs d'un prodı .. Cette opération, appelée *mise en facteur commun*, doit être l'objet de la plus grande attention, vu que c'est elle qui mène le plus sûrement aux formes les plus condensées. C'est ici qu'apparaît la nécessité d'une formation arithmétique sérieuse, car tous ces calculs ne sont que l'extension des calculs arithmétiques, et sont impossibles sans le calcul mental.

Il est une précaution à prendre pour éviter de tomber dans le vague par excès d'abstraction : c'est de faire calculer souvent la *valeur numérique* d'une expression donnée. De cette façon, l'élève ne perd pas de vue que les lettres représentent des nombres; puis, cela l'habitue aux *substitutions*, dont il aura souvent besoin. Substituer à une lettre une valeur numérique, c'est, on le sait, écrire cette valeur numérique aux lieu et place de la lettre, puis effectuer les opérations indiquées.

En passant, on peut déjà montrer un curieux résultat, mais sans le démontrer : on obtient le reste de la division d'un polynôme entier en x divisé par $x - a$, en y substituant purement et simplement a à x. Bien entendu, ceci ne sera qu'une vérification expérimentale. Ce résultat sera plus tard d'une grande utilité.

Les Équations.

Le calcul n'est qu'un moyen et non un but. Aussi convient-il, aussitôt que l'élève a un petit bagage de connaissances, de lui faire appliquer le calcul à des questions qui, en l'intéressant, l'encourageront à se perfectionner de lui-même. On voudra bien remarquer que, seul, l'élève peut réaliser des progrès en calcul, puisque, après la leçon du professeur, il faut qu'il fasse de fréquents et courts exercices avec le plus d'attention possible.

Une occasion se présente naturellement : c'est la résolution des *équations*. Celui qui a suivi les programmes nouveaux n'est pas sans avoir, en arithmétique, fait usage des égalités numériques pour résoudre de petits problèmes, comme on l'a vu plus haut notamment aux pages 62, 63, 91, 101, 124, 125. Il n'y aura qu'à les reprendre, les compliquer un peu, et surtout amener l'élève à les généraliser. Il sera ainsi mis en présence des *équations* algébriques, qui constituent une vaste extension des égalités numériques.

Pour rester fidèles à notre méthode, nous nous garderons bien de lui donner *a priori* une définition abstraite; nous l'amènerons à trouver de lui-même ce qui caractérise une équation. Si vous consultez l'*Almanach du Bureau des Longitudes*, vous y trouverez des tableaux intitulés : *Équation du temps*. On entend par là la différence entre le temps *vrai* et le temps *moyen*. Chacun sait que nous réglons notre vie sur le Soleil, et que nous disons qu'il est midi quand le centre du Soleil est dans notre méridien. Malheureusement, la marche apparente du Soleil, ou mieux la marche de la Terre autour de lui, est tantôt plus lente, tantôt plus rapide, si bien qu'il n'est pas midi tous les jours à la même heure. On avouera que c'est là un inconvénient, car, sans parler du trouble apporté dans la vie civile par la variation de l'heure (chemins de fer, par exemple), on ne voit pas bien comment on pourrait régler nos horloges sur ce soleil irrégulier. Aussi les astronomes ont-ils pris le parti de lui substituer un soleil fictif, mais régulier, et l'*Almanach* nous renseigne chaque jour sur l'écart entre les deux midis. C'est l'équation du temps.

Le mot équation implique donc *différence, compensation*. Si nous écrivons cette équation :

$$5x - 3 = 3x + 1$$

où x représente une quantité inconnue, nous ne

pouvons sérieusement croire que cela signifie que la quantité $5x - 3$ *est* égale à $3x + 1$. Pour nous en convaincre, attribuons à x la valeur $+ 1$, et nous arrivons à cette absurdité :

$$+ 2 = + 4.$$

De même si $x = - 1$ nous avons

$$- 8 = - 2$$

qui n'est pas plus raisonnable.

Dans une sortie amusante contre les algébristes (?), Edgar Poë leur marque tout son mépris en déclarant qu'il *n'en a pas connu un seul qui ne tînt pas clandestinement pour article de foi que* $x^2 + px$ (*dans l'équation* $x^2 + px = q$) *est absolument et inconditionnellement égal à* q. (Edgar Poë, *La lettre volée*, trad. Baudelaire.)

Il vaut mieux que l'élève assimile une équation à une véritable question interrogative. Celle qui est plus haut signifiera pour lui : Quelle valeur faut-il attribuer à x pour que $5x - 3$ *devienne numériquement égal* à $3x + 1$?

Cette valeur est $+ 2$ et il n'y a que celle-là. Substituons successivement à x les valeurs numériques -2, -1, 0, $+1$, $+2$, $+3$, $+4$...; le premier membre de l'équation aura la suite de valeurs que voici :

$$-13, -8, -3, +2, +7, +12, +17 \ldots\ldots$$

et le deuxième membre

$$-5, -2, +1, +4, +7, +10, +13 \ldots\ldots$$

Examinons ce tableau ; le premier membre, d'abord plus faible que le deuxième, s'en rapproche, lui devient égal pour $x = +2$, puis le dépasse. Ainsi on voit clairement que pour $x = +2$ seulement, les deux membres de l'équation se compensent numériquement.

***

On ne pose une question qu'en vue de la réponse à obtenir ; dans le cas des équations, chercher cette réponse, ou, comme l'on dit, la *solution*, c'est *résoudre* les équations. Ici encore s'affirme le caractère du calcul algébrique, la transformation. Si vous posez une question, et que cette question n'ait pas été comprise, vous la reprenez d'une manière plus simple, puis, s'il le faut, d'une manière plus simple encore, jusqu'à ce qu'elle soit comprise. Encore faut-il que la réponse à cette question ainsi transformée ne varie pas.

Il en est de même pour une équation ; elle est transformée systématiquement en une autre, puis une autre, autant de fois qu'il le faut, jusqu'à ce que l'on arrive à une forme qui donne la solution d'une manière évidente. Ces diverses équations, qui ont mêmes solutions, sont dites *équivalentes*.

Pour mieux dire, il est bon d'ajouter que beaucoup d'équations peuvent avoir plus d'une solution ; ce qui précède s'appliquant à toutes ces solutions.

Une difficulté se présente : comment opérer cette transformation ? Nous savons que si $2 + 5 = 7$, il est évident que $2 + 5 + 3 = 7 + 3$, puisque, à des nombres égaux, nous ajoutons le même nombre. Il n'en est plus ainsi lorsqu'il s'agit d'une équation. Reprenons celle de tout à l'heure :

$$5x - 3 = 3x + 1.$$

Le seul bon sens nous permet de supposer, mais non pas d'affirmer, tout d'abord que, en ajoutant une même quantité aux deux membres, nous n'altérons pas les solutions de l'équation proposée. Il sera nécessaire, pour établir le raisonnement d'une façon solide, de supposer que, dans l'équation, l'inconnue a été remplacée par la solution, puisque, en ce moment, il ne s'agit que d'elle. C'est d'ailleurs une méthode générale appliquée un peu partout.

Dès lors, il sera facile de démontrer les théorèmes, peu nombreux, qui légitiment les transformations basées sur les opérations simples que l'on peut effectuer sur les deux membres de l'équation. Si ces théorèmes peuvent, dans l'application, rencontrer des exceptions, il sera bon que l'on en soit prévenu, en remarquant, bien entendu, que ces exceptions se présentent très rarement et qu'il convient de ne pas s'exagérer leur importance.

L'application de ces théorèmes simples conduit d'abord à la *règle générale pour résoudre une équation du premier degré à une inconnue*. Ainsi, il y a une règle, une recette, si l'on veut, pour résoudre *toutes* ces équations, une règle mécanique qui ne demande qu'un peu d'exercice. Il ne peut donc y avoir là de difficulté sérieuse.

La conséquence importante qui en découle est celle-ci : dès que l'on aura su ramener la solution d'un problème à la résolution d'une équation, on pourra regarder ce problème comme résolu, et nous verrons qu'il y a encore une règle pour cela. Mais disons dès maintenant, avant d'y revenir plus à fond, qu'une précaution s'impose : on se rappelle que, lorsque l'on expose, en arithmétique, les règles d'opérations, les nombres que l'on emploie n'ont pas de signification déterminée : 5 représente 5 unités; mais, tant que celles-ci ne sont pas désignées d'une façon concrète, cela reste vague. Il en est de même pour les nombres algébriques. Avant de confier à des équations la solution d'un problème, la première chose à faire sera de fixer la signification des unités, puis celle des inconnues. Après quoi, on appliquera aux quantités obtenues les règles du calcul et de la résolution des équations.

Des problèmes, plus complexes, demanderont les réponses à plusieurs questions connexes; pour y répondre, on désigne plusieurs inconnues, et l'on se sert de plusieurs équations intimement liées les unes aux autres.

On voudrait savoir, ayant un coin de jardin de forme rectangulaire dont les côtés ont 12 mètres et 20 mètres, de combien il faut augmenter le premier et de combien diminuer le deuxième pour qu'il garde la même étendue superficielle.

Chacun sait que l'aire du jardin rectangulaire est mesurée en mètres carrés par le produit 12×20; si l'on appelle x le nombre de mètres à ajouter au petit côté et y le nombre le mètres à retrancher de l'autre, ce produit se transforme en

$(12 + x) + (20 - y)$. L'équation qui exprime que l'aire n'a pas changé est

$$(12 + x)(20 + y) = 12 \times 20$$

et l'on comprend aisément qu'il y a une infinité de manières d'effectuer cette compensation, grâce aux deux variables x et y. Le problème ne comportera une solution déterminée que s'il y a une autre condition imposée et, par suite, une deuxième équation.

C'est ainsi que l'on est amené à étudier les *systèmes* d'équations ; toutefois, quoi que l'on fasse, on sera ramené au premier cas. Et, de toutes façons, il faudra s'arranger de manière à avoir une équation ne contenant plus que l'une des inconnues. On dit que l'on a *éliminé* les autres ; le mot est brutal et expressif. On sait que *limine* est une forme du mot latin qui désigne le seuil (de la porte).

Il n'y a pas lieu de s'en étonner ; c'est, au contraire, un fait général que nous rencontrerons partout dans les mathématiques, pour ne parler que d'elles ; elles nous enseignent à décomposer une difficulté en ses éléments simples. C'était déjà la méthode enseignée par Platon ; elle a été magistralement exposée par Descartes dans le *Discours sur la Méthode;* elle a eu aussi les honneurs d'un apologue de La Fontaine (*Le Vieillard et ses Enfants*). C'est la méthode *analytique*.

*
* *

Deux équations telles que

$$6x + 7y = 46$$
$$5x + 3y = 27$$

ne constituent pas, pour être écrites l'une près de l'autre, un système d'équations simultanées. Il faut qu'elles soient *liées* l'une à l'autre, et cela ne peut avoir lieu que par l'effet d'une volonté intelligente.

Il a été démontré que si, de la première équation, on tire y en *fonction de* x (c'est-à-dire, comme si x était connu) ce qui donne

$$y = \frac{46 - 6x}{7},$$

et qu'on substitue cette expression algébrique à y dans la deuxième équation, qui devient ainsi

$$5x + 3\,\frac{46 - 6x}{7} = 27,$$

on obtient un système de deux équations qui peuvent remplacer les deux proposées. Or, qu'a-t-on fait, sinon écrire que toute valeur de y qui vérifie la première doit vérifier aussi la deuxième?

Ainsi, cette deuxième équation ne renferme plus y, qui a été *éliminé;* cette équation à une *seule* inconnue est résolue par la règle précitée et nous conduit à la valeur de x qui est $x = 3$. Et alors, nous reportons cette valeur dans l'expression de y; en d'autres termes, nous écrivons que toute valeur de x qui vérifie la deuxième équation vérifie aussi la première. Nous trouvons $y = 4$.

Si, pour résoudre des équations simultanées, il n'y a pas d'autre *méthode* que l'élimination, il y a, en revanche, des *procédés* pratiques variés. C'est encore à l'observation des formes qu'il sera donné de mettre sur la voie, en cherchant des analogies, des symétries. Cette étude est excellente pour exciter l'ingéniosité, et développer la réflexion, l'esprit d'à-propos. On peut affirmer que, étant donné un système d'équations, il y a toujours un procédé qui s'impose à la réflexion. Hasard et calcul sont deux termes inconciliables.

Examinons ce système de deux équations :

$$\frac{1}{x} + \frac{1}{y} = 0,7$$

$$\frac{1}{x} - \frac{1}{y} = 0,3.$$

Si nous convenons de représenter $\frac{1}{x}$ par x' et $\frac{1}{y}$ par y', elles prennent la forme suivante :

$$x' + y' = 0,7$$
$$x' - y' = 0,3$$

et il nous suffit, en remarquant l'alternance des signes, d'additionner membre à membre, puis de retrancher, pour avoir, presque sans calculs,

$$2x' = 1$$
$$2y' = 0,4.$$

Si $x' = \frac{1}{2}$, il en résulte $x = 2$; et de $y' = 0,2$. il résulte $y = \frac{1}{0,2} = 5$.

Le calcul a ses élégances. Si nous trouvons élégant le travail du gymnaste qui exécute les exercices les plus difficiles sans effort apparent et le sourire sur les lèvres, il est naturel de donner le même nom à un procédé habile qui mène au but très vite et presque sans calculs. Et quel plaisir que de découvrir, après quelques instants de réflexion, de tels procédés, au lieu de résoudre toutes les équations qui se présentent d'après une règle uniforme, mécanique, et souvent avec quelque lourdeur!

∴

Tel problème peut avoir plusieurs solutions.

Soit à calculer les côtés d'un triangle isocèle

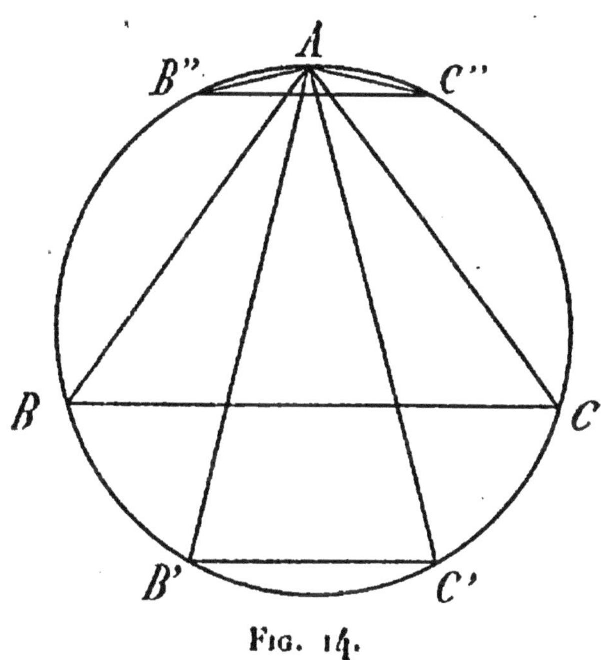

FIG. 14.

ABC (fig. 14), inscrit dans une circonférence connue, et dont l'aire est donnée.

Nous nous rendons compte aisément que le point A est le sommet commun à une infinité de triangles isocèles, d'abord très effilés comme AB'C', puis s'élargissant jusqu'à s'aplatir comme AB''C''. Cela montre que l'aire est partie de zéro et revenue à zéro, et que, par suite, elle a pu passer deux fois par une même valeur. Ne devrons-nous pas nous attendre, s'il en est ainsi, à ce que le calcul nous donne *à la fois* les deux solutions possibles, puisque la condition est remplie aussi bien par l'une que par l'autre, que c'est la même vérification, en un mot, la même équation?

De telles équations peuvent être regardées comme résultant de la fusion de plusieurs équations distinctes du premier degré. C'est, d'ailleurs, sur cette idée que l'on base leur résolution.

Si, par exemple, nous considérons l'équation

$$3(x-1)(x-2)=0$$

qui, développée, devient

$$3x^2-9x+6=0,$$

Il est clair qu'elle est vérifiée pour $x=+1$, et pour $x=+2$. C'est une équation du 2e degré; et l'on voit qu'elle peut être envisagée comme étant formée, à son premier membre, du produit des premiers membres des deux équations du 1er degré

$$x-1=0 \quad \text{et} \quad x-2=0.$$

On comprend de même la formation d'équations du 3e degré, et d'un degré quelconque.

C'est en transformant le premier membre d'une équation du 2e degré d'après la forme citée au début :

$$a^2 - b^2 = (a - b)(a + b)$$

que l'on peut le décomposer en un produit de deux facteurs du 1er degré et résoudre cette équation, au moyen d'une formule générale.

L'équation du 2e degré offre à l'élève un intérêt tout nouveau ; il y trouve une nouvelle occasion de voir, une fois de plus, l'importance de la forme en algèbre, et de se familiariser avec l'emploi des quantités *indéterminées*, qui jouent un rôle capital dans l'application de l'algèbre aux recherches. Ces quantités indéterminées que nous rencontrons ou que nous plaçons à dessein dans les coefficients d'une équation de n'importe quel degré donnent à celle-ci une remarquable plasticité. On peut dire que, grâce à elles, on impose à une équation telle solution, telle relation que l'on veut entre les solutions.

Ainsi la présence de l'indéterminée m dans l'équation suivante :

$$3x + 2m = mx - 3$$

va nous permettre de faire que l'équation ait pour

solution $x = +4$. Il suffit, en effet, *d'écrire* que l'équation *est vérifiée* pour $x = +4$, ce qui donne :

$$12 + 2m = 4m - 3$$
$$\text{ou } 2m = 15$$
$$\text{ou enfin } m = 7{,}5.$$

L'équation qui a pour solution $x = +4$ est enfin :

$$3x + 15 = 7{,}5x - 3.$$

Prenons une équation du 2e degré :

$$x^2 - 2mx + 3m = 0,$$

dans laquelle m est indéterminée. Si nous *voulons* que cette équation ait deux solutions distinctes, nous n'avons qu'à vouloir que

$$m^2 - 3m$$

soit positif, ce qui a lieu pour toute valeur de m autre que celles qui vont de o à $+3$. Nous n'aurons dès lors qu'à lui donner de telles valeurs.

On sait, d'autre part, que, dans cet exemple, d'après une règle générale, la somme des solutions de cette équation est égale à $2m$, et leur produit égal à $3m$. Alors, si nous *voulons* que les solutions soient deux nombres de même signe, nous n'aurons qu'à imposer à m d'être positif. En attribuant à m

la valeur o, nous *ferons* que les solutions soient opposées. Enfin, grâce à m, nous pouvons imposer aux solutions toutes conditions qu'il nous plaira, pourvu, toutefois, qu'elles n'impliquent pas une contradiction, ce que nous découvrirons également.

Ce n'est pas que dans le cours d'algèbre que nous pouvons apprécier le rôle décisif des indéterminées dans les recherches analytiques. Elles sont tout aussi utiles pour établir les formules empiriques.

C'est ainsi que la dilatation des liquides autres que l'eau peut être assez fidèlement représentée par la formule

$$y = at + bt^2 + ct^3$$

dans laquelle t représente la température. Cette forme a été choisie en vertu de l'adage médiéval : *Natura non facit saltus* (La nature ne fait pas de sauts), parce que sa variation est lente et régulière. Comment l'établir pratiquement ? En déterminant les coefficients indéterminés a, b, c; et pour cela, trois expériences seront faites à des températures données que nous pouvons désigner par t_1, t_2, t_3. Les résultats de ces expériences *doivent* vérifier la formule, d'où :

$$y_1 = at_1 + bt_1^2 + ct_1^3$$
$$y_2 = at_2 + bt_2^2 + ct_2^3$$
$$y_3 = at_3 + bt_3^2 + ct_3^3.$$

A l'aide de ces trois équations numériques, on calcule aisément a, b, c. Des expériences ultérieures, dont les résultats sont portés dans la formule établie, montreront si l'on peut l'accepter ou si l'on doit la remplacer par une autre.

Citons encore un exemple tiré de la chimie : un courant de vapeur d'eau sur du fer chauffé au rouge oxyde celui-ci; l'hydrogène de l'eau s'échappe et l'oxygène convertit le fer en oxyde dont la formule est $Fe^3 o^4$. Cherchons les quantités de chaque corps que nous devons faire figurer dans l'équation chimique qui rend compte de la réaction. Appelons x le poids du fer, y le poids de l'eau, z celui de l'oxyde et t celui de l'hydrogène. L'équation est

$$x\text{Fe} + y\text{H}^2\text{O} = z\text{Fe}^3\text{O}^4 + t\text{H}.$$

D'après la loi de Lavoisier, les mêmes poids d'une même substance doivent se retrouver intégralement de part et d'autre. Il faut donc que :

Pour le Fer......... $x = 3z$.
Pour l'Hydrogène ... $2y = t$.
Pour l'Oxygène ..... $y = 4z$.

Il est facile d'en déduire

$$\frac{x}{3} = \frac{y}{4} = \frac{t}{8} = z,$$

si bien que, en prenant ce qui est le plus simple, $z = 1$, la formule est :

$$3Fe + 4H^2O = Fe^3o^4 + 8H.$$

Ces exemples montrent l'utilité on peut dire universelle des coefficients indéterminés, et aussi le mode d'emploi : on plie la formule ou l'équation à telles exigences que l'on veut.

Les Problèmes.

Les équations, au point de vue de leur résolution, rentrent dans le calcul algébrique et ne sont encore qu'un moyen. Le but, c'est la recherche des problèmes. C'est la récompense du travail un peu ardu des débuts; l'élève est charmé de la facilité que lui apporte l'emploi des équations. Grâce à l'extrême concision du langage algébrique, — une équation est une véritable phrase, très condensée, — il peut s'attaquer à des problèmes complexes ou difficiles. — Il y a même, on peut le dire, une véritable recette pour faire les problèmes : c'est l'admirable règle de Newton :

Désigner les inconnues, quelquefois les données, par des lettres, et, supposant que l'on connaisse effectivement la solution, écrire toutes les vérifications que l'on serait obligé de faire pour en contrôler l'exactitude.

A ce propos, il arrive aux débutants d'éprouver une plaisante déception. Après avoir appelé l'inconnue x, il n'est pas rare qu'ils commencent le problème en écrivant $x = \ldots$ et après, naturellement, ils s'arrêtent, ne sachant aller plus loin. L'explication est simple : ils ont voulu commencer par la fin, ce qui est bien un peu rapide. Sans avoir formulé nettement, en *langage ordinaire*, l'idée de la vérification, idée dont l'expression est précisément l'équation, ils veulent écrire celle-ci, comptant sur le hasard, la providence, ou les lumières spéciales de la craie et du tableau noir! Il est vrai de dire de la règle de Newton ce que Bersot disait de l'éducation littéraire gréco-latine : « *Elle est parfaite, pourvu qu'elle soit.* »

Quelques exemples vont montrer comment on doit l'entendre.

Les problèmes amusants ne manquent pas : problèmes en vers, problèmes laissés par Euler et divers. En voici un au hasard :

Au tableau d'une partie de chasse, dont les victimes étaient des lapins et des faisans, on comptait 38 têtes et 106 pattes. Combien cela faisait-il de lapins et combien de faisans?

Appliquons la règle de Newton :

Il est clair que l'on peut indifféremment désigner par x le nombre des faisans ou celui de leurs têtes; le nombre de leurs pattes sera ainsi $2x$; si y est le nombre des lapins, le nombre de leurs pattes sera $4y$. Quelles sont les deux vérifications qui s'imposent? L'énoncé dit qu'il doit y avoir 38 têtes; il faut donc que x et y vérifient l'équation,

$$x + y = 38.$$

Le nombre des pattes étant 106, $2x$ et $4y$ doivent également vérifier l'équation

$$2x + 4y = 106.$$

Le problème est donc ramené à résoudre le système des deux équations

$$\begin{aligned} x + y &= 38 \\ 2x + 4y &= 106. \end{aligned}$$

Il est facile d'éliminer x en doublant les 2 membres de la 1re équation avant de les retrancher respectivement de ceux de la 2me. Cette opération nous donne le résultat suivant :

$$2y = 106 - 76 = 30.$$

Donc, $y = 15$; il y avait 15 lapins, et par suite 23 faisans.

Un problème qui met en évidence le caractère de compensation des équations est celui des *courses* :

Étant donné des chevaux, par exemple 2 chevaux engagés dans une course, quelle mise faut-il faire sur chacun pour gagner à coup sûr, pourvu que l'un des deux arrive au poteau?

Soit a la cote du 1er cheval, b celle du 2e, x la mise sur le 1er et y la mise sur le 2e. Puisque nous parions sur chacun d'eux, nous avons risqué la somme $x + y$. Supposons que nous désirons gagner 1 franc. Si le 1er cheval arrive premier, nous toucherons notre mise multipliée par la cote plus 1; c'est donc $(a+1)x$. Il faut que la compensation de la perte et du gain nous laisse 1 franc; il faut donc que

$$(a+1)x-(x+y)=1.$$

De même, si c'est le 2e qui gagne la course, il faut que nous ayons la vérification suivante :

$$(b+1)y-(x+y)=1.$$

La suite est facile; ce serait la même chose avec 3 chevaux ou plus.

D'ailleurs, pour gagner 2 francs, il suffirait de doubler la mise, et pour gagner 10 francs, de la décupler.

Il va de soi que la mise en équations n'est pas toujours aussi facile à première vue; toutefois, la méthode reste la même. Posons-nous le problème suivant :

Deux coureurs, réunis en un point d'une piste circulaire, parcourent cette piste, le premier en 10 minutes, le second en 12 minutes. Ils partent dans le même sens, ensemble; à quel moment seront-ils de nouveau ensemble?

Appelons x le nombre de minutes qui doivent s'écouler entre le départ et la réunion des deux coureurs. Il est clair que le premier dépasse aussitôt le deuxième et que, pour être réuni de nouveau avec lui, il devra le rattraper, et par suite, faire un tour de piste de plus que lui.

Or, en chaque minute, le premier parcourt $\frac{1}{10}$ de piste, en x minutes, il en parcourt $\frac{x}{10}$; de même, le second en parcourt $\frac{x}{12}$ et l'écart qui en résulte est $\frac{x}{10} - \frac{x}{12}$, évalué en tours de piste. La vérification qui doit se produire est que cet écart, cette avance du premier coureur, atteigne un tour complet. C'est ce qu'exprime l'équation

$$\frac{x}{10} - \frac{x}{12} = 1$$

qui devient, d'après la règle :

$$6x - 5x = 60,$$

d'où

$$x = 60 \text{ minutes.}$$

Si bien que le premier aura fait 6 tours et l'autre 5.

Légèrement modifié, ce problème donnerait une solution grossière du mouvement apparent du Soleil et de la Lune par rapport à la Terre, c'est-à-dire des époques des éclipses.

Une fois que ces petits problèmes ont été bien compris, ce qui, somme toute, a fait faire des progrès en algèbre tout en se jouant, on passe aux applications sérieuses, à la géométrie, à la physique, etc.

La Discussion.

Si les données d'un problème sont numériques, tel le problème cité plus haut des faisans et des lapins, une fois que les équations sont résolues, tout est fini. Il n'en est plus de même si, à dessein, en vue de rendre la question plus large, on représente les données elles-mêmes par des lettres. Ainsi, dans le problème des courses, les formules auxquelles mène la résolution des équations sont des *fonctions* des cotes a et b. Ceci permet une première investigation : le problème est-il toujours possible ou ne l'est-il qu'à des conditions données ? Comment le savoir ? De la façon la plus naturelle ; en examinant la série des opérations que nous *imposent* les formules, en nous demandant si toutes sont possibles ou non, et, dans ce cas, à quelles conditions elles le sont. Si l'on en use avec modération et bon sens, cet examen critique ne peut être que très bon pour développer la réflexion et le sens du relatif, si nécessaire.

On en profite également pour voir quel est l'ensemble des solutions possibles et quelles sont les plus remarquables.

Ce n'est pas tout ; lorsque l'on a recours à l'algèbre pour résoudre un problème, on écrit des équations qui, très souvent, dépassent la portée de la question. Il ne faut pas grande imagination pour adapter à des équations données quantité d'énoncés différents. Ainsi les équations

$$x + y = p$$
$$xy = m$$

peuvent s'adapter aux énoncés suivants :

Calculer les côtés d'un rectangle dont le périmètre est 2p *et l'aire égale à* m. Ou encore : *Calculer deux nombres dont la somme et le produit sont donnés, etc.* Ce dernier énoncé est celui d'un problème beaucoup plus général que le précédent. Quoi d'étonnant, après cela, qu'il soit utile de faire la critique des solutions pour discerner celles qui conviennent à la question?

Est-il bien nécessaire de faire remarquer que ces réflexions s'appliquent aux solutions des problèmes de géométrie? La solution d'un problème d'algèbre conduit à une ou plusieurs formules qui sont des tableaux des opérations à faire sur des données numériques; la solution d'un problème de géométrie conduit à une suite de constructions graphiques à effectuer sur des données numériques. Les conditions étant les mêmes, l'état d'esprit de l'élève sera le même; il aura les mêmes nécessités devant lui; alors, tout naturellement, il suivra la même méthode. Il examinera si toutes les opérations graphiques nécessaires sont également possibles ou s'il y a des conditions à remplir.

Revenons au problème des courses; l'énoncé a conduit à deux vérifications nécessaires qui ont donné les équations

$$(a+1)x-(x+y)=1$$
$$(b+1)y-(x+y)=1.$$

En retranchant, membre à membre, ces deux équations, nous obtenons la suivante, qui est, de fait, une conséquence des deux premières :

$$(a+1)x=(b+1)y$$

ou

$$\frac{x}{b+1}=\frac{y}{a+1},$$

ce qui n'a rien que de très naturel; car, pour gagner dans les deux cas la même somme, il faut bien que la compensation vienne des cotes.

La résolution des équations donne pour la solution :

$$x=\frac{b+1}{ab-1} \qquad y=\frac{a+1}{ab-1}.$$

Si x, y, a, b désignent tous les nombres algébriques possibles, le problème aura toujours une solution, puisque l'on pourra toujours effectuer la division d'un nombre par un autre, excepté dans le cas unique où $ab = 1$, parce que nous serions conduits à diviser un nombre par o, et que cette opération n'a aucune signification pour nous.

Mais si l'on s'en tient au problème des courses, ces nombres n'ont d'utilité, de sens même, pour nous, qu'autant qu'ils sont positifs, et alors le problème n'est possible que si le produit ab est plus grand que 1. Ainsi, si $a = \frac{1}{2}$, et $b = \frac{2}{3}$, la combinaison est impraticable.

*
* *

Disons tout de suite, pour calmer les appréhensions des personnes qui craindraient que la divulgation de ce problème fût capable de nuire à autrui, que la condition de possibilité est assez étroite et doit se présenter rarement. Il suffira de faire quelques applications pratiques pour s'en assurer. D'autre part, les vrais joueurs préfèrent les émotions que leur procure le hasard, et ces émotions leur importent plus que le résultat lui-même. Enfin, pour gagner beaucoup, il faudrait engager de très fortes mises, ce qui n'est pas à la portée de tout le monde.

Il reste tout de même un problème amusant, que l'on peut compliquer autant que l'on veut, en augmentant le nombre des chevaux.

∴

Si l'on veut bien remonter quelques pages plus haut (page 156), à l'énoncé d'un problème relatif au triangle isocèle, le bon sens indique que certaines conditions devront être remplies : par le triangle dont l'aire a une limite, car, sans préciser plus, elle ne saurait atteindre à celle du cercle; par les côtés, puisque aucun d'eux ne saurait dépasser le diamètre.

Ainsi l'obligation de reconnaître si le problème est possible, ou dans quelles conditions il l'est, exerce la réflexion et l'esprit critique. Voilà pourquoi il est bon de faire la discussion d'un problème, mais en lui laissant le rôle qui lui convient. L'abus de l'esprit critique devient un obstacle à l'activité, et il importe surtout d'agir.

Un problème classique nous permettra de constater avec quelle souplesse l'algèbre s'adapte aux circonstances :

Les âges de 2 personnes étant a *et* b, *dans com-*

bien d'années l'âge de la première sera-t-il m *fois celui de la deuxième?*

La solution et la discussion complète sont très bien exposées dans l'excellent livre d'algèbre de M. Borel. Retenons ceci, que la solution est donnée par

$$x = \frac{a - mb}{m - 1}.$$

On voit qu'il y a toujours une solution, excepté pour $m = 1$. Quoi de plus naturel? L'une des personnes ayant 20 ans, l'autre 7, on demande dans combien d'années ces âges seront égaux; à cette question absurde, l'algèbre répond : Impossible.

Mais il est plus instructif de se demander ce qui arrive si m, au lieu d'être tout d'un coup égal à 1, diminue peu à peu en s'en rapprochant. Et alors on constate que la fraction s'accroît au delà de toute limite; elle devient *infinie!* La vie humaine est si courte que ceci ne peut s'appliquer au cas de deux personnes; mais s'il s'agit de deux fossiles, dont l'âge est considérable, des milliers de siècles peut-être, et qui ont vécu à quelques mois, quelques semaines d'intervalle, la formule nous indique qu'ils finissent par être, à nos yeux, aussi anciens l'un que l'autre.

De même, si c'est m qui s'accroît indéfiniment,

l'algèbre nous donne pour valeur finale de la formule :

$$x = -b;$$

et, en effet, au moment de la naissance de la personne la plus jeune, *il y a b* années, l'âge de la première pouvait être regardé comme infiniment grand par rapport à l'autre.

On voit aussi que si m est supérieur ou inférieur au rapport $\frac{b}{a}$ des deux âges, l'événement a lieu, soit dans l'avenir, soit dans le passé.

*
* *

Après que l'on a fixé les conditions de possibilité d'un problème, il reste à examiner les cas particuliers et à dresser rapidement un tableau général de la variation des solutions en présence de la variation des données. Cet exercice, fait avec discrétion, est intéressant.

Les problèmes dont la solution dépend d'une équation du deuxième degré offrent plus de variété, particulièrement dans la discussion. Mais cette variété n'entraîne pas une plus grande difficulté. En effet, la marche à suivre est assez étroite : d'abord, on écrira que l'équation a des solutions, ce qui donne la solution *nécessaire;* puis on examine si elle est *suffisante*. Souvent, la réponse sera négative; les solutions trouvées devront remplir d'autres conditions que l'on examinera *successivement*, au lieu de les énoncer toutes d'abord : elles devront, par exemple, être positives, plus petites ou plus grandes que telle grandeur donnée, etc.

Le Cours donne en détail tous les moyens d'opérer ces classements progressivement; la difficulté sera moins grande, si l'on prend la précaution, qui s'impose partout, de ne s'occuper que d'une condition à la fois.

Enfin, pour terminer, l'étude de la Variation des Fonctions donne le moyen de traiter plus à fond ces questions, si on le désire.

Variation des Fonctions.

Il n'y a pas longtemps que l'on a résolu de faire étudier cette question de bonne heure. Tout d'abord, cette étude doit être purement expérimentale; plus tard, sans cesser de l'être, elle deviendra en même temps plus théorique, plus serrée.

Il est tout naturel de commencer par la plus

simple des fonctions, dont le type est défini par l'équation

$$y = ax + b,$$

et même de prendre d'abord les cas particuliers comme

$$y = 2x.$$

Une série de substitutions de valeurs numériques de x donnera la série correspondante des valeurs de la fonction y. Il ne faudra pas craindre de les multiplier. Après quoi l'élève, sollicité de dire ce qu'il y a compris, ce qu'il y a trouvé d'intéressant, sera probablement fort embarrassé. L'insuffisance des substitutions, si nombreuses soient-elles, lui sera ainsi démontrée, et l'on pourra lui apprendre quel but on se propose dans cette variation. Il est déjà évident pour lui qu'il ne peut être question de faire un catalogue des valeurs correspondantes de x et de y, car la liste serait toujours très incomplète et peu instructive. Et alors lui apparaît la nécessité d'un ordre à adopter.

Tout d'abord, il posera une convention : comment fera-t-il varier x?

Le plus ordinairement, il supposera que x ira toujours en croissant, entre des limites qu'il aura déterminées et qui, souvent, seront reculées sans limites. Ceci posé, il étudiera les grandes lignes avant de passer aux détails; en premier lieu, la variation du signe de la fonction; puis le sens de la variation. Dans les premiers essais, ceci devra être expérimental; ainsi, pour la fonction

$$y = 2x,$$

il fera deux expériences, en substituant successivement deux valeurs $x = +1$, $x = +2$ par exemple; il reconnaîtra que la première valeur de y est $+2$, la seconde $+4$, qu'ainsi la fonction croît. Et, s'enhardissant, il substituera $x = a$, puis $x = b$, en supposant que b est plus grand que a. La différence des deux valeurs correspondantes de y sera

$$2b - 2a \quad \text{ou} \quad 2(b - a)$$

et il voit que, tant que b sera plus grand que a, la fonction sera croissante.

Ces calculs lui donnent plus de confiance en lui et lui montrent les avantages de l'algèbre. La variation elle-même lui présente les équations sous un aspect nouveau, plus large.

*
* *

C'est ainsi que, en procédant par induction, il conclut, de quelques faits particuliers à la loi de variation, à une idée générale. Cette induction ne peut être légitime que si elle est basée solidement sur l'expérience fortifiée par le raisonnement et aussi, il faut le dire, sur le sentiment de la continuité.

C'est encore un exemple d'une étude partant d'abord de l'expérience, puis la dépassant.

Après l'étude de ces grandes lignes, il lui restera à examiner les valeurs particulières, à envisager des points délicats, par exemple si la variable ou la fonction s'accroissent démesurément.

Avec ces jalons, un débutant pourra, dans les cas simples qu'il aura exclusivement à connaître, déduire avec une grande probabilité la marche de la fonction. Des substitutions répétées permettront de vérifier. Puis bientôt l'élève, ayant grandi, fera de nouvelles acquisitions, et l'usage, bien que restreint, des *dérivées* lui permettra de s'avancer avec sécurité, de conclure avec autorité.

*
* *

Certains ont critiqué cette innovation de l'introduction des dérivées dans les programmes élémentaires. Il est clair que l'on ne peut donner à de jeunes élèves une théorie approfondie de ces nouvelles fonctions; mais ils n'auront à les appliquer qu'à des cas très simples, et l'on ne voit pas pourquoi, sous le prétexte qu'il existe des cas épineux qu'ils ne rencontreront peut-être jamais, on les priverait de leur emploi, si commode à bien des égards.

La notion de dérivée ne sera pas présentée tout de suite sous une forme trop abstraite ni dans toute sa généralité. Reprenons la fonction simple

$$y = 2x.$$

Plus haut, nous avons vu que si x s'accroît de $b - a$, la fonction s'accroît de $2(b - a)$; le rapport de l'accroissement de y à celui de x est le nombre constant 2; on le nomme *dérivée de la fonction* y.

Puis nous passons à

$$y = 2x^2.$$

Soit, pour x, un accroissement α; et appelons β l'accroissement correspondant de y. Nous trouvons que

$$\beta = 4\alpha x + \alpha^2$$

et que

$$\frac{\beta}{\alpha} = 4x + \alpha.$$

Imaginons que α diminue indéfiniment, s'approche *de plus en plus* de zéro; nous voyons que le rapport $\frac{\beta}{\alpha}$ des deux accroissements se rapproche *indéfiniment* de $4x$. Nous dirons que $4x$ est la dérivée de $2x^2$.

En continuant sur des exemples simples, on dégagera peu à peu une définition suffisante de la dérivée, et on apprendra à la calculer dans les cas ordinaires.

*
* *

Examinons la bande de papier d'un baromètre enregistreur à la fin de la semaine (*fig. 15*); la

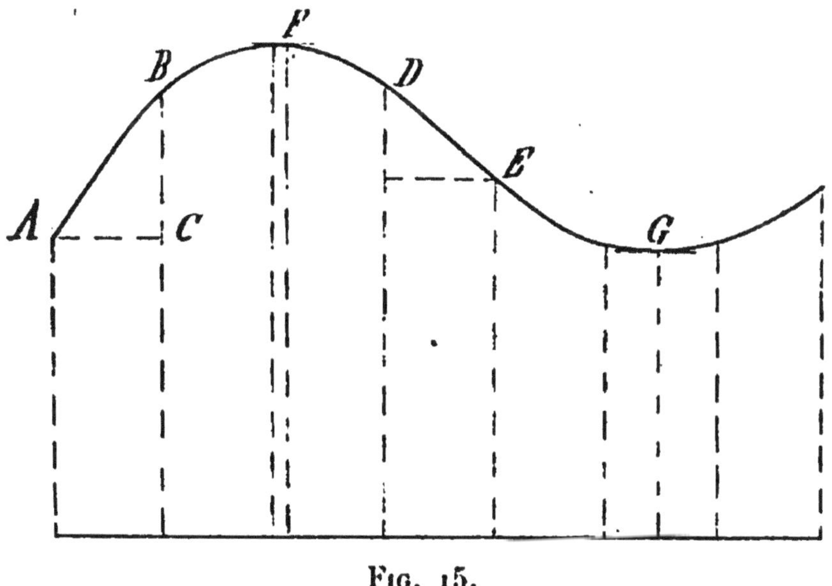

FIG. 15.

pointe du levier a tracé une certaine courbe des variations de la pression atmosphérique. De A en B, nous voyons celle-ci croître ; il en résulte que l'accroissement AC du temps et l'accroissement CB de la pression sont de *même sens ;* leur rapport est donc positif. Au contraire, de D en E, lorsque la pression décroît, ces deux accroissements sont de *sens opposé*, et leur rapport est *négatif.*

Il en est de même pour les fonctions que l'on étudie dans le Cours élémentaire tout le temps qu'elles ont, comme la pression barométrique, une variation *continue.* Ce qui est vrai du rapport des accroissements est vrai aussi de la dérivée, donc :

Tant que la dérivée RESTE *positive, la fonction est* CROISSANTE ; *tant que la dérivée* RESTE *négative, la fonction est* DÉCROISSANTE.

Examinons le point F ; à cet endroit, la pression atmosphérique a cessé de croître et va décroître, après un ralentissement qui s'explique naturellement ; on dit qu'elle passe par un *maximum.* En G, au contraire, elle passe par un *minimum.*

Si nous revenons aux dérivées, nous aboutirons à des conclusions analogues :

Si la dérivée, d'abord positive, s'annule pour une certaine valeur de la variable, puis devient négative, la fonction passe par un maximum pour cette valeur. Si, d'abord négative, la dérivée s'annule, puis devient positive, la fonction passe par un minimum.

Il ne suffit donc pas que la dérivée s'annule, il faut encore qu'elle change de signe pour que la fonction passe par un maximum ou par un minimum.

En tout cas, la variation d'une fonction est ramenée à une question beaucoup plus facile, à la variation du signe de la dérivée, ordinairement d'un degré moins élevé.

*
* *

Enfin, cette étude sera admirablement complétée par l'usage des tableaux graphiques. C'est à Descartes que nous devons l'emploi systématique des coordonnées. Nous avons vu déjà, au début de l'algèbre, que tout point d'un axe dirigé est déterminé par son abscisse. Celle-ci suffit pour cet espace à une dimension. Pour le plan, espace à deux dimensions, nous avons adopté la méthode suivante : traçons (*fig.* 16) dans ce plan deux axes indéfinis $x'x$, $y'y$ qui se coupent au point O, et convenons que le sens Ox est positif, de même que le sens Oy. Il suffit de regarder la figure pour constater que, si l'on connaît le point M, on connaît les distances AM et BM aux deux axes, et que, inversement, si l'on donne les distances OA, égale à BM, et OB égale à AM, on donne par là même la position du point M, sans confusion possible. Les deux distances OB et OA se nomment les *distances coordonnées* ou, plus brièvement, les *coordonnées* du point M. Il est évident qu'aucun point du

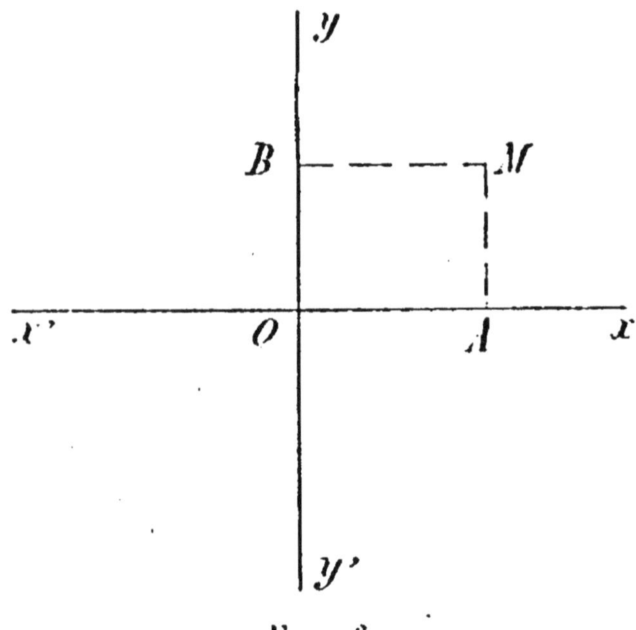

Fig. 16.

plan ne saurait échapper à cette règle. Nous concluons ainsi que tout point du plan est déterminé par ses deux coordonnées.

A toute valeur de x et à celle qui en résulte pour y, correspond un point bien défini du plan; et après en avoir obtenu un nombre suffisant, il suffira de les réunir par une courbe aussi simple que possible pour avoir un tableau parlant de la marche de la fonction. Les points particuliers seront l'objet d'un soin tout spécial. Telle est la méthode de représentation graphique de la variation d'une fonction.

*
* *

L'usage de ces graphiques est déjà courant dans la pratique : qui n'a pas pesé ses enfants périodiquement, et reporté, sur un papier divisé *ad hoc*, les poids correspondant à des dates données? Dans certains cas, on enregistre aussi les températures d'un malade. Puis un trait continu, le plus simple possible, rejoint tous les points isolés. De même pour les statistiques. Bien mieux; le baromètre enregistreur dessine lui-même le graphique de ses variations, sans parler de tous les autres appareils enregistreurs.

Or, si nous étudions la variation de la fonction du 1er degré, nous arrivons à ce résultat que, *toujours*, elle est figurée par une ligne droite. La propriété fondamentale de cette fonction est adéquate à la propriété fondamentale de la ligne droite rapportée à deux axes d'être un certain lieu géométrique. L'une peut remplacer l'autre. Et pour d'autres fonctions, ce seront d'autres figures géométriques, et à chaque forme algébrique correspondra une forme géométrique. On peut dire que l'emploi des coordonnées a démocratisé en quelque sorte la géométrie en substituant à la notion de forme géométrique la notion de mesure, en permettant ainsi de transformer une question de géométrie en une question de calcul.

Par un juste retour, ces graphiques pourront servir à la résolution rapide des équations. Chercher les solutions communes à deux équations à une ou deux inconnues revient à trouver les coordonnées des points de rencontre des lieux géométriques qu'elles représentent. Et si ces lignes sont des droites parallèles, les équations du premier degré qu'elles représentent n'ont pas de solution commune.

Les graphiques des chemins de fer, dont tous les nouveaux cours d'algèbre donnent des exemples, en donnent une intéressante application. Le problème si ardu de la combinaison des horaires, établie de manière que, dans les gares et aux embranchements, les trains ne puissent se rencontrer, trouve dans les graphiques une solution claire et facile.

Voici, à titre d'exemple, un petit problème dont l'emploi des graphiques donne une solution rapide et élégante :

Une ligne de tramways AB, *d'une longueur de 8 kilomètres, est parcourue par des voitures allant dans les deux sens toutes les 10 minutes, avec la vitesse de 12 kilomètres à l'heure, arrêts compris. La 1re voiture part de A et une autre de B le matin à 6 heures. Un piéton part de A à 8 h. 1/4, avec une vitesse de 4 kilomètres à l'heure. Combien de voitures de la ligne rencontrera-t-il en allant de A en B?*

Il est entendu que l'on admet un service régulier et une vitesse moyenne; en d'autres termes, on admet que les voitures ont un mouvement uniforme. La distance parcourue par chacune s'accroît proportionnellement au temps, si bien que cette distance est représentée par l'équation

$$x = a + vt$$

qui définit x comme fonction de t du 1er degré; or, cette fonction est représentée par une ligne droite dont la direction ne dépend que de la vitesse v; celle-ci étant la même pour toutes les voitures, les graphiques respectifs de leurs parcours seront des lignes droites parallèles.

Nous représentons (*fig. 17*) conventionnellement la distance AB par la longueur ab, et une heure par la longueur ac. Nous marquons ainsi les diverses heures à partir de 6 heures et les graphiques des parcours des voitures allant dans les deux sens, les uns représentés par des droites parallèles à ad, les autres par des parallèles à bc, échelonnées de 10 minutes en 10 minutes. De même, le parcours du piéton sera figuré par la ligne droite mp; il suffit de compter les croisements avec les autres

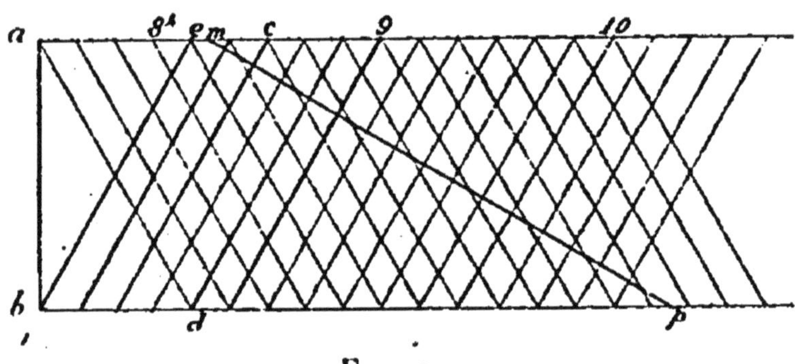

FIG. 17.

pour avoir le nombre de voitures rencontrées allant dans les deux sens.

Pratiquement, on a admis que le mouvement d'un tramway et celui d'un piéton sont uniformes, bien que l'on sache à quoi s'en tenir à cet égard; mais c'est que l'on n'a besoin réellement que de moyennes, que l'on tend sans cesse à perfectionner la traction et le service, et que l'on devra toujours s'attendre à de l'imprévu, cause d'irrégularité.

Il en est de même pour les chemins de fer; lorsque l'on dit que la vitesse d'un express est de

82 kilomètres à l'heure, on n'entend pas que dans une demi-heure il fasse régulièrement 41 kilomètres, ni, dans chaque minute, 1366^{m},66..., et cela d'ailleurs importe assez peu. La vitesse *commerciale* de 82 kilomètres n'est qu'une moyenne; c'est le quotient de la longueur totale du trajet divisée par le temps mis à l'effectuer. Il en résulte que le mouvement de chaque train peut être représenté, d'une station à l'autre, par une ligne droite dont la pente représente la vitesse moyenne. Le mécanicien, muni de ce diagramme, et suivant sur le côté de la voie les plaques indicatrices de la pente de celle-ci, peut régler l'allure de sa machine de façon à réaliser cette vitesse moyenne.

Un avantage plus grand encore de ces diagrammes est de permettre de régler, très simplement, le service des trains de façon à permettre l'écoulement rapide des voyageurs et des marchandises sans les exposer aux accidents. On trouve de ces diagrammes dans tous les nouveaux livres d'algèbre élémentaire.

*
* *

On a fait, dans la pratique, des applications nombreuses de ces diagrammes.

On peut, entre autres, remplacer un calcul par

une simple mesure. Par exemple, la figure représentée par l'équation

$$y = x^2$$

et que l'on appelle *parabole* permet de trouver la racine carrée d'un nombre par le simple déplace-

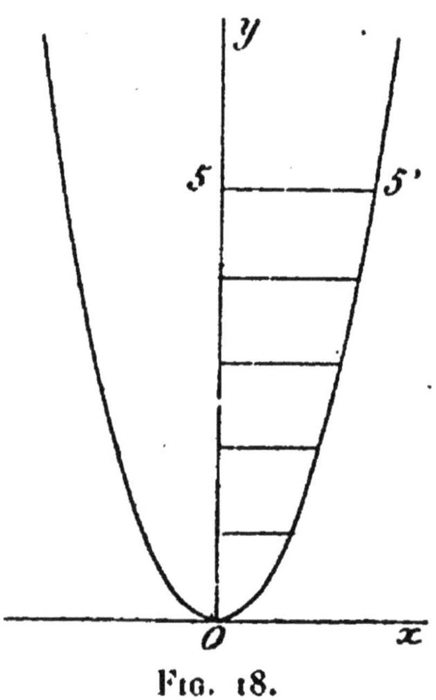

FIG. 18.

ment d'une équerre graduée. Soit à trouver $\sqrt{5}$. Sur *oy* (*fig.* 18), préalablement divisée, je mène par le point 5 la perpendiculaire à *oy*; la solution est la longueur 55'. En exécutant cette figure à une grande échelle, on pourra effectuer ce calcul avec assez de précision et d'une manière moins fastidieuse que par la règle arithmétique.

*
* *

Mais ceci nous donnerait une faible idée de l'extension qu'ont prise ces graphiques, si nous omettions de parler de la *Nomographie*. Ce nom a été donné récemment à l'ensemble des procédés de *calcul par le trait*, c'est-à-dire des moyens de remplacer des séries de calculs par des opérations graphiques. On en fit d'abord un usage restreint; puis, dans ces dernières années, on l'a développé beaucoup. Il y a là une grande économie de temps, — et le temps, c'est de l'argent, — surtout si les opérations doivent être répétées souvent, ainsi qu'il arrive pour les murs de soutènement d'un quai, les barres d'une construction métallique, les déblais et les remblais, etc.

Veut-on un exemple? Lorsque le génie fut chargé de la construction de la route de Tananarive à Moramanga, comprenant 275000 mètres cubes de terrassements et 45000 mètres cubes de maçonnerie, deux officiers de cette arme purent préparer l'avant-projet en deux jours grâce à l'emploi des *abaques*. C'est le nom donné aux tableaux graphiques qui permettent de remplacer des calculs par de simples lectures de leurs éléments. (Lieutenant Belhague, *Revue du Génie*, 1898.)

Le but de la nomographie est la construction des abaques. C'étaient d'abord des tableaux de simples variations de fonctions, données par des formules empiriques; puis on en fit tout un corps de doctrine dont l'exposé ne saurait être fait ici.

Il en est de très simples; par exemple, la loi de Mariotte, dont on connaît bien l'énoncé.

A la même température, le volume d'une même masse gazeuse est inversement proportionnel à la pression qu'il supporte,

est exprimée par l'équation $V = \frac{a}{P}$ ou $PV = a$, P désignant la pression, V le volume de la masse gazeuse, et a un coefficient déterminé par l'expérience. La variation de la fonction V, ou, si l'on veut, l'abaque correspondant, est une branche d'hyperbole (*fig.* 19). On la construira en représentant le volume de 1 litre, ou de 1 mètre cube, ou de toute autre unité adoptée, par 1 centimètre, 1 décimètre, etc., selon les circonstances; de même la pression de 1 gramme, de 1 kilogramme, etc., par 1 centimètre, 1 décimètre, etc. Une fois cet abaque dessiné avec soin, il permettra de déterminer rapidement le volume correspondant à une pression donnée ou inversement. Si, par exemple, la pression est, à l'échelle du dessin, représentée par l'abscisse OA, une équerre graduée posée sur OA, donnera en AB, à l'échelle adoptée, le volume cherché.

En général, les formules empiriques sont plutôt

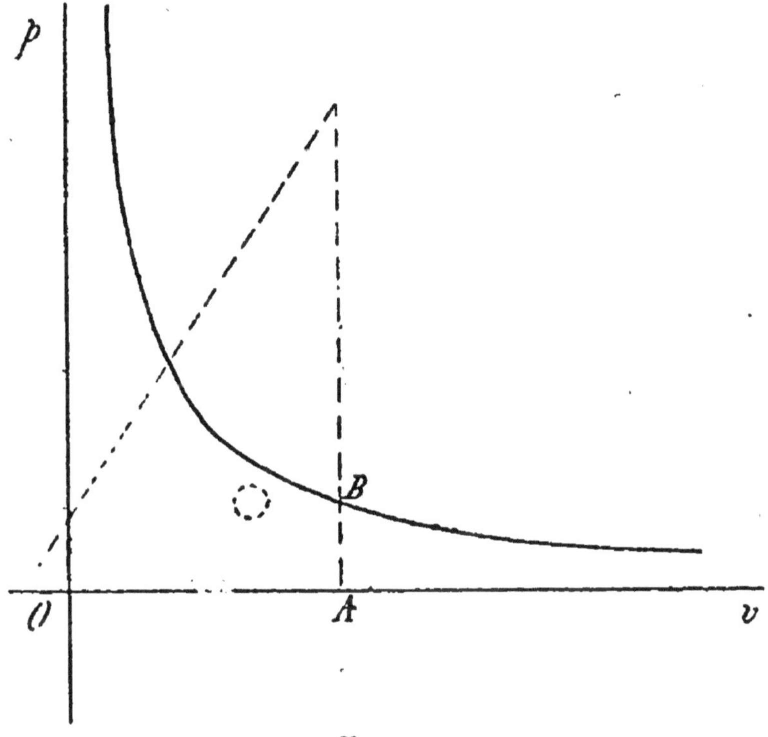

Fig. 19.

complexes; ainsi la formule de l'Union des Yachts français pour la jauge des yachts est

$$130T - \left(Lp - \frac{p^2}{4}\right)\sqrt{S}.$$

(T, tonnage de course, en tonneaux; L, longueur à la flottaison, en mètres; p, périmètre, et S, surface de voilure en mètres carrés.)

On peut citer encore le jaugeage des cours d'eau, la vitesse de perforation des plaques de blindage, le tirage dans les locomotives, etc. Les auteurs qui s'en sont occupés ont imaginé diverses méthodes de transformation dont le but est de ramener tout à des graphiques rectilignes.

Il est facile de comprendre l'utilité de ces abaques, même en dehors de la question de prix de revient, dans toutes les circonstances où la rapidité importe, comme dans le service des locomotives, la rectification de la route d'un navire, des tirs de guerre, etc.

∴

Nous voici arrivés au terme que nous devons nous assigner pour l'algèbre. Jusqu'ici, il pouvait y avoir collaboration de la famille dans les études de l'enfant. Maintenant, devenu jeune homme, il va s'attaquer à de plus sérieuses difficultés; il désirera de plus en plus marcher sans appui, et son travail personnel sera tout à fait indépendant. Toutefois, il aura intérêt à ne pas abandonner la méthode suivie jusqu'ici; il s'attachera au caractère analytique de l'algèbre, aux questions de formes; enfin, il devra s'efforcer de voir, derrière les formules, les réalités qu'elles peuvent représenter.

En particulier, il retrouvera bientôt les dérivées

et les approfondira davantage ; il en fera un usage plus étendu. Si, par exemple, nous revenons à l'équation

$$y = ax + b,$$

nous trouvons que la dérivée de y est a, et nous avons vu que a représente la pente de la ligne droite représentative (l'axe ox étant supposé horizontal et oy vertical).

C'est là un fait général : si nous considérons l'équation

$$y = f(x)$$

qui définit y comme une fonction de x autre que la fonction du premier degré, nous pouvons considérer la dérivée de y comme nous donnant, pour chaque valeur de x, la *pente* de la tangente à la courbe représentative au point dont l'abscisse est cette valeur de x, et dont l'ordonnée est la valeur correspondante de y.

On s'explique, dès lors, l'avantage de la dérivée pour l'étude des fonctions et le tracé des diagrammes ou courbes représentatives, puisque, en suivant la tangente qui épouse la forme de la courbe, on a une idée aussi précise que l'on veut de cette forme.

La dérivée se retrouvera naturellement dans toutes les questions relatives aux tangentes, aux vitesses, aux accélérations. Or, l'une des plus larges applications de l'algèbre est la mécanique moderne; on peut dire que celle-ci, en tant que science du mouvement, n'a vraiment existé que depuis l'application de l'algèbre à la géométrie. Et, sitôt que l'on parle de vitesse, d'accélération, on voit apparaître les dérivées. Il en sera encore ainsi dans l'étude des phénomènes naturels quand on voudra les interpréter en supposant que l'une des variables varie par degrés insensibles.

Telle théorie qui semble d'abord purement spéculative, comme l'analyse combinatoire, le binôme de Newton, les progressions, et que l'on retrouve dès que l'on s'attaque aux théories des rentes viagères, des assurances, est, au contraire, d'un intérêt tout à fait pratique.

∴

Si l'on est porté à s'étonner du nombre des solutions des équations que l'on rencontre en trigonométrie, il suffira d'évoquer l'exemple des pendules, de la rotation d'un arbre de couche, de l'oscillation d'un balancier, du va-et-vient d'un piston, pour comprendre que la pratique offre des cas analogues et qu'il a bien fallu imaginer des moyens théoriques pour déterminer ces solutions.

A chaque pas, en physique, on rencontre des applications de l'algèbre; c'est peut-être la physique mathématique qui réunit le plus grand nombre de difficultés de calcul. Dans ces applications, il y a un écueil à éviter : si l'énoncé mathématique d'une loi physique est extrêmement commode, en raison de sa concision, il ne faudra pas en conclure que cette expression mathématique est toujours, et pour tous les cas, l'image fidèle de l'expérience. Celle-ci présente toujours des difficultés pratiques, des variations nécessaires, généralement faibles, et ses résultats oscillent de part et d'autre de la loi mathématique.

C'est donc un guide précieux, dont on se servira avantageusement dans tous les cas ordinaires de l'expérience; mais c'est un guide auquel on ne se fiera pas aveuglément dans toutes les circonstances.

Le meilleur moyen d'éviter l'erreur et les abstractions exagérées est de chercher partout la réalité derrière les signes. C'est ainsi que, en mécanique, les exemples tirés de la marche d'un piéton, d'un train, de coureurs sur piste, feront comprendre ce qu'il faut entendre par le mouvement uniforme, conception abstraite suggérée par l'induction. De même, la chute des corps, celle des gouttes de pluie, le mouvement des projectiles lancés verticalement, etc., donneront un sens réel aux expressions de *vitesse à un moment donné*, *d'accélération*. Dès lors, on pourra sans difficulté, sans perdre pied, s'élever aux notions plus abstraites.

C'est ainsi que, devenant homme, l'élève bénéficiera de la discipline acquise antérieurement pour continuer à développer son intelligence et sa volonté en étudiant avec entrain, avec goût, ne fût-ce que pour le plaisir de savoir. Selon le mot de Fontenelle, *aucune connaissance n'est inutile*.

CHAPITRE III.

GÉOMÉTRIE et DESSIN GÉOMÉTRIQUE

Invention de la Géométrie.

Le bon Hérodote raconte ainsi l'invention de la géométrie; si l'explication qu'il donne n'est pas la vraie, du moins est-elle naturelle et vraisemblable en ce qu'elle nous montre la géométrie née de la nécessité :

« Les prêtres (d'Égypte) me dirent encore que Sésostris fit le partage des terres, assignant à chaque Égyptien une portion égale et carrée, qu'on tirait au sort, à condition de lui payer tous les ans une certaine redevance qui constituait le revenu royal. Si une crue du Nil enlevait à quelqu'un une portion de son lot, il allait trouver Sésostris pour lui exposer l'accident, et le roi envoyait sur les lieux des *mesureurs de terrains* pour évaluer de combien l'héritage était diminué, afin de ne faire payer la redevance convenue qu'en raison du fonds qui restait. Voilà, je crois, l'origine de la géométrie, qui a passé de ce pays en Grèce. »

Il est vraisemblable que les premières vérités géométriques furent aperçues par ces mesureurs de terrains, ces *géomètres*, comme les appelaient les Grecs, et comme nous les appelons nous-mêmes d'après eux. Il est probable aussi que ceux qui les virent les premiers les tinrent cachées pour en tirer avantage, et profitèrent du côté mystérieux pour augmenter leur prestige.

Le Nil, à chacune de ses inondations qui distribuait sur ses bords la richesse de son limon, produit de la désagrégation des roches de la région des grands lacs, recouvrait les terrains de culture pendant un temps suffisant pour effacer les sillons et les limites des champs. Il fallut bien s'ingénier à trouver les moyens de rétablir ces limites. Quelle dut être l'admiration provoquée par les découvertes de ces premiers géomètres, si l'on se rappelle que, plus tard, Pythagore remerciait les dieux, par une hécatombe, de lui avoir révélé la propriété de l'hypoténuse d'un triangle rectangle !

*
* *

On a voulu aussi faire remonter la géométrie aux Hindous, aux Chinois, aux Chaldéens. Les inscriptions et les papyrus ont permis aujourd'hui de se faire une idée assez exacte de leurs connaissances : elles ont un caractère purement pratique, et l'on ne trouve nulle part la moindre trace de démonstrations. Ce sont des remarques ingénieuses sur quelques cas de figures, dues peut-être au simple hasard, en tous cas dépourvues de toute explication. Parfois même les règles ainsi exposées sont fausses. Platon déclare que les Égyptiens sont indignes d'être appelés *amis de la science*. En définitive, la géométrie, en tant que théorie, est l'œuvre des Grecs.

Cette géométrie, tout utilitaire, semble, dès ses premiers débuts, justifier la définition d'Auguste Comte qui considère la géométrie et, par contrecoup, les mathématiques en général, comme l'ensemble des moyens détournés imaginés par les hommes pour évaluer *indirectement* les rapports des grandeurs. Rares sont celles que nous pouvons comparer directement; le plus souvent cela est impossible.

Comment, en effet, mesurer la largeur d'une

rivière un peu étendue, la hauteur d'une montagne, les distances des astres, qui nous confondent par leur énormité, les dimensions des microbes dont la petitesse échappe à nos regards? Comment connaître la forme et l'étendue du monde que nous habitons, et démêler, parmi les accidents de sa surface, si petits par rapport aux dimensions de la Terre même, mais si énormes par rapport aux nôtres, la figure et la position des méridiens et des parallèles dont le réseau l'enserre et le domine?

Et si nous passons aux découvertes de la physique, de la mécanique, nous nous heurtons partout, et de plus en plus, à cette impossibilité de la mesure directe.

C'est par des moyens souvent très simples que ces mesures ont été effectuées, et leur ensemble est le domaine de la géométrie. Mais, pour simples qu'ils nous paraissent, il a fallu sans doute des siècles d'expérience pour aboutir á quelques résultats généraux, dont le nombre ne s'est accru que péniblement, au fur et à mesure des besoins. Nous devons être pleins de gratitude envers ceux qui nous ont précédés, nous qui pouvons, en quelques années, bénéficier de l'œuvre de plusieurs siècles.

C'est encore Auguste Comte qui nous fait voir une preuve éclatante du génie de l'homme dans ce fait qu'il a pu ramener la mesure des grandeurs de l'espace à la seule ligne droite.

Utilité de la Géométrie.

Les Grecs prisaient au plus haut point la géométrie; la devise inscrite à l'entrée de l'école de Platon : « Que nul n'entre ici s'il n'est géomètre ! » en témoigne éloquemment. Ils poussaient à l'extrême la rigueur des démonstrations, et se montraient très puristes. Car il semble bien qu'ils aient estimé la géométrie pour elle-même, pour son utilité dans la formation des esprits plus que pour ses applications pratiques.

A cet égard, nous sommes bien les héritiers des Grecs; nous conservons à la géométrie cette estime, et avec raison : cette science, fondée sur l'observation, à laquelle toutefois elle fait le moins possible appel, habitue les enfants à la précision, à la rigueur; elle leur donne le mépris de l'*à peu près*. Par la variété de l'invention, l'élégance des solutions, elle excite la curiosité de leur esprit, les invite à l'activité. Ici l'élève se sent grandi à ses propres yeux parce que, à la joie très vive de la découverte d'une solution, se joint la certitude. Il peut se contrôler lui-même.

⁂

Dès le début, il peut être initié au dessin *géométrique* qui vient compléter heureusement le dessin dit d'imitation.

Ce dessin, appelé aussi *graphique*, outre qu'il révèle à l'enfant quelques-unes des applications de la géométrie, développe chez lui l'habileté de l'œil et de la main, et comme à ses sens imparfaits et faillibles il substitue des instruments justes, il arrive assez souvent qu'il console le maladroit de ses insuccès dans le dessin artistique. Il suffit, en effet, ici, d'avoir du soin, c'est-à-dire de la volonté. Expérience, observation, pratique du dessin, concourent ainsi à amener l'enfant à l'étude positive de la géométrie, qui tiendra une grande place dans sa formation intellectuelle.

⁂

S'il est permis de faire des rêves, en voici un bien séduisant autant que lointain : Que l'on se représente un lycée, un collège idéal, dans lequel toutes les études théoriques seraient, chaque matin, distribuées dans les amphithéâtres et les salles de travail, tandis que l'après-midi serait réservée aux travaux pratiques : au laboratoire, le professeur de chimie et de physique dirigerait les expériences; ceux d'histoire naturelle et de géographie donneraient, sur le terrain, des exemples de géologie, de botanique, de géographie physique; le maître de littérature promènerait les élèves en pleine campagne ou dans les musées, en s'efforçant d'éveiller leur esprit aux beautés de la nature et de l'art, de les affranchir de la tyrannie des mots et des idées toutes faites.

Le professeur de géométrie pourrait réaliser la fusion de la géométrie et du dessin géométrique à l'aide de petits travaux manuels : en face de la table à dessiner serait l'établi pour permettre de fabriquer, de restituer la chose dessinée. Quel profit ne tirerait pas l'élève d'un contact si fréquent, si habituel avec la réalité! N'oublions pas non plus qu'il aurait, pour son plus grand bien, des heures de liberté, de gaieté, de temps perdu.

*
* *

Il n'est pas superflu de faire remarquer que la géométrie, sans être aussi indispensable aux filles, ne leur sera pas indifférente. L'étude, toutefois, en sera modifiée pour elles; elles ont, naturellement, moins de penchant pour les idées générales, mais elles peuvent tirer grand profit de l'observation, et s'intéressent beaucoup aux détails.

Il ne leur sera pas inutile d'y prendre le goût de l'ordre et de la simplicité, ni de s'habituer au maniement de l'équerre et du compas, d'abord parce qu'elles sont de futures éducatrices, et aussi parce qu'elles pourront en tirer des ressources variées pour leurs travaux féminins et l'embellissement de leurs demeures.

S'il leur plaît de broder un rideau, un mouchoir, un chemin de table, faut-il qu'elles soient condamnés à acheter un modèle banal, reproduit à un grand nombre d'exemplaires, et qu'elles copient docilement? Ne vaut-il pas mieux qu'elles puissent composer elles-mêmes leurs sujets, les mettre en place et les exécuter avec sûreté? Cela étant, les instruments de dessin leur rendront d'inappréciables services. Grâce à eux, elles auront le bonheur d'être libérées du modèle quelconque, et surtout de faire quelque chose qui soit bien, entièrement, leur œuvre.

Pour dessiner un col brodé ou un col en dentelle, l'usage du compas est tout indiqué; on emploie aussi des gabarits de diverses formes pour le tracé desquels les instruments de dessin sont très utiles.

Un abat-jour est obtenu en découpant une feuille de papier fort, de manière que deux des côtés soient des arcs de circonférences concentriques, et on en varie la forme en faisant varier l'étendue des secteurs employés. Leur décoration elle-même, dans certains cas, doit être soutenue par une armature géométrique qui disparaît après l'exécution.

Une jeune fille, que son éducation retient plus à la maison qu'un garçon, est, par elle-même, plus portée à désirer que son *home* lui plaise, et en particulier sa chambre. Et elle peut, sans grands frais, arranger cette chambre à son goût ; quelques meubles simples, de forme agréable, des rideaux qu'elle aura faits elle-même, et, sur les murs, deux ou trois cadres qui lui plaisent, il n'en faut pas plus. Les murs eux-mêmes, couverts d'une peinture claire et gaie, seront, à la partie supérieure, ornés d'une frise décorative sobre, exécutée au pochoir. C'est un travail facile, qui exige seulement de la précision; règle et compas y aideront. Et quelles bonnes heures on passe là!

*
* *

Si l'utilité de la géométrie paraît grande dans l'éducation, elle est plus considérable encore dans la vie.

La géométrie nous apparaît comme le soutien

indispensable des sciences appliquées. Nous lui devons le dessin industriel, base de toute industrie, qu'il s'agisse de la construction des édifices, ou des voies diverses de communication, ou des machines. Il en est de même de la perspective. Sur elle repose la mécanique, l'astronomie, la physique. Il suffira de citer l'étude de l'optique avec toutes ses constructions géométriques. La chimie elle-même a recours à la géométrie : pour expliquer les phénomènes naturels, dont la cause intime nous échappe et nous échappera longtemps encore, les savants émettent des hypothèses, échafaudent des systèmes qui sont bien plus, à leurs yeux, un moyen de nous représenter le mécanisme des phénomènes, qu'une explication vraie des causes. C'est ainsi que, en chimie, certains savants ont imaginé des figures géométriques pour essayer de nous rendre compte de la structure des molécules des corps. De telles figures ne prétendent pas à représenter exactement ces molécules, mais elles aident considérablement à suivre leurs groupements.

D'autre part, combien de personnes savent-elles qu'il y a une géométrie des tissus? En algèbre, on a déjà vu une de ses dernières applications, par où elle tend à se substituer au calcul : la *nomographie*.

Sans la géométrie, nous n'aurions pas de géographie.

C'est elle qui a permis, en effet, de déterminer les formes de la terre, de les représenter avec les creux et les reliefs par le moyen de cartes planes et, par suite, très commodes. Une carte de l'état-major, ou toute autre analogue, donne une représentation exacte et vivante, pour qui comprend ce langage géométrique, de la contrée qu'elle figure, et permet de s'en faire une idée voisine de la réalité.

Ce sont, d'ailleurs, les mêmes méthodes qui permettent la représentation des machines et de tous les travaux que l'on exécute à la surface de la terre ou dans les entrailles du sol. On ne sait lequel admirer le plus, d'un ouvrage comme le viaduc de Garabit, ou celui de Viaur, ou la Tour Eiffel, ou comme le tunnel du Métropolitain de Paris. Ces travaux seraient impossibles sans la géométrie; seule, elle permet d'en ébaucher, étudier, parachever les projets; grâce à elle, l'ingénieur chemine, dans la profondeur du sol, dans l'épaisseur de la montagne, aussi droit qu'à la surface. Dans le percement des tunnels, on les attaque à la fois par les deux extrémités, et bien que, souvent, ils soient courbes et même hélicoïdaux, on fait avancer les travaux si sûrement que les équipes opposées d'ouvriers arrivent à se rejoindre et leurs outils à se rencontrer.

∴

Une observation confirmera l'importance du rôle de la géométrie : à mesure que le progrès industriel s'affirme, les machines se simplifient de plus en plus et tendent vers des réalisations géométriques de plus en plus fidèles.

Ainsi, une machine *à raboter* réalise un plan assujetti à se mouvoir parallèlement à un plan fixe, et ceux de ses points qu'atteint l'extrémité fixe du *crochet* forment une ligne droite parallèle à une direction fixe. Le *tour* et la machine à *aléser* offrent deux exemples remarquables de la définition des surfaces de révolution ; on peut dire que, par ce temps d'automobiles et d'aéroplanes, nul n'a été dispensé d'en entendre parler. Chacun sait que, pour donner à une pièce métallique pleine la forme d'une surface cylindrique, on travaille cette pièce au *tour*, au lieu qu'on la porte à la machine à *aléser* si la pièce doit être creuse.

La définition des surfaces de révolution peut être prise encore plus sur le vif dans le dispositif employé par le mouleur *au trousseau* (*fig.* 20). La planche à *trousser*, découpée selon un profil

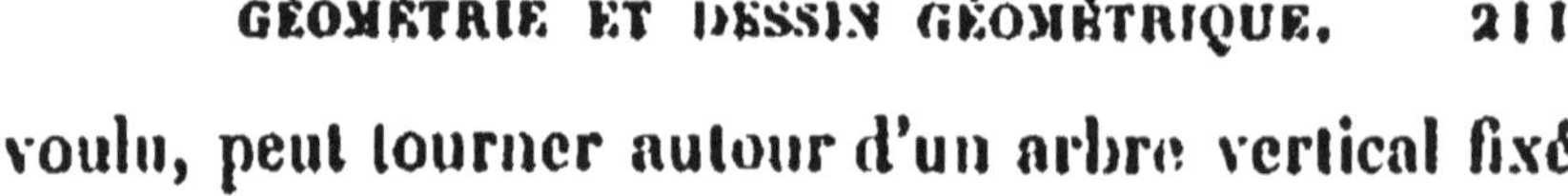

voulu, peut tourner autour d'un arbre vertical fixé

Fig. 20.

à sa base dans le sol de l'atelier. Cet arbre réalise parfaitement l'*axe* de la surface de révolution, tandis que le profil de la planche à *trousser* en est la *méridienne* génératrice. On conçoit sans peine que, forcée de tourner dans une masse de sable à mouler, la planche à trousser y déterminera, en creux, une surface de révolution qui sert de base au travail du mouleur, pour établir une grande poulie, un volant, etc.[1].

Le journal *Le Génie civil*, qui publie les comptes rendus des projets et des travaux des ingénieurs civils, tous hommes soumis à une forte discipline mathématique, vient de répandre une brochure relative aux travaux de la nouvelle rue des Italiens, à Paris, en plein boulevard. Cette brochure, d'un prix modique, est un bon exemple de vulgarisation.

La valeur énorme des capitaux engagés impose aux constructeurs deux conditions essentielles : la précision et la rapidité. Pour les réaliser, les ingénieurs chargés des travaux ont adopté deux dispositifs ; l'un d'eux, représenté par la figure 21, empruntée à ladite brochure, plus visible, plus facile à apprécier, constitue une pure machine géométrique. — Réduite à ses éléments essentiels, cette machine comprend un axe vertical fixe (sa fixité est assurée par les pylônes à treillis de fer

1. Nous devons cette image à l'obligeance de M. Marcelo, employé à la maison A. Piat fils et gendre.

que l'on voit sur la figure, et auxquels il est relié

FIG. 21.

par des bielles horizontales) autour duquel tourne
un bras horizontal dominant toute la construc

tion. Sur ce bras puissant, se déplace une poulie où s'enroule un câble vertical auquel est suspendue la pièce à déplacer. Si bien que cette pièce, que la machine va cueillir sur le boulevard, par-dessus les passants, dans le chariot qui l'a amenée, peut être portée en un point quelconque du vaste cylindre, qui a pour rayon le grand bras horizontal. D'une petite cabine placée sur l'axe, un homme dirige sans peine toute la manœuvre. Il s'agit là, on le voit, de la réalisation d'un véritable système d'axes de coordonnées.

*
* *

Enfin, parce que nous n'apercevons pas l'utilité immédiate d'une proposition de la géométrie, d'une recherche difficile, cela ne prouve pas qu'elle soit inutile : « Il est vrai cependant que toutes les spéculations de géométrie pure ou d'algèbre ne s'appliquent pas à des choses utiles; mais il est vrai aussi que la plupart de celles qui ne s'y appliquent pas conduisent ou tiennent à celles qui s'y appliquent : savoir que dans une parabole, la sous-tangente est double de l'abscisse correspondante, c'est une connaissance fort stérile par elle-même, mais c'est un degré nécessaire pour arriver à l'art de tirer des bombes avec justesse. » (Fontenelle.)

Fontenelle aurait pu ajouter que les trois courbes réunies sous le nom de *sections coniques*, parce qu'elles peuvent être obtenues en coupant un cône par des plans convenables, l'ellipse, l'hyperbole et la parabole, sont indispensables à l'étude de l'astronomie, et, par suite, à la navigation.

Les Grecs avaient étudié avec passion les sections coniques sans se préoccuper de leurs applications, qui se sont précisées quelques vingt siècles plus tard...

« Quand les plus grands géomètres du dix-septième siècle se mirent à étudier une nouvelle courbe, qu'ils appelèrent la *cycloïde*, ce ne fut qu'une pure spéculation... » (Fontenelle, *loc. cit.*)

Pour ceux qui ne connaissent pas la cycloïde, qu'on nomma d'abord la *roulette*, il suffira de dire qu'elle est la figure décrite par le mouvement d'un point que l'on aurait marqué sur la circonférence d'une roue de voiture ou de bicyclette, ce qui a fait dire que la cycloïde court les rues. Elle a reçu plus d'une application ; ainsi, comme elle est la courbe qui offre le plus de difficulté à l'ascension d'un liquide, les routes tracées au bord de la mer seront efficacement protégées, si le mur qui les soutient est en forme de cycloïde (*fig.* 22). Nos ports nous en offrent plusieurs applications.

D'autre part, l'étude des épicycloïdes (figures

engendrées par le mouvement d'un point d'une roue qui roulerait sur une autre roue) a permis de donner une des solutions usitées d'un problème important : la construction des dents d'engrenages.

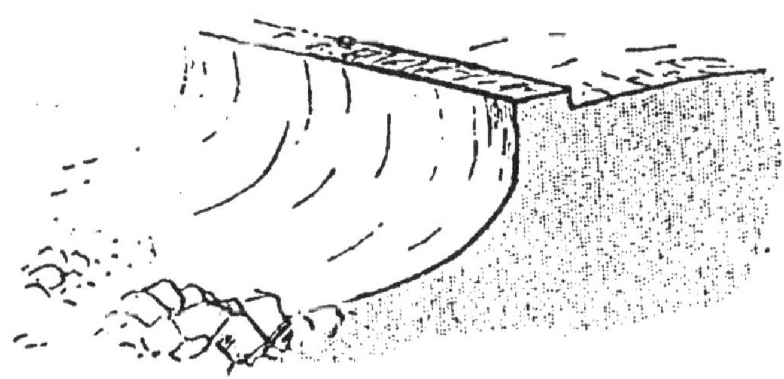

FIG. 22.

Depuis Fontenelle, les sections coniques ont eu de nouvelles applications, en mécanique et dans la construction ; telles les voûtes du Métropolitain, les poutres des ponts tournants. Une de ces applications est bien connue du public : un jet de lumière électrique projeté dans l'axe d'un tube par lequel s'écoule de l'eau est capté par celle-ci, et ne peut plus s'en échapper, en raison de la forme parabolique du jet. C'est le principe des fontaines lumineuses.

« On traite volontiers d'inutile ce qu'on ne sait point, dit encore Fontenelle, c'est une espèce de vengeance..... » Ne donnons pas dans ce travers, car nous apprenons tous les jours combien il y a de choses que nous ne savons point et, en particulier, nous ne saurions prévoir les applications que l'on fera d'études qui paraissent aujourd'hui purement spéculatives.

Art et Géométrie.

Il arrive aussi que l'on tombe dans le travers opposé de dédaigner la géométrie comme trop utilitaire. C'est ainsi que l'on oppose l'art et la géométrie, ou, en général, l'art et la science. Bien que cette opinion soit assez répandue, elle est peu soutenable, et il suffit de voir de près les hommes qui ont le culte et la vocation de l'art pour être édifié à cet égard : toute manifestation de la science les intéresse, et particulièrement la géométrie. D'ailleurs, l'art, comme la science, repose sur l'observation. Émile Zola définit l'art : « la nature vue à travers un tempérament ». C'est-à-dire que, comme la géométrie, l'art procède de l'observation et aboutit à l'abstraction.

L'art qui parle le plus aux foules, l'architecture, qui a donné à tous les âges des œuvres grandioses, restes éloquents du passé, ne peut se séparer de la géométrie; l'architecture grecque, si pure, si grande dans sa géométrique simplicité, suffit à en donner l'impression.

On objecte la laideur des produits industriels; mais est-il juste de s'en prendre à la géométrie, aux sciences qui ont donné les moyens de les produire, et non aux hommes de peu de goût qui font mauvais usage des moyens qui leur sont fournis par les sciences, et se moquent au fond de l'art comme de la science?

Loin de là; et nous montrons à nos élèves que toute acquisition nouvelle de la science nous donne la possibilité de réaliser de nouvelles améliorations pour tous les hommes, en faisant de plus en plus grande la part de beauté de nos habitations, des objets usuels, de la nature même dans laquelle nous vivons. Le jour n'est pas éloigné où le remplacement de la machine à vapeur par la *houille blanche* permettra de nous débarrasser de la vue des usines noires, des cheminées sans grâce vomissant des torrents de fumée. Les longs tubes qui amènent l'eau des sommets à l'usine électrique, propre et gaie, peuvent être facilement dissimulés dans le sol et recouverts de feuillage. Mieux encore, ce que les protestations, les objurgations des hommes dévoués n'ont pu obtenir, le reboisement des sommets dénudés, qui rendra à nos collines leur magnifique parure de forêts, a des chances sérieuses d'être entrepris, grâce à l'aiguillon de l'intérêt. Aujourd'hui, en effet, on s'aperçoit que la forêt sur les hauteurs, c'est la réserve d'eau assurée et, par suite, la possibilité de l'installation de l'usine électrique. En un mot, c'est un capital.

Bientôt, grâce à la télégraphie et à la téléphonie sans fil, nos routes ne seront plus encombrées par de disgracieux poteaux chargés de fils.

*
* *

Autre avantage considérable : ces inventions rapprochent de plus en plus les hommes. En rendant notre pays plus prospère, plus beau, la vie plus facile et plus belle, la science fera plus pour le bonheur de l'humanité, sans luttes, sans haines, que les vaines agitations politiques.

On peut dire que, dans tout savant, il y a un poète; et l'un des plus beaux poèmes latins, celui de Lucrèce, pourrait être appelé : *Traité de Physique*.

Chacun, aujourd'hui, aspire à une vie plus large, plus naturelle, plus ouverte à l'art; on voit l'indice de cette aspiration dans le goût croissant pour la décoration des intérieurs. Les personnes de situation modeste ne restent pas en arrière : les procédés de décoration géométrique se répandent; l'observation d'une plante, d'un animal, d'un détail naturel, conduit, par la réflexion, à une simplification géométrique à laquelle on a déjà donné un nom : la *stylisation*.

Examinons une feuille de lierre; elle nous pré-

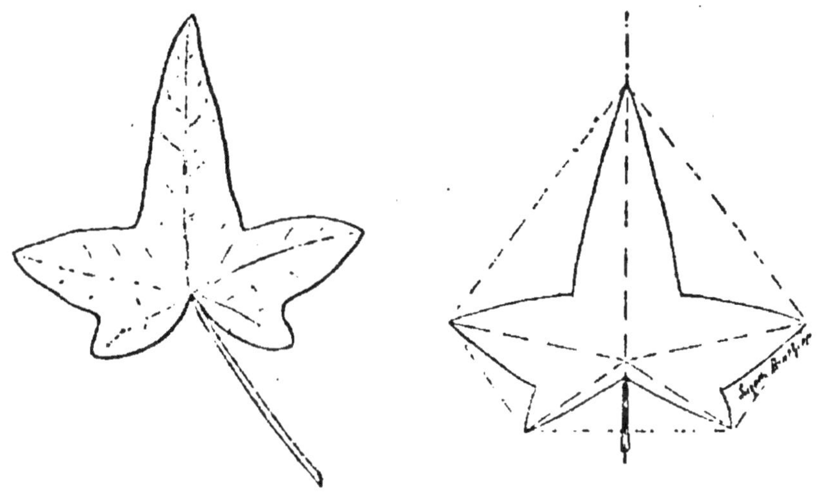

FIG. 23.

sente une certaine régularité de forme; exagérons-la, faisons une figure tout à fait géométrique, et nous aurons une feuille de lierre stylisée (*fig. 23*).

Voici encore une fleur de lys rouge naturelle et stylisée (*fig. 24*).

On voit le but de cette transformation : conserver le mouvement de la fleur, de la feuille, de la plante, de l'animal; simplifier pour rendre l'exécution plus facile, plus large, partant plus décorative. Un objet qui s'éloigne montre à nos yeux de moins en moins de détails ; c'est ainsi que la sim-

FIG. 24.

plification du dessin des divers motifs d'un décor nous donne l'illusion de l'éloignement de son support.

Naturellement, cette stylisation varie au gré de

l'artiste, qui doit tenir compte de la matière qui sera employée pour l'exécution. Les mêmes formes ne sauraient convenir pour des objets en marbre, en bois, ou en bronze, ou en or. Enfin, il vaut mieux conserver le mouvement de la plante, de l'animal; styliser, c'est simplifier, mais non défigurer.

Ce n'est pas, d'ailleurs, une idée neuve; les monuments les plus lointains qui nous restent en font foi. Déjà, la décoration des palais chaldéens et assyriens nous présente des formes animales et végétales simplifiées, stylisées; la colonne du temple égyptien est inspirée de la tige du lotus. Enfin, les Grecs, habiles et délicats *metteurs au point* plutôt qu'inventeurs, ont utilisé les bandes décoratives des précédents, en poussant plus loin encore la stylisation; et il ne faut voir dans leurs palmettes, leurs rais de cœur, leurs oves, que des formes végétales stylisées avec goût.

*
* *

Nous voici ramenés par une pente naturelle à une idée bien des fois exprimée : l'école devrait, quelle qu'elle soit, être gaie, attrayante, la salle de classe accueillante et claire. Ce programme peut être réalisé sans peine, sans frais, avec la collaboration des élèves; l'expérience a été faite et les bonnes volontés ne manquent pas. Il n'est pas besoin d'être artiste pour peindre les murs de couleurs lumineuses et agréables, et pour faire courir, tout autour, des frises au pochoir, composées avec les conseils des professeurs.

Parents et élèves prennent le même intérêt à ces menus travaux qui peuvent être exécutés en dehors des heures d'étude; puis, ils aiment mieux la maison qu'ils ont faite leur, et où ils seront heureux de revenir, attirés par ces souvenirs.

Plus de murs nus, plus de ces tableaux prétendus instructifs, mais inutiles autant qu'ennuyeux; mais, dans des cadres sobres et simples, des images intéressantes, réellement instructives parce que agréables à regarder, et dues soit à la générosité des élèves, soit à leur travail.

Ce seront, à l'école du village, des images de plantes, d'arbres, de cultures, d'animaux, de fermes, de beaux attelages, enfin, des chefs-d'œuvre de l'art choisis selon le milieu; à l'école populaire de la ville conviendront, avec les beaux arbres, les fleurs, les beaux aspects de la nature, les représentations d'œuvres industrielles et urbaines présentant une réelle valeur esthétique.

Au collège, au lycée, il sera tout naturel, à côté de bonnes reproductions des œuvres artistiques les plus remarquables de tous les pays et de tous les temps, illustrations nécessaires du Cours d'Histoire, de faire exécuter par les élèves, sous le contrôle des professeurs de dessin géométrique, une série de dessins au lavis constituant un véritable musée d'histoire de l'art architectural, depuis la plus haute antiquité jusqu'à nos jours. Il est à peine besoin de dire que, dans chaque classe, seront ceux des dessins qui correspondent aux programmes d'histoire de celle-ci.

Chose digne de remarque, ces travaux d'élèves sont regardés avec plus de soin et plus souvent que des photographies par leurs camarades; et ceux-ci sont tout étonnés des résultats que l'on peut atteindre, et fiers de leur classe.

Ces travaux, la meilleure, et parfois la seule application du dessin géométrique pour tous ceux qui ne continuent pas leurs études, concourent à l'éducation par les yeux, la seule profitable, du sens artistique des jeunes gens. Dernièrement encore, c'étaient des étonnements, des récriminations, parce que l'on constatait, chez des jeunes gens sortis des écoles, une ignorance complète des styles d'architecture. Pareil danger serait écarté si, durant toute sa vie scolaire, le jeune homme avait eu sous les yeux un ensemble complet de représentations des monuments les plus caractéristiques.

La Méthode en Géométrie.

La division des études en deux cycles part d'une idée très juste au point de vue pédagogique : dans le premier cycle, l'élève, encore jeune, prend un premier contact avec la géométrie, et il paraît bon de lui faire suivre ce que l'on peut appeler la *méthode naturelle;* dans le second, il a avantage à suivre la *méthode logique*. Les deux se complètent.

I. — La Méthode naturelle.

Un célèbre mathématicien du dix-huitième siècle, Clairaut, exposant ses réflexions sur l'origine de la géométrie, pense que l'on peut réunir l'attrait de l'utilité avec la facilité de l'exposition. Il lui a paru que les anciens *mesureurs de terrains*, en cherchant à perfectionner leurs méthodes, avaient dû se livrer à des recherches particulières, qui les conduisirent aux idées générales, et que, en se proposant d'évaluer les rapports de toutes les grandeurs, ils avaient fondé une science plus vaste.

Il en conclut qu'il faut s'attacher à faire suivre aux commençants une route semblable à celle qu'ont suivie les inventeurs. Il prévient que, dans la tentative qu'il expose, il ne donnera pas toujours des démonstrations rigoureuses, et fera appel à l'évidence, à l'intuition, toutes les fois qu'il le jugera bon.

Pour se défendre de ne pas suivre Euclide dans sa rigueur, Clairaut nous objecte qu'Euclide était forcé de se défendre contre les sophistes, et que, maintenant, les temps sont changés.

Jean-Jacques Rousseau nous dit que « nous trouverons toute la géométrie élémentaire en faisant des figures exactes, les combinant, etc., en marchant d'observation en observation, sans qu'il soit question ni de définitions, ni de problèmes, ni d'aucune autre forme démonstrative que la simple superposition. Il ne prétend point apprendre la géométrie à Émile; c'est Émile qui la lui apprendra... Il tracera une circonférence, non avec un compas, mais avec une pointe au bout d'un fil tournant sur un pivot. Après cela, quand il voudra comparer les rayons entre eux, Émile se moquera de lui, en lui faisant comprendre que le même fil toujours tendu ne peut avoir tracé des distances inégales... »

*
* *

La méthode naturelle part de l'observation. Parmi les objets qui nous entourent, dans la nature et dans la vie civilisée, un grand nombre attirent notre attention par leurs formes géométriques : la surface d'une eau calme, les fûts des arbres, les tiges des céréales, les feuilles, les fleurs et les fruits, les pierres, les ardoises, les minéraux cristallisés. Dans les habitations et les cités, ces formes sont plus répandues encore, puisqu'elles sont les œuvres des hommes, instruits dans la géométrie.

Il nous sera donc facile de les trouver, de les montrer aux enfants, et de leur en apprendre les noms en en faisant remarquer les éléments essentiels. Nous nous garderons bien de donner d'abord une définition abstraite qui viendra plus tard, à son heure. Il suffit de les nommer d'une façon nette, afin de pouvoir les désigner ou les rappeler. Ainsi seront acquises les notions de *volume*, de *surface*, de *ligne*, de *point*.

Mais si l'on doit toujours s'appuyer sur l'expérience, on reconnaîtra aussi que l'on peut aller plus loin. La vue des surfaces des corps naturels, qui présentent souvent des défectuosités, suggérera l'idée de surfaces parfaites ; si une face d'un cristal présente l'apparence d'un triangle, d'un parallélogramme, on ira au delà, et on imaginera un corps dont les faces sont des triangles parfaits ou des parallélogrammes. Puis, dans les représentations que l'on fera de ces corps, on découvrira, par intuition, certaines propriétés, des faces égales, des symétries. Il sera, d'ailleurs, très bon de laisser largement s'exercer cette intuition. Plus tard, enfin, s'exercera la faculté *d'abstraire* et de *raisonner*.

La nature nous suggère l'idée du plan; mais il n'y a pas de vrai plan dans la nature.

Selon le mot de Platon : *Dieu est un éternel géomètre*, la nature semble avoir une tendance marquée vers la forme cristalline, qui est purement géométrique. Cela est tellement vrai que si, avec l'aide de l'énergie mécanique et de l'énergie calorifique, on peut imposer au fer la contexture fibreuse pour les usages de l'industrie, les molécules semblent saisir toutes les occasions de reprendre l'état moléculaire qui leur est naturel, l'état cristallin. Cela explique ces ruptures brusques, sans raison apparente, des tubes de bicyclettes; on sait également que les roues et les essieux des locomotives sont changés après qu'elles ont parcouru un certain nombre de kilomètres, afin de prévenir des accidents analogues et beaucoup plus graves.

Dans les cités, la géométrie nous entoure partout; cela nous permettra de faire remarquer aux enfants que la plupart des idées fondamentales de la géométrie sont tirées de la vie pratique, ainsi qu'en témoignent bon nombre de termes géométriques, tels que *arc, corde, flèche, plan, gauche*, etc.

∴

La vie se manifeste à nous d'abord par le mouvement; dès notre premier âge, nous sommes vivement intéressés par tout ce qui se meut autour de nous : une porte, une armoire, un tiroir qui s'ouvrent ou se ferment, les animaux qui courent ou volent, le balancier de l'horloge qui ne s'arrête jamais, les divers véhicules qui font notre joie. Nos joujoux préférés sont ceux qui se prêtent le mieux à notre besoin de mouvement. Et le trait de feu dessiné dans l'air par le bout encore rouge d'une allumette que l'on agite vivement est peut-être l'origine de l'idée de la ligne géométrique engendrée par un point en mouvement, réalisée par la trace du crayon que nous promenons sur notre papier.

Ces notions de mouvement, si familières parce qu'elles viennent de nombreuses expériences suivies avec intérêt, nous rendront de grands services dans l'étude de la géométrie. Grâce à elles, nous pouvons faire renaître l'attention que nous avions déjà apportée à l'observation des mouvements et, par suite, nous faire mieux comprendre.

Le Plan.

On ne peut pas ne pas être frappé de la prédominance excessive du plan. Des exemples naturels ont été cités plus haut qu'il est inutile de répéter.

Nous sommes dans notre maison, dans une chambre; partout, autour de nous, règne le plan; les parquets et le plafond, et les murs sont des plans. Notre table nous offre un plan; de même les parois de nos meubles, nos glaces, les rayons de nos bibliothèques sont des plans. Prenons un livre; il est entouré de plans, et chaque page réalise un plan. Sortons : la porte que nous ouvrons est de forme plane, l'escalier nous présente toute une collection de plans. Nous arrivons à la rue; le trottoir est plan, la rue est formée de pavés offrant chacun six plans; les maisons qui la bordent ont des façades planes et les voitures qui les sillonnent ont, pour la plupart, des formes planes. Le plan est partout.

Les premiers géomètres, d'après Clairaut, ont eu d'abord à s'occuper uniquement du plan. En effet, les premiers peuples agriculteurs ont dû s'établir dans les pays fertiles et de culture facile. Ce sont, au premier chef, les pays d'alluvions, c'est-à-dire les plaines égalisées par le vagabondage des grands fleuves, d'une falaise à l'autre, jusqu'à ce qu'ils se fussent creusé un lit définitif. Telles, la Chaldée et l'Égypte des bords du Nil. On recherche, pour la culture, de préférence un terrain bien uni, bien égalisé, en un mot, plan. D'ailleurs, les tiges des céréales poussant verticalement, il n'en pousse pas plus dans un terrain inégal que dans un terrain plan enfermé dans les mêmes limites; ce qui importe, ce qui fait l'objet des transactions et, par suite, a dû intéresser les premiers géomètres, c'est la section plane horizontale du terrain de culture.

D'ailleurs, pour nos explications, qui dériveront de l'observation, nous devrons avoir recours à des images, des figures dessinées; c'est une première abstraction, et nos figures sont dessinées sur des surfaces planes. Au début, le plan sera présenté sous forme concrète, en regard de sa représentation graphique, par un carton, une vitre, un mur, un cahier; les exemples ne sauraient manquer.

Il nous est difficile de nous passer du plan : industriellement, pour fabriquer un cylindre, une colonne, soit en pierre, soit en marbre, soit en bois, on commence par fabriquer un prisme à faces planes; scientifiquement, le plan nous donne les meilleures méthodes d'exploration des surfaces.

Si donc nous demandons à un élève de nous

citer des exemples de plan, nous pouvons espérer qu'il en découvrira plus d'un.

Si, maintenant, nous lui demandons à quoi il attribue cette fréquence de l'emploi du plan, nous l'amènerons peu à peu à lui faire découvrir que c'est à la simplicité et à la commodité de cet emploi. L'exemple des terrains de culture en est déjà une preuve.

Supposons un instant, au parquet, aux murs, toute autre forme que la forme plane, et l'incommodité sautera aux yeux ; d'autre part, les procédés de fabrication sont plus simples que pour toute autre surface. Enfin, comment distribuer les pièces d'un appartement avec des murs courbes? Il en résulterait d'inévitables pertes de place, sans parler de l'incommodité.

*
* *

Comment arriver maintenant à la définition du plan? Il ne peut être question de dicter aux élèves une définition abstraite, mais de leur faire découvrir eux-mêmes une définition intelligible pour eux.

Il suffira de passer en revue les divers ouvriers dont le métier est de fabriquer des plans. Ils sont nombreux : les maçons et les plâtriers pour élever les maisons, les menuisiers et les charpentiers pour les aménager et les couvrir, les paveurs pour les rues et les trottoirs, les verriers pour les glaces, les planeurs en acier pour les lames de scie et autres, les planeurs en zinc, en cuivre pour l'impression en taille douce, les lithographes, etc. — Si l'on peut faire voir aux élèves ces différents opérateurs, cela n'en vaudra que mieux ; ils remarqueront que ces hommes ne procèdent pas de la même manière, tant s'en faut. Mais s'ils veulent vérifier l'état d'avancement de leur travail, reconnaître si les surfaces sont planes, *tous procèdent de même*. Il suit de là que, pour tous ces hommes, un plan se reconnaît à un caractère déterminé, toujours le même, et nous ne saurions faire mieux que de les suivre.

Chacun d'eux, pour sa vérification, applique l'une des arêtes d'une règle sur la surface à contrôler, dans toutes les directions. Si la règle s'applique partout sur la surface, l'ouvrier se déclare satisfait : la surface est plane. — Un plan est donc pour lui une surface sur laquelle il peut appliquer une règle dans toutes les directions. La règle étant pour nous la réalisation pratique d'une ligne droite, nous arrivons à considérer le plan comme la surface sur laquelle on peut appliquer des lignes droites dans toutes les directions.

De là à comprendre que l'on puisse engendrer une surface plane en faisant *déplacer* une ligne droite d'une manière convenable, il n'y a qu'un pas. Cet appel à la notion de mouvement sera fréquent dans la suite, le plus fréquent possible. Cela explique la manœuvre du rabot des menuisiers, des règles employées par les plâtriers ou les bitumeurs de trottoir pour lisser les enduits, des rouleaux pour planer les glaces, des laminoirs pour fabriquer les tôles. Il n'est pas jusqu'au confiseur qui, pour mouler les jolis bonbons, les noyaux des dragées pleines de liqueur, ne promène une règle sur les bords parallèles d'un châssis rempli d'une poudre d'amidon légère et immaculée de manière à obtenir un plan, destiné à recevoir leurs empreintes.

Cela explique aussi la fabrication des plans types employés par les ouvriers mécaniciens pour tracer les pièces à ajuster et en contrôler les faces; ces plans, autrefois en marbre, se font maintenant en fer; mais les mécaniciens les appellent encore des *marbres*. Les fabricants de gants se servent encore de vrais marbres. Les typographes disent d'un journal, d'un ouvrage destiné à l'impression, mais encore à l'atelier de clichage, qu'il *est sur le marbre*. Pour un praticien, une surface qui n'est pas plane est *gauche*; d'où les expressions *gauchir*, *dégauchir*, etc., employées dans la pratique pour désigner l'action de déformer une surface plane ou d'en corriger les défectuosités.

En passant, l'exemple simple du pavé permettra de faire préciser la notion de surface d'un corps. Cette surface est formée de plusieurs surfaces planes limitées.

Le Rectangle, les Aires.

Puisque nous avons constaté que la forme plane s'est imposée aux premiers agriculteurs, et, après eux, aux premiers géomètres, de même que, plus tard encore, la forme sphérique s'est imposée aux premiers observateurs de la voûte étoilée, il est tout naturel que nous examinions la figure plane la plus répandue : c'est le *rectangle*.

En effet, toujours pour des raisons pratiques, les terrains cultivés, grâce à la disposition des sillons, ont pris la forme rectangulaire. — D'ailleurs, nous n'avons qu'à regarder autour de nous, et nous y verrons prédominer le rectangle : les murs d'une chambre, le livre que nous lisons, les vitres, les faces d'un pavé, et tant d'autres que l'on trouvera sans peine.

Dans ces rectangles, nous distinguons divers éléments que l'élève devra dessiner pour montrer qu'il les apprécie, et dont on lui donnera les noms, sans plus, pour qu'il les reconnaisse. Les *côtés* le conduiront à la notion de *périmètre*, et celui-ci à celle de l'*aire*. Ce dernier mot, simple dérivé du latin *area*, implique une surface plane, et cela expliquera, plus tard, les précautions prises pour mesurer les aires des surfaces non planes.

Pour mesurer l'aire du rectangle, on a dû choisir

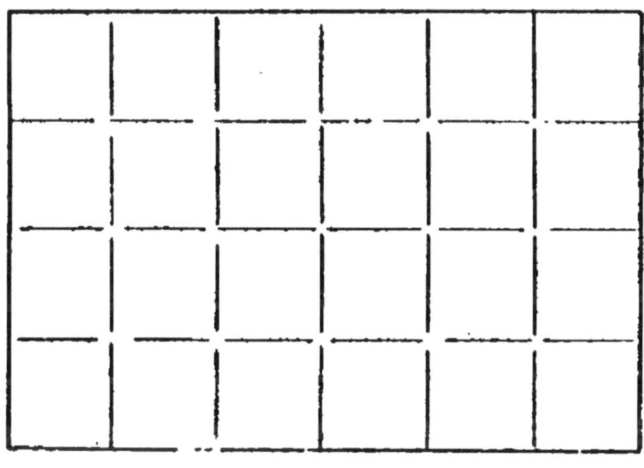

FIG. 25.

une unité. Cette unité a toujours été un carré, à cause de sa forme régulière et de la facilité que l'on a à disposer des carrés les uns contre les autres sans laisser aucun vide. Mesurer l'aire d'un rectangle reviendrait donc à lui superposer un carré matériel, cadre ou planche, égal à l'unité adoptée, en partant d'un coin, et juxtaposant le carré à chaque position précédente (*fig. 25*). Peut-être cette solution a-t-elle été réellement employée, car on commence toujours d'une manière compliquée. Mais bien vite on a dû trouver que c'était long et incommode, et qu'on arrive au même but, plus facilement, en faisant le produit des longueurs des deux côtés. Ceci est un nouvel exemple de mesure indirecte des grandeurs.

Si nous prenons un point M au hasard sur AB,

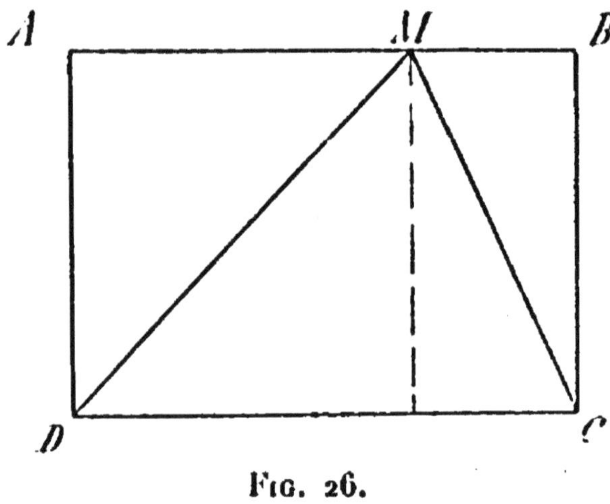

FIG. 26.

nous voyons que le triangle MCD (*fig.* 26) est la moitié du rectangle, et que, par suite, nous savons calculer son aire par le même procédé. Toute figure se décomposant tant bien que mal en triangles, on peut dire que le problème des aires des figures planes est résolu d'une façon très simple.

Ce petit début provoque l'intérêt chez les jeunes élèves et leur inspire le désir d'en savoir plus long. Dès lors, on se voit dans l'obligation de préciser, de détailler la question.

Aussitôt vont entrer en ligne la règle et l'équerre, le compas, le rapporteur. Tout le monde connaît la règle, le compas, l'équerre ; celle-ci a des formes qui varient avec sa destination : celle de l'élève, qui doit glisser facilement sur sa planche à dessin, sera plate et légère ; celle du menuisier, devant s'appuyer sur des bois dressés au rabot, portera un rebord qui le guidera ; une règle encastrée dans

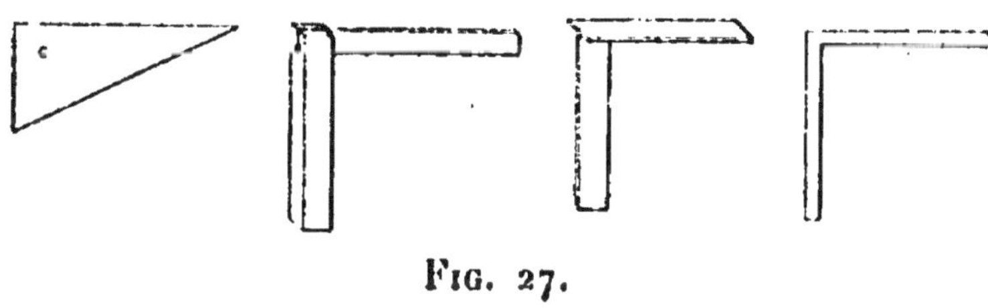

Fig. 27.

une autre règle plus épaisse fera l'affaire. Celle du mécanicien, pour plus de précision, sera en acier, construite sur le même modèle (*fig. 27*); le maçon aura une robuste équerre plate en fer. Le *rapporteur* est un instrument dont on n'abusera pas, vu la difficulté de mesurer les angles avec précision.

La façon de procéder ne varie pas : à l'école, comme dans la pratique, on ébauche un projet, et ceci se résume en un *croquis* que l'on précise et *cote*. Après cela, on passe à l'exécution au moyen des instruments de dessin.

Supposons qu'un de nos élèves désire construire,

pour son usage personnel, une étagère. Il jettera sur le papier divers projets, et s'arrêtera à l'un d'eux (*fig. 28*). Pour passer à l'exécution, il devra, à ce croquis sommaire, substituer deux dessins

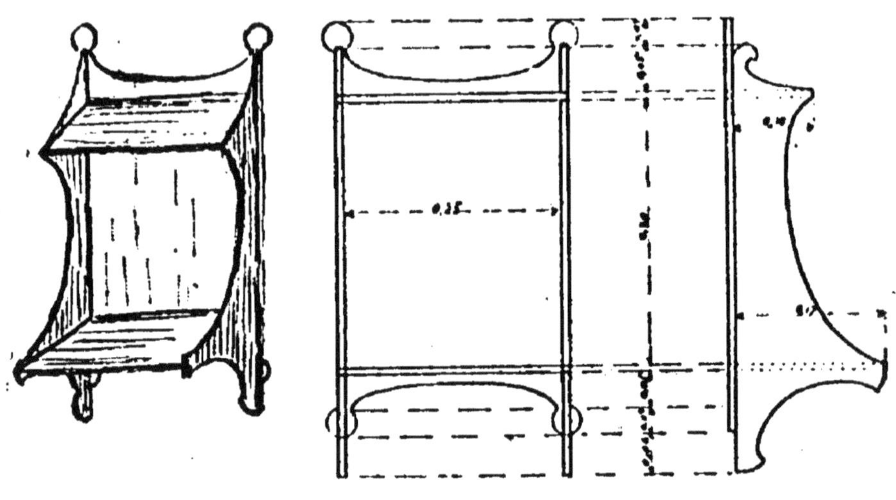

FIG. 28.

précis ou davantage s'il est besoin. Ces dessins, très simplifiés parce qu'ils sont réduits à des projections de face et de profil, sont faciles à exécuter; ils ont, en outre, l'inappréciable avantage de permettre de mesurer leurs dimensions. Il n'y aura plus qu'à les reporter sur des planchettes que l'on découpera, puis que l'on assemblera.

Ce n'est pas autrement que procède l'architecte ou l'ingénieur pour les travaux les plus importants.

On ne saurait trop recommander aux jeunes gens

ces applications pratiques de la géométrie. Ils y acquièrent une habileté manuelle qui n'est pas à dédaigner, et qui, par une heureuse réaction, contribue à la précision de leurs idées.

Que de fois, dans les classes, ne constate-t-on pas que des élèves font, sur certaines figures, des fautes grossières, uniquement parce qu'une exécution sérieuse du dessin ne les a pas mis en garde ! Le dessin géométrique est inséparable de la géométrie.

La Ligne droite.

La règle est pour nous la réalisation de la *ligne droite ;* nous l'avons rencontrée déjà à propos du plan. Elle ne peut se définir :

« Cette méthode (tout définir) serait belle, mais elle est absolument impossible, car il est évident que les premiers termes qu'on voudrait définir en supposeraient de précédents pour servir à leur explication... Aussi, en poussant les recherches de plus en plus, on arrive nécessairement à des mots primitifs qu'on ne peut plus définir et à des principes si clairs qu'on n'en trouve plus qui le soient davantage pour servir à leur preuve... C'est ce que la géométrie enseigne parfaitement. Elle ne définit aucune de ces choses, *espace, temps, mouvement, égalité,* ni les semblables qui sont en grand nombre, parce que ces termes-là désignent si naturellement les choses qu'ils signifient à ceux qui entendent la langue, que l'éclaircissement qu'on voudrait en faire apporterait plus d'obscurité que d'instruction. » (Pascal, *Pensées.*)

Les premiers cultivateurs qui voulurent marquer les limites d'un champ, aussi bien que ceux que nous voyons de nos jours, ont procédé de même : ils ont enfoncé en terre un jalon à chaque extrémité, assurés ainsi qu'il y avait là une ligne droite et une seule. C'est l'énoncé de la géométrie : *deux points déterminent une ligne droite.*

La ligne droite est de toute importance, puisqu'elle vérifie, engendre le plan, et qu'elle est l'élément principal des figures. Cette ligne droite va, d'ailleurs, bien au delà des deux points qui la déterminent. Le tireur qui vise un but essaie de mettre un troisième point, le but, sur la ligne droite, déterminée par deux autres, la mire et le guidon. Or, il peut tout aussi bien viser un point rapproché ou une étoile dont la distance est si démesurée que le triangle qui a pour base la plus grande distance dont dispose l'humanité, c'est-à-dire le diamètre de l'orbite terrestre, d'environ 300 000 000 de kilomètres, et pour sommet opposé une étoile, ne peut pas être construit, parce que les côtés qui vont de la base à l'étoile semblent ne pas devoir se rencontrer; ou encore telle que la lumière, qui parcourt 300 000 kilomètres par seconde, met plusieurs siècles pour arriver d'elles jusqu'à nous. Pour exprimer que la ligne droite déterminée par deux points peut être prolongée toujours plus loin, on dit qu'elle est *indéfinie*.

*
* *

La proposition énoncée plus haut est mise à profit pour vérifier l'exactitude d'une règle, opération préliminaire importante pour habituer l'élève à la précision.

Avant tout, il devra observer qu'il se sert d'une règle parce qu'il n'a pas confiance dans l'habileté de sa main, et que, en ne suivant pas le bord de la règle qui est appliqué sur le papier, il abandonne une partie des avantages qu'elle lui donne. Ayant tracé deux points A et B, qui *déterminent* une ligne droite, il appliquera un bord de la règle sur A et B et tracera une ligne au crayon; puis, faisant glisser la règle sur le papier, il appliquera de nouveau le *même* bord sur B et A, en sens inverse, pour tracer un nouveau trait. Si le bord de la règle est rectiligne, les deux traits tracés se confondront; sinon, l'erreur, se trouvant doublée par la double opération, sera rendue plus visible.

Si cette règle n'est pas droite, on la corrigera en se rappelant qu'elle doit s'appliquer sur un plan : ce plan sera le marbre d'une cheminée, une glace sur laquelle on appliquera un papier de verre fin; en y promenant doucement le bord de la règle, on la redressera parfaitement. De cette façon, l'élève ne séparera plus la théorie de la pratique en les voyant si intimement liées.

Après qu'une ligne droite aura été tracée, il sera facile de la *mesurer* en recherchant toute la précision compatible avec le sujet. De même on construira, puis on évaluera la *somme* de plusieurs lignes droites.

Le tracé lui-même dépend des circonstances : le dessinateur fait glisser la pointe d'un crayon contre le bord inférieur d'une règle; le jardinier suit un cordeau tendu, tandis que le peintre décorateur et le charpentier pincent et laissent revenir brusquement un fil tendu et imprégné d'une matière colorante. Enfin, pour les grandes lignes droites, sur le terrain, on ne les trace pas; on se contente de placer un jalon à chaque extrémité.

Les Parallèles.

En faisant glisser une équerre contre une règle fixe, on peut tracer une série de lignes droites disposées comme les sillons des champs; on les nomme *parallèles*. Intuitivement, on les regarde comme équidistantes en tous points, et on peut le vérifier; ici se montre la nécessité d'une précision dans l'exécution.

L'emploi des parallèles est fondamental dans les

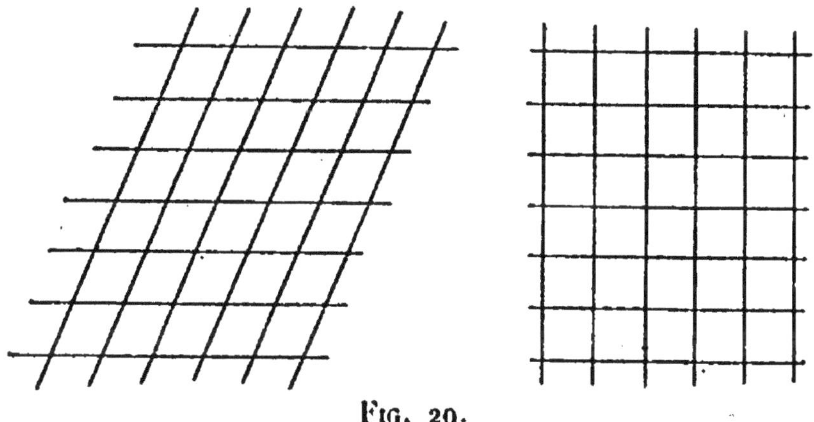

Fig. 29.

opérations de dessin géométrique. Leur tracé est, en effet, le plus sûr, le plus rapide, le plus exact; aussi une construction est-elle d'autant plus recommandable qu'elle fait des parallèles un usage plus exclusif. Dès le début, nous pouvons, avec elles, proposer à nos élèves des exercices graphiques attrayants par leur variété.

Une série de parallèles équidistantes coupées par d'autres parallèles équidistantes constitue un *réseau* (*fig.* 29) de parallèles. Ils jouent un rôle

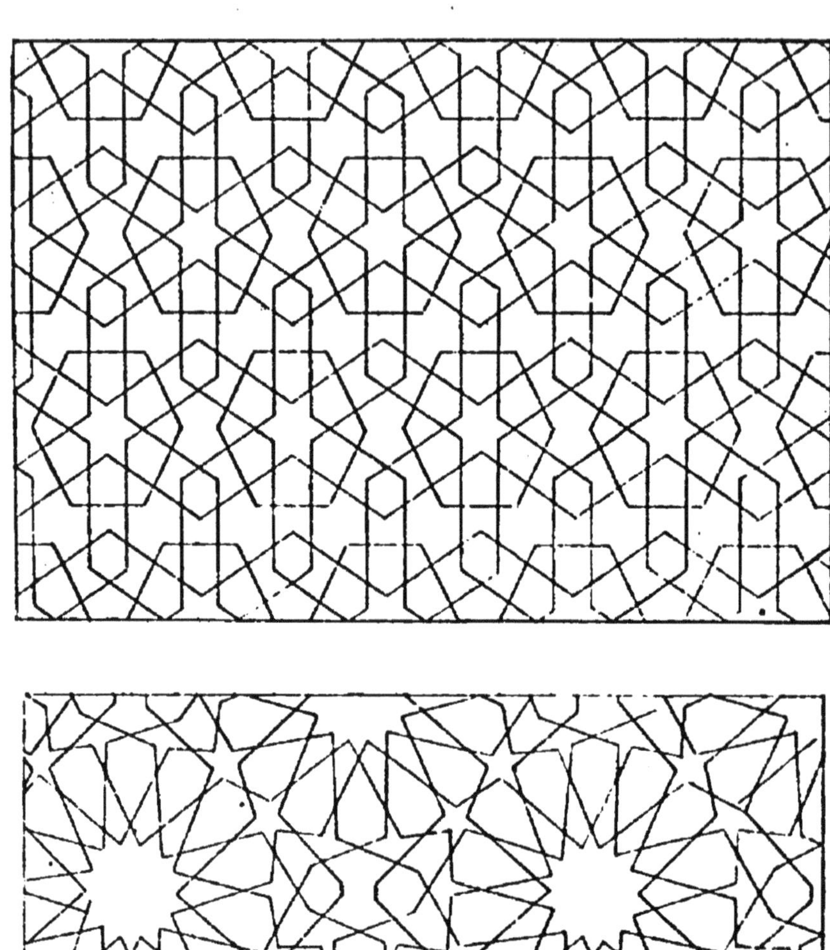

Fig. 30.

important en optique et en photographie. Ils vont nous permettre de tracer de petites figures décoratives, en particulier celles que l'on nomme des *méandres*, c'est-à-dire que l'on peut suivre sans lever la pointe d'un crayon, comme le cours d'un ruisseau sinueux (Le Méandre). Lorsque les deux réseaux sont perpendiculaires (l'élève les trace fort bien à l'équerre sans avoir parlé de perpendiculaire), on obtient ainsi les *grecques*, à combinaisons très variées; s'ils sont obliques, on obtient les *arabesques*. Celles-ci jouent un rôle considérable en pays musulman, à cause de la défense de reproduire la figure vivante. Les murs, les portes sont décorés d'arabesques compliquées.

La figure 30 montre deux exemples, deux schémas d'arabesques, d'après Bourgouin.

Pendant les longues siestes, on s'endort en laissant le regard errer sur ces enchevêtrements confus qui n'aboutissent nulle part, dans lesquels on peut s'égarer indéfiniment ou chercher des combinaisons toujours nouvelles. Ces mêmes arabesques, rehaussées de couleurs gaies, sont également utilisées pour la broderie des étoffes.

Voici deux dessins qui représentent, l'un une grecque (*fig. 31*), dont on peut augmenter le relief en indiquant une ombre portée; l'autre (*fig. 32*) un pavement de mosquée du quinzième siècle relevé

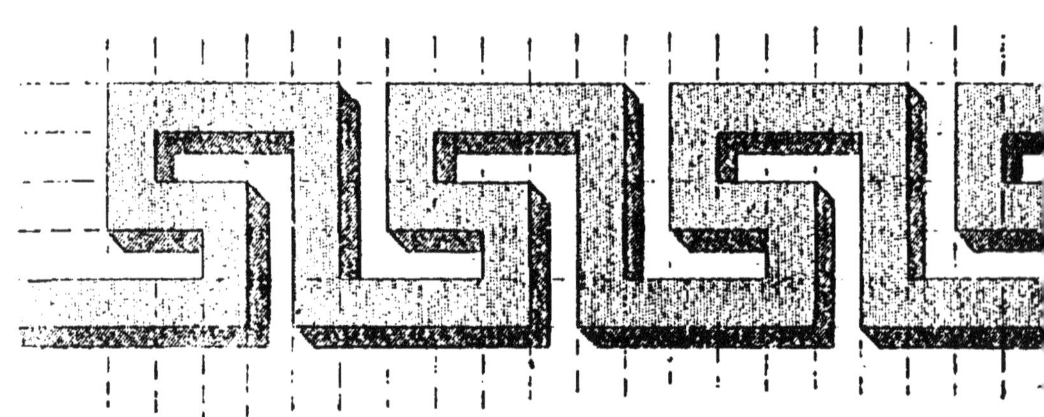

FIG. 31.

FIG. 32.

en Égypte par Prisse d'Avesnes. Les pointillés indiquent assez clairement le réseau qui sert de trame; certaines parties des parallèles sont utilisées, les autres sont *réservées* d'après une loi que l'on peut varier indéfiniment. Les élèves qui exécuteront ces deux dessins ne les termineront à leur entière satisfaction que si, dès le début, ils observent rigoureusement l'équidistance des parallèles. Dans la suite, en changeant le nombre des parallèles, ils pourront inventer d'autres combinaisons. Les jeunes filles s'en serviront pour des broderies : une grecque qui suit le bord d'une étoffe souple se développe très heureusement avec les plis de celle-ci.

Chemin faisant, ces petits dessins permettent de donner aux élèves, en causant familièrement, des indications sommaires relatives à l'histoire de l'art. Ici, notre *Musée d'histoire de l'art* rendrait les plus grands services.

Les parallèles jouent un rôle exclusif dans les translations; cela explique leurs applications pratiques en même temps que leur tracé. On les retrouve dans les coulisses, les glissières, les tiroirs, les machines à raboter, etc. Les élèves les tracent indifféremment au moyen de l'équerre ou du *té brisé;* de même que les menuisiers les font au moyen de leur *fausse équerre* ou *sauterelle* (*fig. 33*).

Ces derniers se servent aussi du *trusquin;* celui-ci

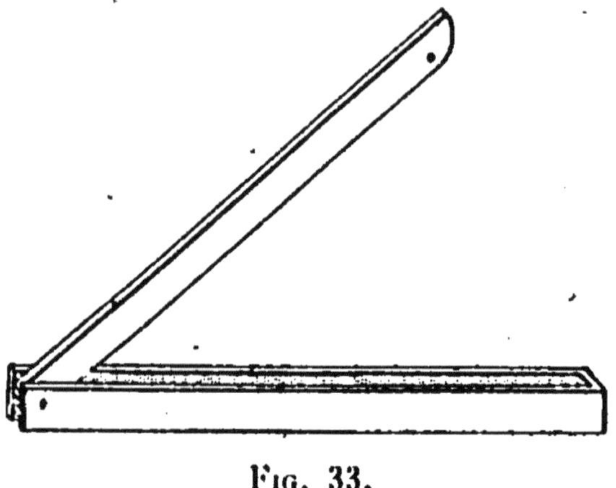

Fig. 33.

sert surtout quand on a besoin de porter, parallè-

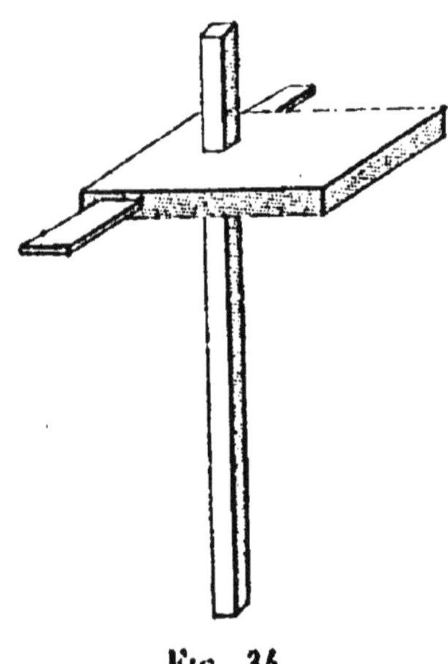

Fig. 34.

lement à un montant, des épaisseurs égales : mortaises et tenons, pose des charnières et des paumelles, etc. Il se compose (*fig. 34*) d'un plan (face d'une planchette en bois) traversé par une tige carrée qui porte une pointe aiguë en saillie; on règle la distance de la pointe à la planchette, puis on immobilise le tout au moyen de la clef de serrage. Dès lors, en faisant glisser le plan contre un montant, on trace avec la pointe les épaisseurs égales dont on a besoin. Les mécaniciens se servent d'un trusquin différent : le principe est le même, mais le plan mobile se déplace sur la surface du *marbre* qui porte l'objet à tracer et qui reste fixe.

Les Angles.

Le rectangle nous offre encore d'autres éléments, les *angles*. Deux lignes droites qui se rencontrent forment quatre angles. Afin de pouvoir préciser, on est convenu de dire que le point de rencontre divise chaque ligne droite en deux *demi-droites* indiquant les deux sens opposés selon lesquels on peut se déplacer sur la ligne droite à partir de ce point. Et ainsi se trouve précisée la notion d'angle. La grandeur de celui-ci étant indépendante de celle des côtés, indéfinis dans un sens, on a recours, pour la mesurer, à une circonférence quelconque dont le centre est au sommet de l'angle et que l'on a divisée en parties égales, telles que le *degré* et le *grade*. Dans la pratique, la question est parfaitement résolue par l'emploi des limbes gradués et des rapporteurs.

Pour un maçon, la *perpendiculaire* est une ligne droite qui ne penche ni à droite ni à gauche; c'est aussi la définition adoptée en géométrie en disant qu'elle forme avec une deuxième ligne droite des angles égaux, qui prennent le nom d'angles *droits*. Toutefois, c'est en se basant sur le rôle de la perpendiculaire dans la symétrie que l'on peut, à l'aide du compas, en donner le tracé le plus exact. Dans la pratique courante, les angles droits sont simplement faits au moyen d'équerres, et comme un menuisier fait tous les angles droits dont il a besoin avec une même équerre, il faut bien en conclure que tous les angles droits sont les mêmes. Ceci nous explique le rôle particulier de l'angle droit; c'est à lui que l'on compare les autres, divisés en angles aigus et obtus.

La section d'une lame de couteau est un angle qui va, selon les besoins, depuis l'angle très aigu d'un rasoir ou d'un couteau à tailler les bouchons de liège jusqu'aux angles des ciseaux pour le bois et les métaux, et enfin jusqu'à l'angle droit des cisailles pour couper le fer. Ceci explique l'emploi des mots aigu et obtus dans le langage figuré.

pour désigner un esprit plus ou moins pénétrant.

Nous jugeons des dimensions d'un objet, à la simple vue, par l'angle sous lequel nous le voyons. Cet angle visuel est donné par deux demi-droites allant de l'œil aux bords de l'objet, et naturellement nous sommes enclins à attribuer la même

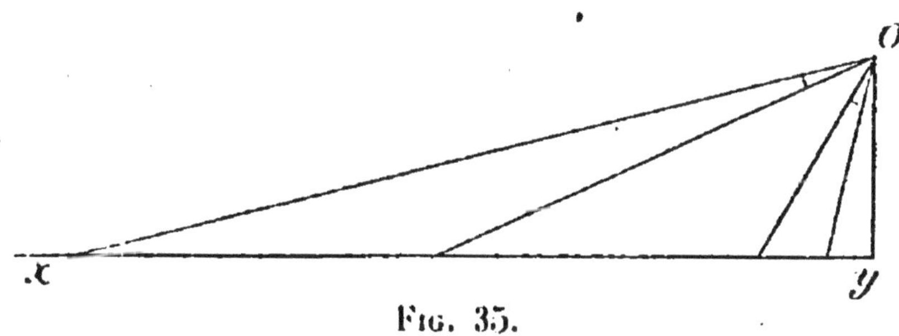

Fig. 35.

grandeur aux dimensions que nous voyons sous le même angle. Il est aisé de comprendre, dès lors, une illusion très fréquente. Une personne dont l'œil est placé en O (*fig. 35*) au-dessus d'une nappe d'eau xy voit sous le même angle une longueur de quelques mètres à ses pieds et une longueur de plusieurs centaines de mètres rejetée un peu plus loin; aussi commet-on des erreurs d'appréciation énormes quand on évalue à la simple vue les distances en mer ou sur une rivière, dès que celle-ci est un peu large.

La Circonférence.

La circonférence est presque aussi usuelle et aussi connue que la ligne droite et sa définition n'est, au fond, que la description de son tracé. Si bien que, quoi qu'en dise J.-J. Rousseau, il ne viendra à l'esprit de personne de vérifier que les rayons sont égaux; c'est un fait d'expérience.

La nature offre des exemples nombreux de circonférences : la section des tiges des plantes, des fruits, les ondes d'un liquide, etc.

Elle est très facile à tracer, soit avec un fil fixé en un point, soit avec un compas. Dès le début, les enfants se familiarisent avec son emploi, et aiment à s'en servir. Ils peuvent ainsi beaucoup varier leurs dessins, en combinant la ligne droite avec la circonférence. Voici, par exemple, un dessin de vitrail très ancien (*fig. 36*), que l'on peut supposer en couleur. Comme plus haut, les traits pointillés expliquent suffisamment le tracé; pour l'exécution, il faut surtout que les carrés de la trame soient dessinés avec le plus plus grand soin.

Voici encore un dessin décoratif retrouvé sur les murs de l'hippodrome (*fig. 37*) de Pompéi, avec ses couleurs très vives. La trame se compose encore de carrés, divisés ensuite en rectangles.

Le nombre des combinaisons possibles est illimité.

Garçons et filles seront facilement et utilement entraînés à chercher de nouveaux sujets; ce travail, gaiement exécuté, les amènera vite à la précision et à la rapidité désirables dans le dessin géométri-

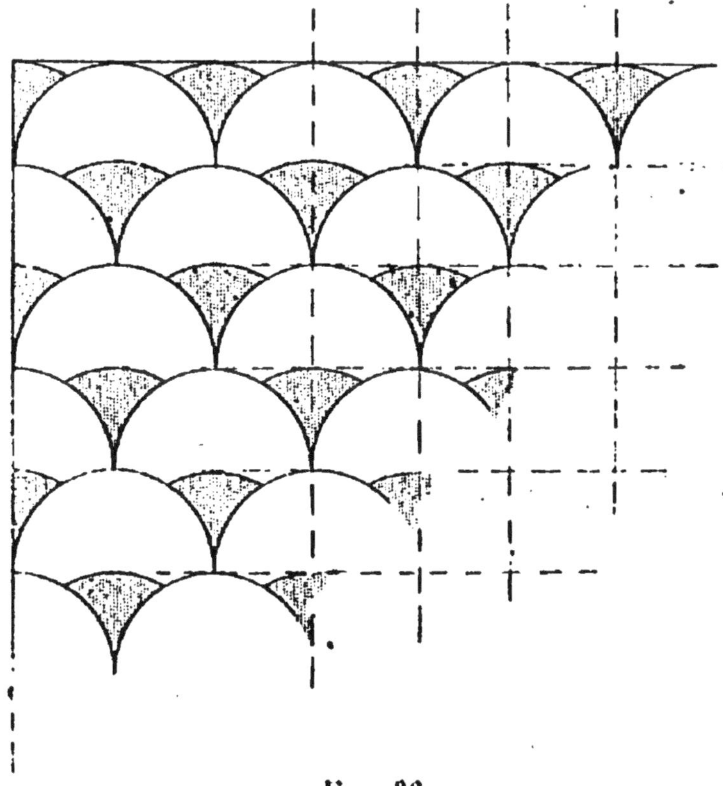

FIG. 36.

que. Il est à peine besoin d'indiquer que les filles pourront ainsi inventer des motifs décoratifs pour cols brodés, abat-jour, etc. Nous donnons un exemple de col brodé (*fig. 38*).

En se plaçant à un autre point de vue, l'occasion se présente ici d'expliquer aux élèves la signification de termes qu'ils rencontrent au cours de leurs

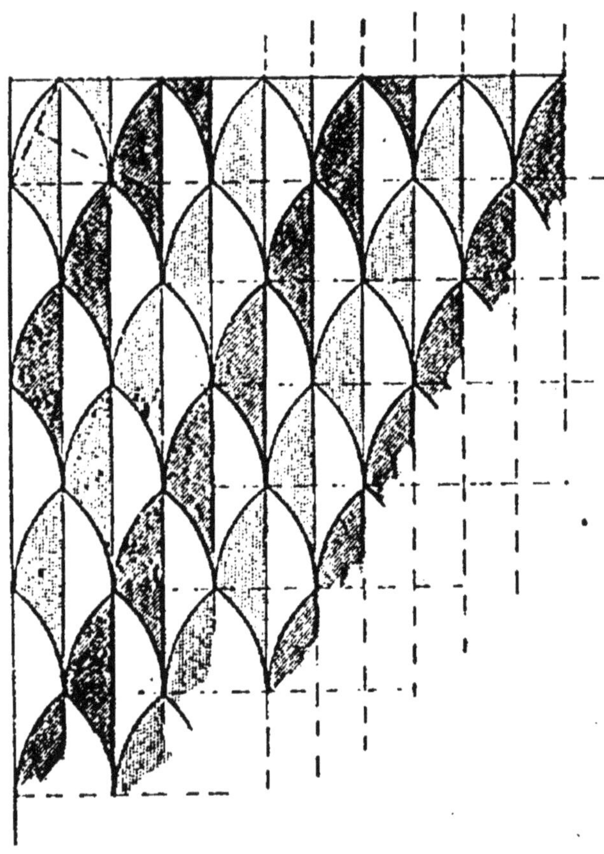

FIG. 37.

études d'histoire. En architecture, on voit se produire, dans la suite des temps, une sorte de gradation dans les dispositifs employés pour réunir, à la partie supérieure, les *pieds-droits* (montants verticaux) d'une ouverture, fenêtre ou porte : c'est d'abord (*fig. 39*) la simple ligne droite, ou *plate-bande*. Les monuments antiques en donnent de

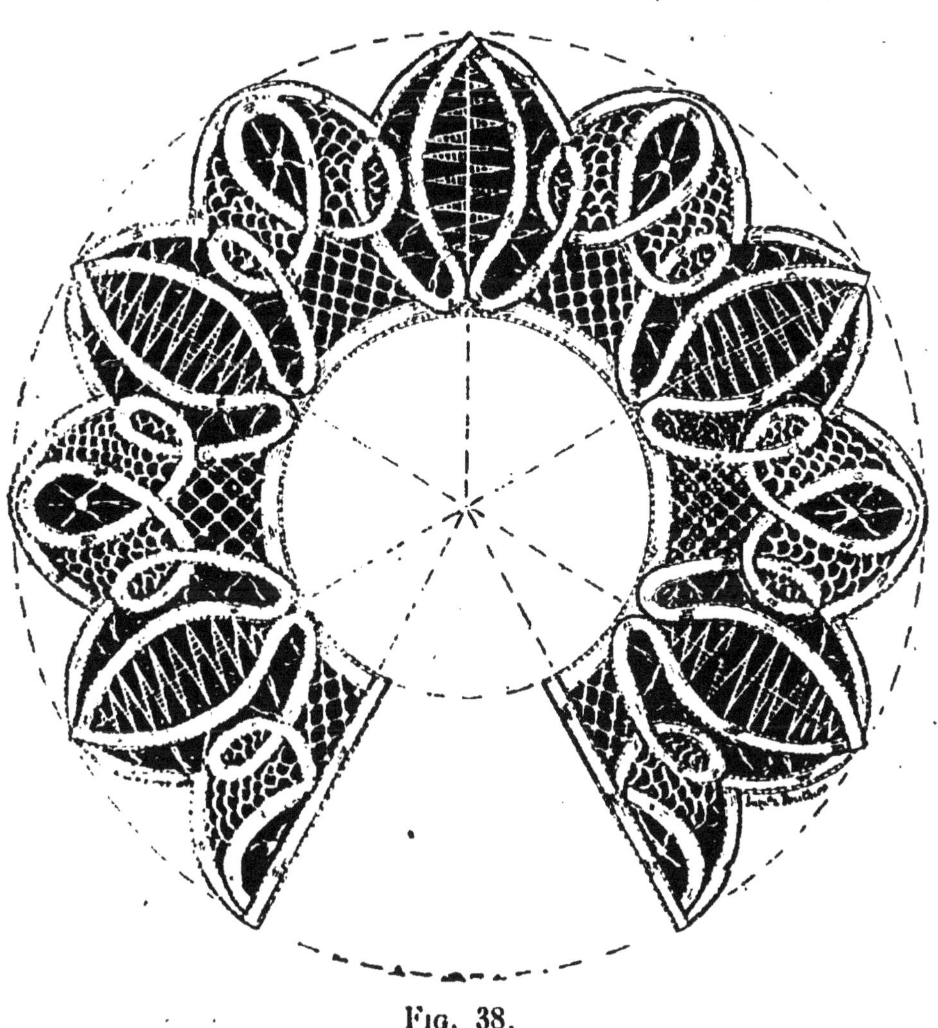

Fig. 38.

nombreux exemples; de même, nos édifices publics et privés. Puis c'est l'*arc surbaissé*, dont le centre est plus bas que la naissance des piédroits (*fig. 40*).

Un effort de plus; et on arrive à placer le centre dans le plan de naissance même, c'est-à-dire le plan où commence la voûte, ce qui donne (*fig.* 41) le plein *cintre*, utilisé surtout dans les basiliques latines, les églises byzantines, et les édifices de

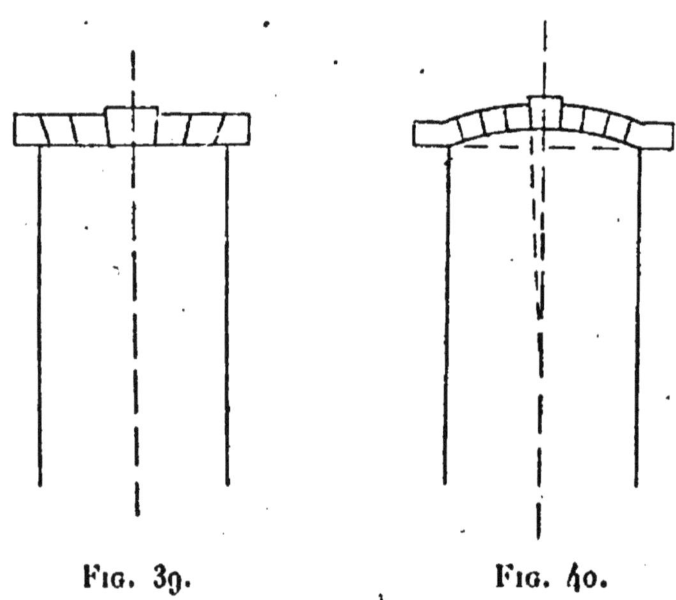

Fig. 39. Fig. 40.

style roman. Il y en a partout des exemples. Il était tout indiqué que l'on ne s'en tiendrait pas là, et, en effet, on passa aisément du plein cintre à l'arc *outrepassé*, en élevant encore le centre (*fig.* 42) ce qui a donné les jolies colonnades mauresques.

Une fois ces combinaisons épuisées, les architectes eurent recours à l'emploi de deux arcs, dont les centres sont pris dans le plan des naissances; ils eurent (*fig. 43*) ainsi l'*arc brisé*, improprement appelé *ogive* depuis 1820 environ. L'emploi de

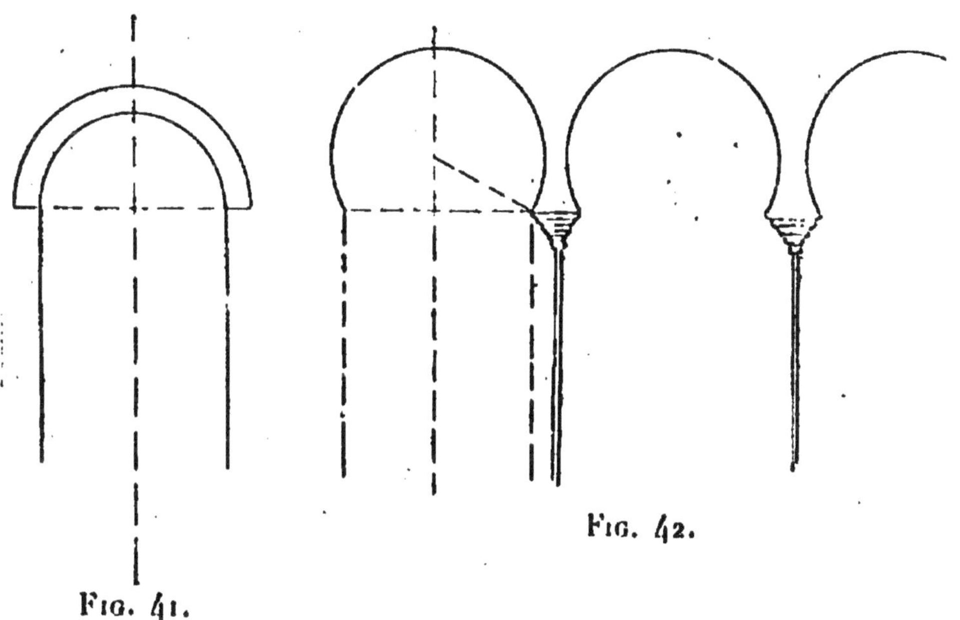

FIG. 41.

FIG. 42.

l'arc brisé est inséparable de l'architecture *ogivale*, appelée aussi, vers la même époque, architecture *gothique*, parce qu'on la regardait comme un art barbare. En écartant de plus en plus les deux centres, les architectes en vinrent au gothique *flamboyant*, dont les voûtes exagérées en hauteur nécessitèrent l'emploi de forts arcs-boutants extérieurs. D'ailleurs, il y eut aussi des arcs brisés (*fig. 44*) outrepassés.

L'exagération amena une réaction; on peut dire

que l'on redescendit vers la terre. Les architectes de la Renaissance eurent recours à l'emploi de 3, de 5 arcs raccordés, de rayons différents, donnant

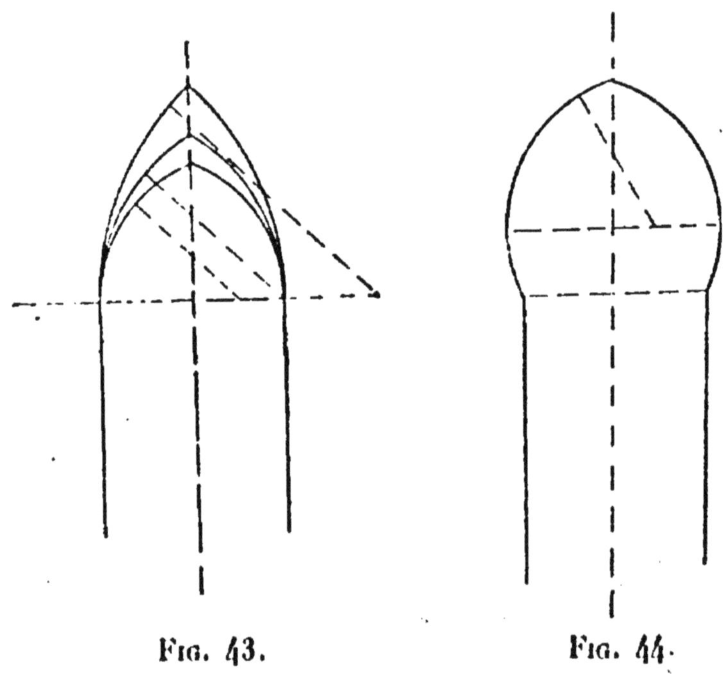

FIG. 43. FIG. 44.

des formes réunies sous le nom typique d'*anse de panier* (*fig. 45*).

Les exemples de tout ceci abondent en France, si bien que les parents pourront compléter les leçons du professeur. Il suffira de citer les maisons Renaissance que l'on trouve dans beaucoup de villes en France, le château de Blois, le palais ducal à Nancy, l'archevêché de Sens, le château du Rocher (Mayenne), le palais Granvelle à Besançon, et tant d'autres, sans parler des ponts, tunnels et ouvrages d'art.

Dans les temps modernes, et de nos jours, d'autres figures géométriques ont été mises à contribu-

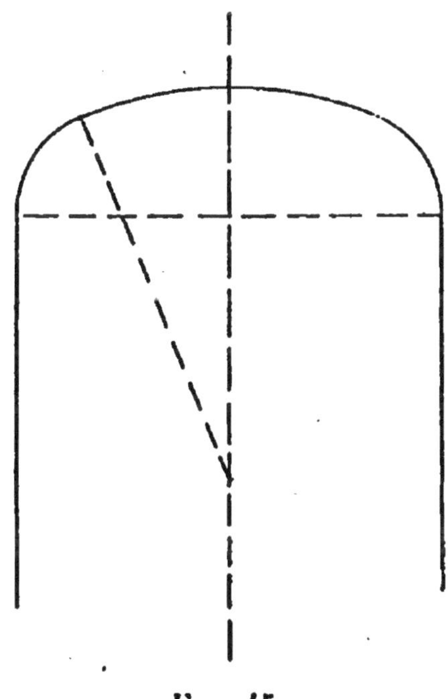

Fig. 45.

tion : l'*hélice* dans d'admirables rampes et limons d'escalier, comme au château de Blois, à une église de Valognes, à Palerme, etc.; la *chaînette*, dans la voûte intérieure de la coupole du Panthéon; l'*ellipse*, dans de nombreux tunnels, les gares du Métropolitain de Paris et les voûtes du Conservatoire des Arts et Métiers; la *parabole*, dans les tunnels, les poutres de ponts tournants, certains casernements de places fortes, et enfin quelques courbes de forme *hyperbolique*, dans les applications de l'*Art moderne.*

Dans la vie civile, dans l'industrie, on fait un tel emploi de la circonférence qu'il suffit de le signaler pour mémoire.

Le Triangle.

Tous les enfants savent de bonne heure ce que c'est qu'un triangle, et il est facile d'exciter leur ingéniosité par la construction de triangles dans des cas très variés, au moyen de la règle et du compas. Ces constructions graphiques que, plus d'une fois, ils auraient de la peine à justifier d'une manière parfaite, sont excellentes à divers points de vue, ne fût-ce que pour les habituer à l'activité et à la variété des moyens employés selon les circonstances.

Cela peut aussi les amener à découvrir d'eux-mêmes les cas classiques d'égalité des triangles, ce qui leur procurera une certaine satisfaction et les entraînera à se rendre compte du besoin de démonstration. Dites à un enfant de construire un triangle ABC tel que le côté AB ait une longueur de 8 centimètres, AC une de 10, et que l'angle A mesure 50° par exemple. Rien de plus simple. Après cela, dites-lui de construire un nouveau triangle DEF, en lui donnant DE = 8 centimètres, DF = 10 cm., et D = 50°; soyez sûr qu'il vous dira aussitôt que ce triangle est le même que l'autre. Et si vous feignez d'en douter, il arrivera, peu à peu, à vous le démontrer. De même pour les autres.

C'est le moment de lui apprendre que l'on exprime ce fait en disant qu'ils sont *égaux*. Voici peut-être la notion la plus importante de la géométrie, et il est utile de la préciser. Le mieux est de revenir à la pratique, à l'expérience : qu'un maçon ait besoin d'assortir des briques, il prendra l'une de celles dont il a besoin, et, pour en choisir d'égales, il les superposera. D'ailleurs, dans la fabrication, toutes ont été faites avec le même moule, afin d'avoir plus de chances qu'elles puissent se confondre les unes avec les autres. Le moule et l'objet moulé nous donnent bien la représentation concrète de surfaces égales; de même la portion de vis engagée dans son écrou. Et ainsi deux figures égales sont deux figures qui, superposées, *coïncident* ou pourraient *coïncider* en tous leurs points. Cette notion fondamentale a donc sa base sur l'expérience. Mais elle dépasse l'expérience, car on peut, par le raisonnement, montrer que deux figures sont égales alors que, pratiquement, il serait impossible de les faire coïncider.

*
* *

Ces constructions, sans cesse répétées, ont la double utilité de montrer à l'enfant l'avantage d'une démonstration qui donne toute satisfaction à l'esprit et de l'habituer à perfectionner sans cesse son habileté manuelle. Qu'il se propose de construire avec soin un triangle et ses médianes, ou ses bissectrices, ou ses hauteurs, et il lui semblera bien qu'elles doivent passer au même point; et s'il apprend que, effectivement, elles y passent, il sera désireux d'en acquérir la certitude que, seul, le raisonnement peut lui donner. Après quoi, il s'efforcera de réaliser cette rencontre parfaite, à laquelle il n'arrivera que peu à peu. Il en conclura tout naturellement que l'expérience n'eût pu le renseigner suffisamment, puisqu'il n'obtient en général qu'un à peu près.

Voilà pourquoi la *tachymétrie*, basée seulement sur de telles vérifications, ne satisfait pas et n'a pas de valeur éducative. On sait que ce mot, qui, étymologiquement, signifie *mesure rapide*, désigne un ensemble de procédés, plus ou moins grossiers, pour vérifier expérimentalement des propositions de géométrie, mais qui ne peuvent en rien prétendre à être regardés comme des démonstrations. Il y a là une véritable erreur pédagogique, parce que vérifier n'est pas démontrer, que la rapidité n'est pas ici nécessairement une qualité, et qu'il n'est pas bon de vouloir supprimer la peine inhérente à tout effort. Il faut aider l'enfant, et non lui éviter la difficulté. D'ailleurs, qu'est la froide constatation comparée au vif plaisir de l'invention? Essayez de vérifier expérimentalement, en pliant un triangle en papier, que la somme des angles d'un triangle est invariablement deux angles droits, et vous verrez que cela ne convainc que ceux qui acceptent tout sans réflexion. Et l'élève qui aura, convenablement guidé, trouvé la démonstration, n'éprouvera aucun besoin de vérifier, comme nous le montre l'expérience de l'enseignement.

Dès ce moment, il est tout prêt à accepter, à désirer même des explications théoriques. Il n'y a qu'à en profiter, sans en abuser; une excellente occasion d'essayer se présente avec le triangle *isocèle*, facile à construire, de diverses façons. Il sera bon de faire ressortir son importance énorme en géométrie, puis, plus tard, en mécanique; les exemples abondent : fermes du toit d'une maison, fermes en général, haubans des navires, tréteaux, etc. Toute cette importance vient de la symétrie de sa forme, et aussi toutes ses propriétés. C'est au moyen du triangle isocèle que l'on résout le fameux problème du jeu de billard, qui se retrouve dans la réflexion de la lumière contre une glace plane, et que l'on peut encore énoncer de la manière suivante :

Une personne veut aller, de la porte A de sa

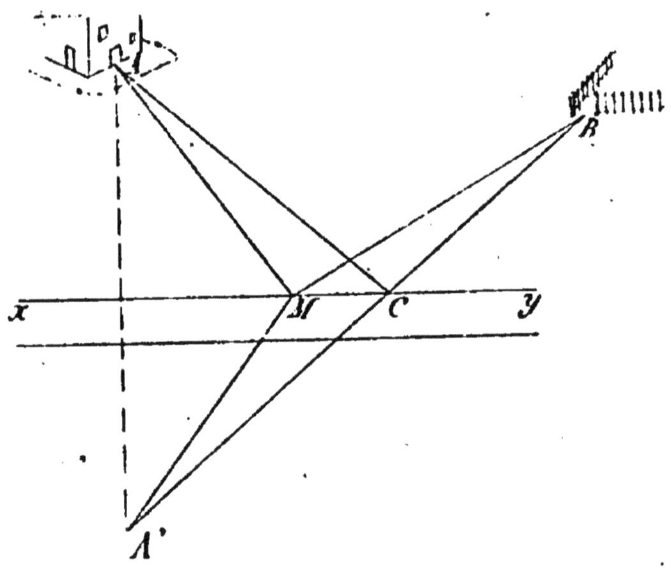

Fig. 46.

maison, puiser de l'eau au ruisseau xy, pour arroser son potager dont la porte est B; où doit-elle puiser de l'eau pour faire le moins de chemin possible (fig. 46)?

Il suffit de remarquer que, si l'on part du point A', symétrique de A par rapport à xy, et que l'on touche le ruisseau en M, pour arriver en B, on aura fait le même chemin que si l'on était parti du point A lui-même. Et alors la question est très simple, puisque le plus court chemin de A′ à B est la ligne droite A′CB. Le chemin à suivre réellement sera donc ACB.

On remarquera que si une bille de billard A devait frapper la bande xy avant de rencontrer la bille B, elle devrait aussi la frapper au point C, ou que le rayon de lumière émané de A devrait, pour se réfléchir dans l'œil B, frapper le miroir au point C.

Du triangle isocèle dérivent immédiatement les *obliques* et, par suite, les triangles *rectangles*. Et toujours les exemples réels abondent, et l'exécution graphique fait désirer la certitude.

*
* *

Avant d'aller plus loin, une remarque s'impose : c'est que, dans l'éducation, il vaut mieux éviter les partis pris. Sous prétexte de vouloir appliquer d'une manière absolue la méthode naturelle, il serait dangereux de vouloir tout expliquer par la voie de l'expérience, comme il serait dangereux de vouloir, dès le début, tout démontrer. Il est préférable de s'inspirer des circonstances, de l'état de l'élève ou de la classe, et de leur présenter uniquement les difficultés qu'ils sont capables de résoudre. Dès que, dans une étude expérimentale, un élève aperçoit une idée générale, il passe, en fait, de la pratique à la théorie.

Plus tard, dans le deuxième cycle, où se fera l'exposé de la méthode logique, n'y aura-t-il pas à craindre les redites? Tout d'abord, nous savons tous qu'il n'est pas inutile de revoir plusieurs fois la même chose. Mais on voudra bien remarquer que l'ordre suivi ne sera plus le même, que l'on ne s'attardera plus aux développements pratiques; que, enfin, on montrera plus de rigueur dans les démonstrations qui deviendront la règle absolue. Plus les élèves auront, dans leurs débuts, fait appel à l'expérience et aux constructions, plus ils seront prêts à suivre un exposé rigoureux, en même temps qu'ils échapperont à la monotonie du *déjà vu*.

Le Parallélogramme.

Si un élève essaye de construire, avec des réglettes, un *parallélogramme* (*fig.* 47) articulé, il trouvera plus simple de fabriquer deux réglettes égales, puis deux autres. Et, en effet, on peut indifféremment définir cette figure comme ayant les côtés égaux deux à deux, ou parallèles deux à deux. Cette observation faite, notre élève arrivera facilement à démontrer que les côtés sont parallèles si on les suppose d'abord égaux, ou égaux si on les suppose parallèles. Par extension, si une droite de longueur invariable glisse en s'appuyant contre deux parallèles, elle reste parallèle à une direction fixe; ou bien, si elle glisse en restant parallèle à la même direction, elle garde toujours la même longueur.

La propriété des *diagonales* d'un parallélo-

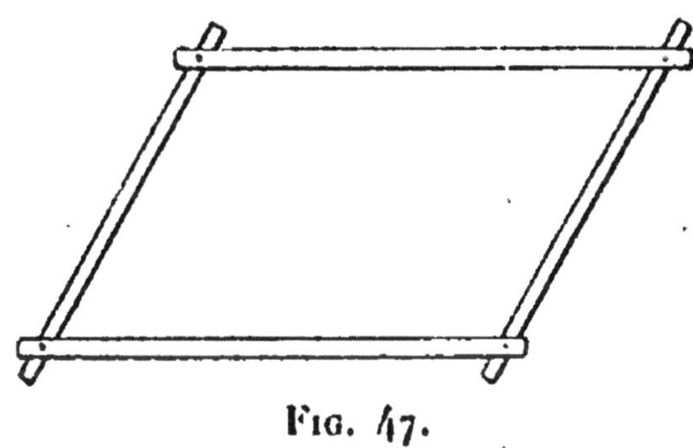

Fig. 47.

gramme de se couper mutuellement en parties égales a reçu plus d'une application : pour maintenir deux pièces parallèles ou les réunir par deux tiges de fer articulées au point où elles se croisent, et jouant le rôle des diagonales (*fig.* 48), leurs extrémités courent dans des rainures ou coulisses pratiquées dans les pièces qui doivent rester parallèles. On reconnaît là le dispositif adopté pour les grilles extérieures de fermeture des boutiques, que l'on peut replier le jour sur les côtés, de même pour les portes d'entrée du Métropolitain de Paris.

C'est grâce à cette propriété des diagonales que

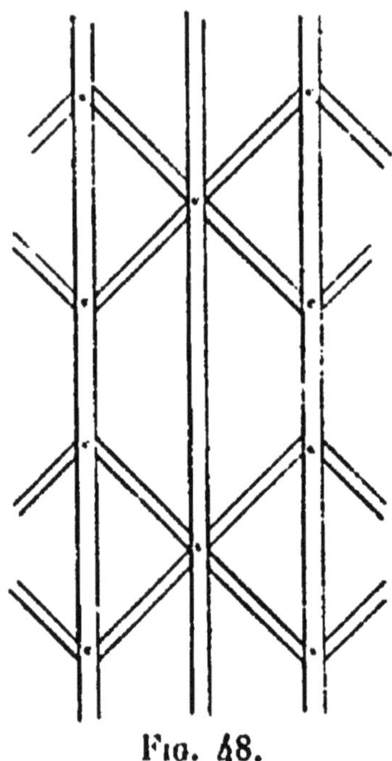

Fig. 48.

l'on pourra faire voir que le parallélogramme a un centre, comme la circonférence, bien qu'aucune circonférence ne passe par ses quatre sommets. C'est ainsi que l'on est amené à donner à la signification du mot *centre* plus d'étendue. Le centre permet de construire graphiquement, et sans peine, tous les parallélogrammes inscrits dans un autre. Cette propriété, vérifiée au compas, sera ensuite démontrée sans autre difficulté.

Des deux espèces particulières de parallélogrammes, le rectangle et le losange, la première a été vue dès le début. Le losange a été aussi appelé *rhombe,* du mot latin qui signifie à la fois losange et turbot, à cause de la forme de ce poisson. En passant, il sera bon de dessiner une *rose des vents,* dont les pétales sont figurés par les positions successives de l'aiguille aimantée, laquelle est ordinairement en forme de losange.

En raison de la symétrie du losange, dont les diagonales se coupent à angle droit, il est souvent employé, comme le carré qui est une variété de losange, dans la décoration, en particulier dans les vitraux.

Le mot *rhombe* est resté dans *rhomboèdre;* beaucoup de cristaux naturels ont cette forme. Sur bien des routes de France, dans le Cotentin par exemple, on peut dire que l'on marche sur des rhomboèdres ou des lamelles en losange provenant de leurs débris.

Le spath d'Islande en est un bel exemple; il joue un rôle important en physique. Chacun a pu, en le posant à plat sur une feuille de papier imprimé, constater qu'il donne une double image de chaque lettre. C'est en partant de là que l'on a fait la découverte de la *lumière polarisée,* et les rhomboèdres de spath peuvent servir à fabriquer les appareils polariseurs et polarimètres; certains, et c'est assez inattendu, servent, dans la pratique, à mesurer le degré de concentration des liquides sucrés, sous le nom de *saccharimètres*, *diabétomètres*, etc. Arago avait même imaginé un *scopéloscope* destiné à *voir* les rochers sous-marins et basé sur le même principe.

Il est donc très vrai de dire que la géométrie est partout.

*
* *

A la question des parallèles se rattachent celles de l'*angle extérieur d'un triangle* et de la somme des angles des polygones convexes.

Il est possible d'en déduire un dispositif, exécutable soit au moyen de réglettes, soit au moyen de bandes de papier fort, et permettant de construire mécaniquement la bissectrice d'un angle donné. On peut aussi construire, pour la menuiserie, une *sauterelle* remplissant le même but.

Considérons un triangle isocèle DAC (*fig. 49*), dont l'angle extérieur est CAB; celui-ci est égal à la somme des angles C et D du triangle, et, puisque ce triangle est isocèle, au double de l'angle D. Si donc on déplace la figure parallèlement à AB de façon que D vienne à la place de A, le côté DC prendra la place de la bissectrice de l'angle CAB.

Pour réaliser ce dispositif, nous aurons trois réglettes articulées en A, D et C, telles que AC et AD soient égales et que le point C soit le centre d'un goujon guidé par une rainure juste, les bords de la réglette et de la rainure étant parallèles. Nous faisons coïncider les bords AB et AC avec

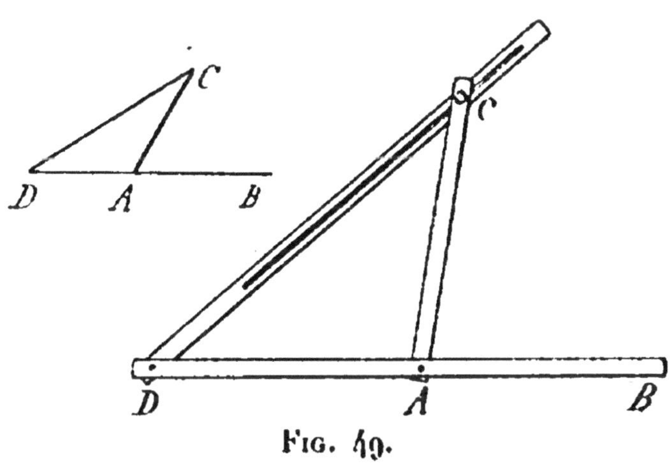

Fig. 49.

les côtés d'un angle; puis, en glissant contre une règle fixe, nous amenons D à la place de A. Le bord de la réglette, parallèle à la rainure, est parallèle à la bissectrice cherchée; si D vient en A, ce bord prend la position de la bissectrice.

Un problème qui a préoccupé les Grecs presque à l'égal de la quadrature du cercle est celui de la trisection de l'angle, c'est-à-dire de la division de l'angle en trois parties égales.

Ils avaient même imaginé plusieurs courbes dans

le but de le résoudre. Entre autres solutions, la suivante est contemporaine d'Archimède, si même elle ne doit lui être attribuée :

Soit d'abord (*fig. 50*) une circonférence, et une corde CD, prolongée d'une longueur DF égale

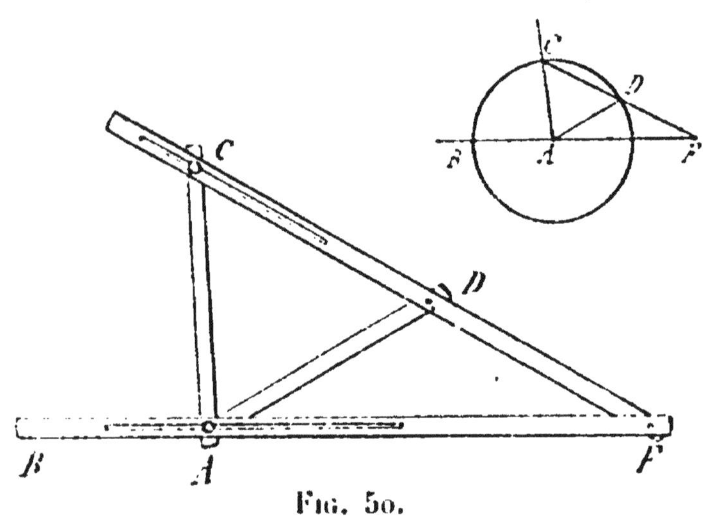

FIG. 50.

au rayon AD. Il est facile de voir que l'angle F est le tiers de l'angle BAC. Celui-ci, en effet, est l'angle extérieur du triangle CAF, et par suite, il est égal à la somme des angles C et F. D'autre part, l'angle C est égal à l'angle CAD qui, comme dans le problème précédent, est double de F. Si bien que BAC est triple de F; ou enfin F est le tiers de BAC.

Cette fois, il nous faudra quatre réglettes, dont deux à coulisses, AF et CD. D'autre part, les longueurs AC, AD, DF sont égales; à cet effet, le goujon D est fixe, au lieu que C et F sont libres de se mouvoir dans les coulisses, bien parallèles et justes.

Les bords des réglettes AC et AB sont amenés à coïncider avec les côtés de l'angle; puis, on fait glisser l'appareil contre une règle et on amène le point F à coïncider avec le sommet A; alors le bord de la règle FD est parallèle à la ligne droite qui divise l'angle en deux parties dont l'une est égale au tiers de l'angle donné.

Ces constructions développent l'habileté manuelle et le goût des mécanismes; elles ont une autre portée : dans les deux exemples cités, les point C et D *décrivent des circonférences*, invisibles mais présentes, ce qui donne une signification concrète à cette expression et aussi à celle de *lieu géométrique*, qui n'a pas encore été citée, et sur laquelle il y aura lieu de revenir.

Les Tangentes.

Traçons une circonférence de 5 centimètres de rayon, par exemple; puis, portons une corde AB (*fig. 51*) de 8 centimètres de longueur; si nous mesurons la distance du centre à AB, ce qui, grâce à une propriété du triangle isocèle, revient à joindre le centre au milieu de AB, nous trouverons que cette distance est de 3 centimètres. Or, nous pouvons reporter cette même corde de 8 centimètres en une multitude de positions, et tou-

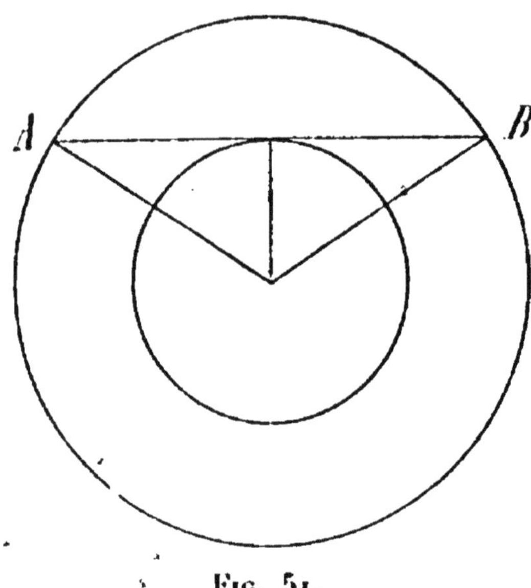

FIG. 51.

jours nous trouvons une distance de 3 centimètres du centre à la corde. Tous les milieux seront situés sur une circonférence de 3 centimètres de rayon qu'aucune corde n'entamera. Chacune d'elles sera seulement pressée contre elle. On dit qu'elle est *tangente* à la petite circonférence; du temps de Descartes, et ce n'est pas très loin, on disait *touchante*, ce qui revient au même. Aujourd'hui, *tangente* a prévalu. On dit aussi que les cordes tracées ainsi *enveloppent* la petite circonférence, et le mot, on en conviendra, est expressif

Cette question des tangentes est des plus importantes en mathématiques; elle a servi de point de

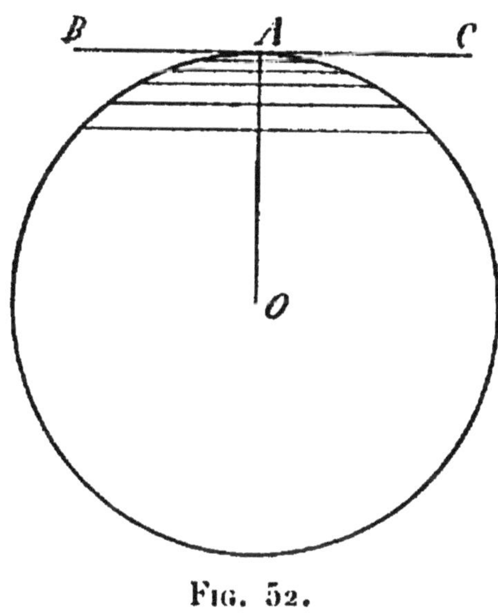

FIG. 52.

départ à l'invention du calcul infinitésimal, sans lequel il n'y a plus ni mécanique ni physique.

Dans la question précédente, après que l'élève aura fini ses tracés, constaté l'égalité de ses distances, qu'il en aura démontré la raison, il aura besoin de se rendre compte de ce qu'est la tangente. Au lieu de reporter des cordes égales, il tracera cette fois des cordes parallèles avec l'équerre. Il les verra se rétrécir peu à peu (*fig. 52*), en restant toujours perpendiculaires au rayon qui passe par leurs milieux, puis se réduire au seul point A; s'il trace, non plus les cordes, mais les lignes indéfinies dont elles sont des parties, au moment où la corde se réduit au seul point A, la droite indéfinie BC effleurera la circonférence, et, si l'on avance imperceptiblement l'équerre, elle ne rencontrera plus du tout la courbe. Cette droite BC est dite tangente au point A à la circonférence. — Elle se reconnaît à ce que, en A, elle est perpendiculaire au rayon, et c'est ce qui permet de la tracer. Elle n'a qu'un point commun avec la courbe, mais ce point, en somme, vient de la fusion de deux points de celle-ci. C'est donc une situation à part et bien caractéristique.

Une roue de voiture est tangente à la ligne qu'elle parcourt sur le sol, et c'est parce que son contact avec lui est très réduit qu'elle diminue beaucoup le frottement. Le jour où, au traînage des fardeaux, l'homme substitua le roulage, marqua dans l'histoire du progrès. C'est ce qui a fait dire à des observateurs de l'évolution humaine, comme le vicomte d'Avenel, que les découvertes d'autrefois, bien qu'étant moins merveilleuses en soi que les découvertes de la science d'aujourd'hui, réalisaient généralement un progrès plus sensible, une révolution plus fondamentale.

∴

Pour que deux circonférences ou deux lignes courbes se *raccordent* en un point, c'est-à-dire, paraissent se continuer l'une l'autre sans que l'on

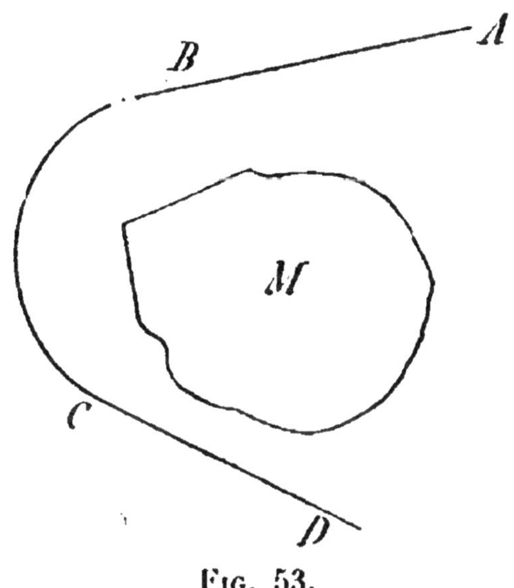

FIG. 53.

aperçoive le changement, il faut qu'elles aient la même tangente en ce point. Une ligne de chemin de fer AB (*fig. 53*), obligée de contourner un obstacle pour reprendre en CD, devra passer de AB à CD sans heurt, sans brusque changement ; on y arrivera au moyen d'un arc de circonférence tangent aux deux directions, et dont le rayon est indiqué par l'expérience.

Cet exemple précise bien l'idée que l'on doit se faire d'une tangente; elle continue en quelque sorte la courbe; l'expression empruntée à la manœuvre de la fronde : *s'échapper par la tangente*, en est un autre exemple, très juste aussi; en effet, la pierre retenue par la corde de la fronde est assujettie à décrire une courbe fermée; au moment où on lâche la corde, la pierre, devenue libre, continue à décrire le petit élément de courbe qu'elle décrivait en dernier lieu, c'est-à-dire la tangente. D'ailleurs, on sait que, dans tout mouvement, la vitesse du mobile est la tangente à la trajectoire, la ligne inflexible selon laquelle il continuerait à se mouvoir s'il n'était maintenu sur cette courbe par d'autres influences.

Graphiquement, les raccordements donnent d'heureux exercices empruntés à la construction et à la décoration; nous avons déjà eu l'occasion de citer l'anse de panier.

La condition est que les deux courbes aient la même tangente au point de raccordement; c'est donc une condition de succès dans l'exécution du dessin que l'on précise les centres et les contacts, et que l'on ne fasse pas empiéter les arcs.

∴

La tangente est très précieuse pour tracer à la main des courbes que l'on ne sait pas tracer avec un instrument déterminé, et c'est le cas le plus fré-

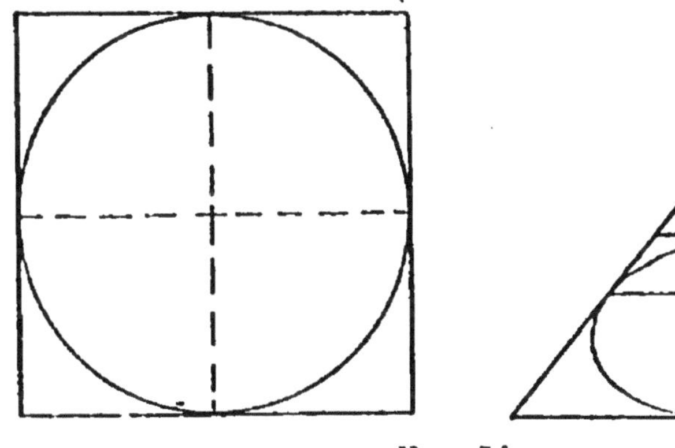

FIG. 54.

quent. Ainsi, en perspective, on enferme la courbe à tracer dans un polygone tangent par tous ses côtés (*fig. 54*). C'est de ce polygone que l'on détermine rigoureusement la perspective, en marquant soigneusement les contacts, après quoi on trace à la main, le plus simplement possible, une courbe tangente en tous ses points de contact. Cela donne, en effet, l'allure, le mouvement de la courbe, et c'est l'essentiel.

Géométriquement, le tracé des tangentes communes à deux circonférences est ramené au tracé d'une tangente à une circonférence unique. En mécanique, les tangentes communes extérieures sont réalisées par une courroie passant sur deux poulies, qu'elle entraîne dans le même sens, les tangentes communes intérieures par une courroie croisée qui entraîne les circonférences en sens contraire. On réalise les mêmes transmissions par contact, en faisant entraîner une circonférence (coupe d'un arbre ou d'une roue) par une autre circonférence tangente. Cet entraînement est dû au frottement de la courroie sur la poulie, ou des deux roues ensemble. Mais lorsque l'effort doit être considérable, chacune de ces circonférences fictives est munie de dents qui prennent dans celles de l'autre. Cela constitue les *trains d'engrenages.*

Les Angles et la Circonférence.

Il a paru tout naturel, cela a été dit, de mesurer un angle indirectement au moyen d'une circonférence ayant le sommet de l'angle pour centre. On démontre aisément que l'*angle inscrit* est toujours la moitié de l'angle qui, ayant son sommet au centre, intercepte le même arc sur la circonférence. Dès lors, si le sommet A *(fig. 55)* parcourt la circonférence, B et C étant fixes, l'angle A reste le même. Si nous nous rappelons ce qui a été dit de

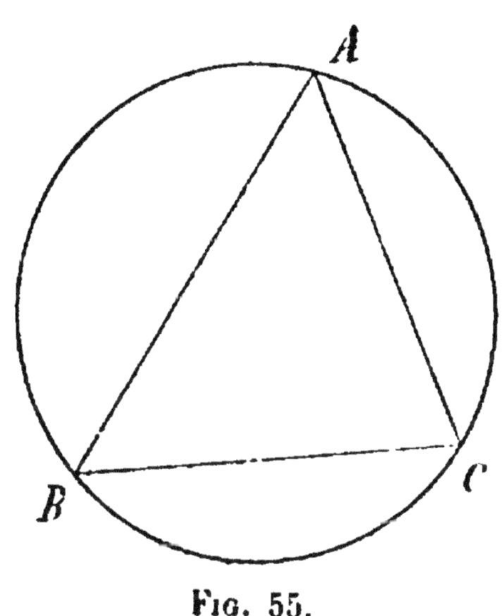

Fig. 55.

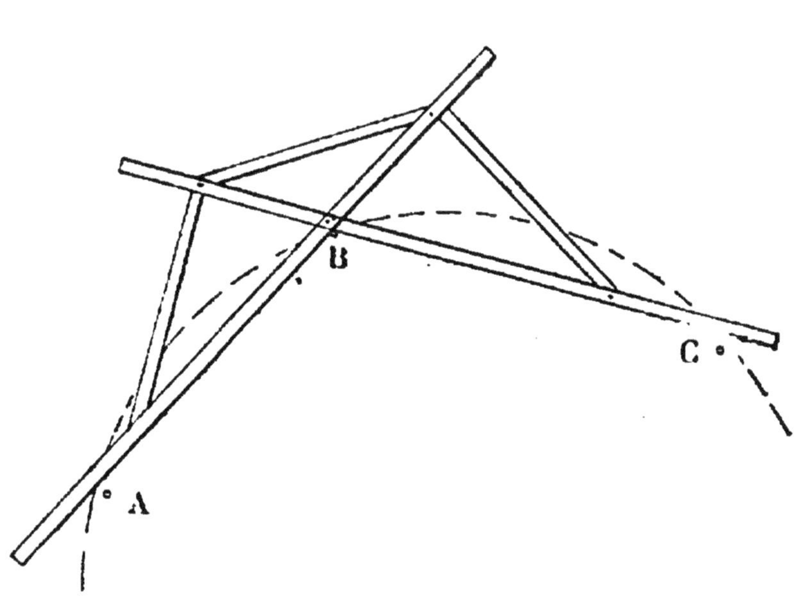

Fig. 56.

l'angle visuel, nous en conclurons que des personnes rangées autour de l'arc BAC verront BC avec la même grandeur, au lieu que, aux personnes placées à l'intérieur, elle paraîtrait plus grande, et plus petite à celles de l'extérieur.

Citons encore deux applications de l'arc capable

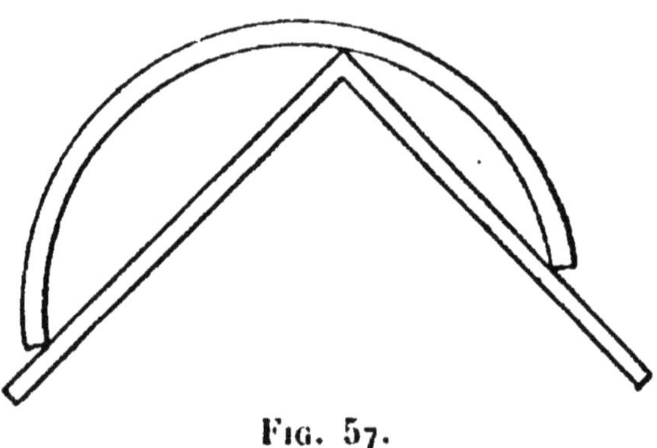

Fig. 57.

d'un angle donné. Nous pouvons avoir besoin de tracer, sur le sol, un grand arc de circonférence (*fig. 56*) passant par trois points A, B, C, sans que l'on puisse disposer du centre. Il suffira d'appuyer deux règles en bois contre les points de façon à former l'angle ABC rigide; et si l'on déplace l'appareil en appuyant les règles contre les points A et C, un tracelet fixé en B marquera, sur le sol, la circonférence demandée.

On peut également vérifier si une moitié de tube (*fig. 57*) est véritablement une moitié de cylindre circulaire, en plaçant une équerre dans la section droite; cette équerre devra, dans toutes les positions, s'appuyer sur la surface en deux points fixes, ceux des bords, et un troisième variable.

La même méthode servira pour la vérification des *cintres*.

Les Lieux géométriques.

C'est une notion très abstraite, et la recherche des lieux géométriques est difficile. Au début, il vaudra mieux aller progressivement et les déterminer par des constructions graphiques; ce n'est que plus tard que l'on pourra les proposer comme exercices théoriques.

La circonférence donne le moyen le plus commode pour expliquer ce que l'on entend par là. Si, dans le plan, nous traçons une circonférence de 5 centimètres de rayon, deux résultats nous semblent certains : c'est que tous les points de cette figure sont bien à 5 centimètres du centre; c'est aussi qu'aucun autre point du plan n'est à 5 centimètres de ce centre. — Cette double propriété est exprimée en disant que la circonférence en question est le *lieu géométrique* des points du plan situés à 5 centimètres de son centre.

On voit de suite leur importance; si, dans tel problème, nous avions besoin d'un point situé à

5 centimètres d'un point donné A, nous aurions la certitude complète que, en traçant la circonférence de centre A et de 5 centimètres de rayon, ce point ne saurait nous échapper; aucun oubli ne serait possible.

Il en est fait un emploi très important en mécanique. Au fond, toute figure décrite par un point entraîné dans un mouvement déterminé, tels les points d'une machine, est un lieu géométrique. On voit ainsi que la cycloïde est le lieu géométrique des positions d'un point de la roue d'une voiture roulant en ligne droite. Le lieu géométrique des positions d'un point d'une roue qui roule sur la circonférence d'une autre roue s'appelle une *épicycloïde* ou une *hypocycloïde*, selon que la roue est en dehors ou en dedans de la circonférence de la deuxième. Une application intéressante en a été faite au guillochage, et aussi à ces figures extraordinaires décrites en traits de feu par des roues en verre étamé que l'on voit dans les foires.

Une curieuse hypocycloïde est déterminée par le mouvement d'un point d'une circonférence (une roue dentée) roulant à l'intérieur d'une circonférence (autre roue dentée) de diamètre double. Ce point suit, en effet, un diamètre de la grande circonférence; c'est donc une solution particulière du problème de la transformation d'un mouvement circulaire continu en mouvement rectiligne alternatif. Ce dispositif, désigné en mécanique sous le nom de *mouche de Lahire*, a été appliqué dans la machine pneumatique de Deleuil.

Le problème de la transformation du mouvement rectiligne alternatif en mouvement rotatif continu n'avait été résolu que d'une manière approchée par Watt qui avait adapté à l'extrémité du balancier de sa machine un parallélogramme articulé. Cette solution était admissible, grâce à l'excessive grandeur des tiges des pistons, et du balancier lui-même, de cette machine monumentale. Elle ne serait plus de mise avec les machines plus ramassées et les fortes pressions aujourd'hui employées.

Une solution élégante du même problème a été donnée par le colonel Peaucellier, par l'emploi d'un losange articulé.

*
* *

Dans nombre de machines, l'outil doit exécuter des mouvements assez compliqués : tels l'aiguille de la machine à coudre, les scies d'une faucheuse, les mâchoires d'une cisaille. Les guides simples ne suffisent plus. Et l'on force l'outil, soit à suivre un chemin déterminé, soit à se mouvoir sur une ligne droite avec des allures variées selon une loi donnée, au moyen de *cames*, d'*excentriques*, de *rainures* pratiquées dans un noyau de métal dur. Les contours de toutes ces pièces sont des lieux géométriques, ou des parties de ceux-ci. Voici (*fig. 58*) une *came en cœur*, destinée à donner

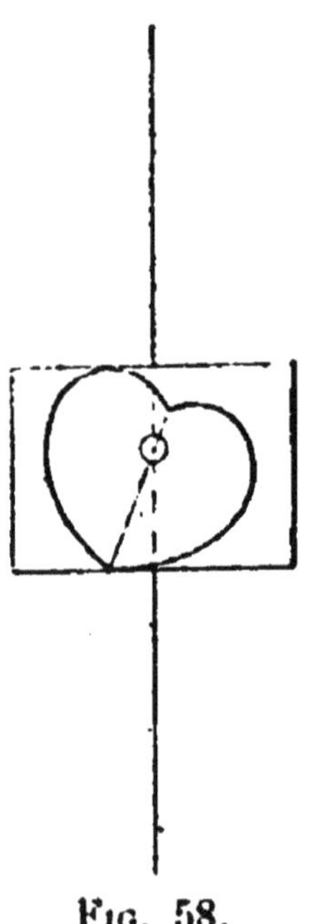

FIG. 58.

à un cadre dans lequel elle tourne librement autour d'un axe fixe, un mouvement vertical uniforme pendant un demi-tour, et un deuxième mouvement uniforme pendant l'autre demi-tour. La grande difficulté du tracé de ces organes est l'obligation d'obtenir que toutes les cordes passant par le centre soient de même longueur afin qu'ils s'appuient constamment sur le cadre. La came en cœur se compose, à cet effet, de deux courbes formées de segments symétriques de deux *spirales d'Archimède*.

De même, pour donner à un cadre un mouvement uniformément accéléré pendant un demi-tour, puis un mouvement uniformément retardé pendant l'autre demi-tour, le général Morin a imaginé une came formée de deux arcs de *parabole* raccordés.

Chacun connaît, pour l'avoir vu sur une locomobile ou au flanc d'une locomotive, l'*excentrique circulaire* qui assure le mouvement du tiroir destiné à amener la vapeur alternativement sur l'une et l'autre face du piston.

Dans l'étude de l'acoustique, des poussières déposées sur une plaque vibrante se groupent et dessinent les lieux géométriques des points où les vibrations se neutralisent. On est aussi conduit à les considérer en optique et en électricité dans l'étude des *champs*.

∴

Au début, les lieux géométriques sont étudiés pratiquement, et chacun de leurs points construit au compas et à la règle. Ceci ne peut être assimilé à une méthode; c'est une base expérimentale utile, mais insuffisante, car, si l'on construit les points de la courbe, il y a toujours un peu d'incertitude pour les joindre et cela n'apprend pas quelle est la nature de cette courbe.

Au fond, la seule méthode pratique pour la recherche des lieux géométriques est exposée en géométrie analytique et ne saurait avoir sa place ici.

Leur recherche théorique, avec les seules ressources de la géométrie élémentaire, est un exercice difficile et utile surtout au point de vue de la méthode. Autant que possible, il est préférable de s'abstenir de construire plusieurs points, et au contraire de s'efforcer de relier un point quelconque du lieu géométrique à des repères fixes, points ou lignes droites, ou plans. Il en sera question plus loin.

La Similitude.

Le champ de la géométrie s'élargit encore ; elle va nous fournir notre mode habituel de représentation des objets réels, car il serait le plus souvent impossible, inutile surtout, de les représenter par des figures égales.

L'élève, déjà plus formé, s'adressera moins à l'expérience, ou du moins restreindra-t-il celle-ci presque à l'usage de constructions graphiques ; il fera une plus grande part au raisonnement, et avec moins de peine, ayant déjà acquis un certain nombre d'idées fondamentales.

Puisque l'on ne peut pas représenter les objets par des figures égales, il a fallu s'ingénier à obtenir des figures, quelquefois amplifiées, le plus souvent réduites, mais telles que l'on ne puisse pas s'y tromper. C'est ce que l'on a obtenu par l'emploi des échelles et des figures *semblables*.

Echelles. Si nous voulons représenter une figure, par exemple un triangle ou un mur rectangulaire, par un triangle ou un rectangle dont les côtés ne soient chacun que la moitié, le cinquième, le dixième, des côtés réels, nous disons que nous avons représenté cette figure à l'échelle de $\frac{1}{2}$, $\frac{1}{5}$, $\frac{1}{10}$. Rien de plus simple que de la dessiner d'après le croquis imparfait, mais coté : nous construirons notre échelle, véritable transformation des mesures réelles en mesures réduites, que nous continuerons à appeler du nom des réelles ; si bien qu'il suffira de reporter les mesures indiquées par le croquis et prises sur l'échelle.

Par exemple, nous portons sur une ligne droite une division en centimètres, que nous notons 0, 1, 2, ... 20 *mètres*, et nous avons une échelle au $\frac{1}{100}$, qui nous permet de mesurer toutes les longueurs jusqu'à 20 mètres. Nous lisons sur le croquis : 6 mètres, et, en réalité, nous reportons seulement 6 centimètres, représentant 6 mètres à cette échelle. C'est plus rapide, et surtout plus

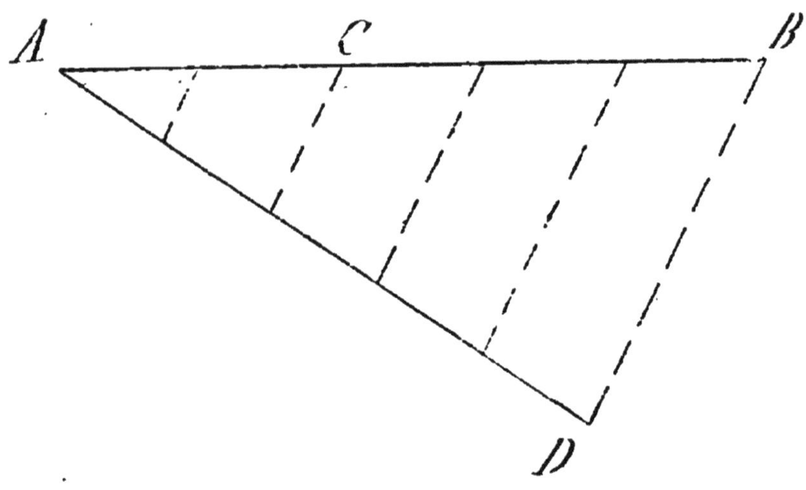

FIG. 59.

exact que les fastidieux calculs auxquels se livrent tous ceux qui dessinent sans échelles.

Dans toute carte géographique, on indique l'échelle des distances, bien que, à vrai dire, elle ne puisse donner de renseignements exacts que sur les cartes topographiques.

Les échelles, outre leur utilité dans le dessin, fournissent un moyen systématique de démonstration élémentaire des notions fondamentales du début de l'étude des figures semblables. Par exemple, montrons qu'il est possible de trouver, sur la droite AB, un point C qui la divise dans

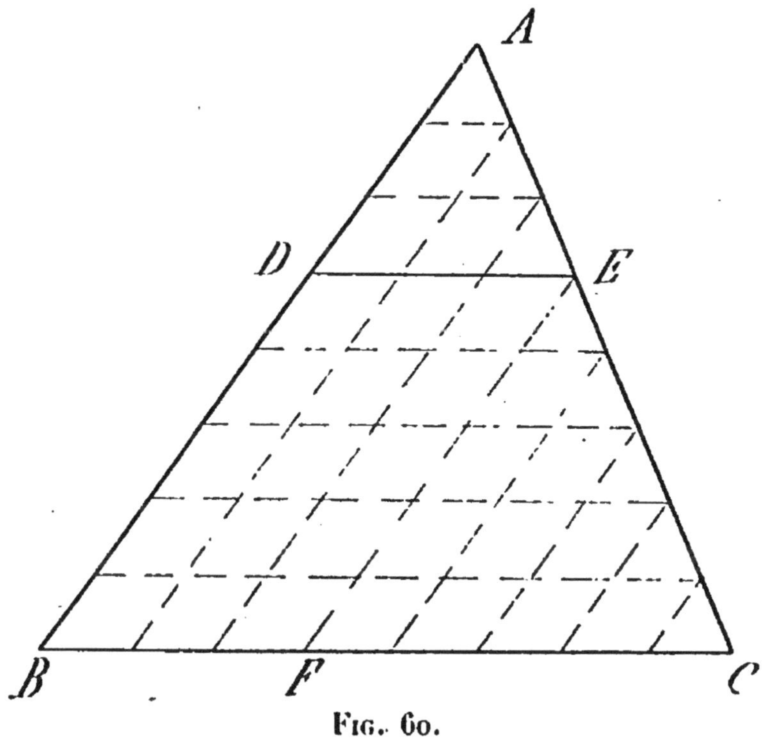

FIG. 60.

le rapport $\frac{2}{3}$. Sur une droite quelconque AD (*fig. 59*), portons successivement cinq longueurs égales, quelles qu'elles soient; puis, traçons des parallèles à BD. La deuxième, à partir de A, nous donne le point C qui remplit la condition demandée.

On voudra bien remarquer qu'un des avantages du procédé est de rappeler la signification du mot *rapport*. De même, pour l'explication du théorème de Thalès : si le côté AB du triangle ABC (*fig. 60*) est divisé par le point D dans le rapport $\frac{3}{5}$, il en résultera que DB étant divisé en 5 parties égales,

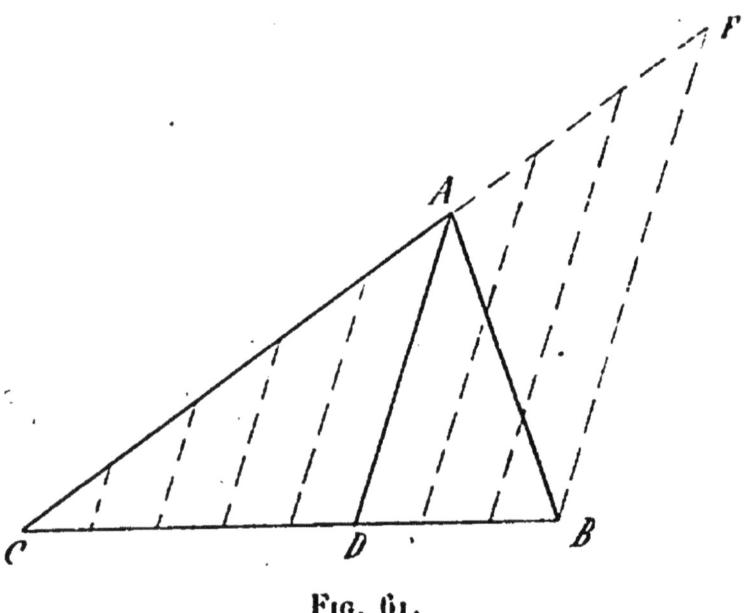

Fig. 61.

DA est égal à 3 de ces parties égales; et si, par les points de division, nous menons les parallèles à BC, elles déterminent aussi sur le côté AC 3 et 5 divisions, et le rapport $\frac{EA}{EC}$ est encore égal à $\frac{3}{5}$. Mais, par ces nouveaux points de division, menons des parallèles à AB; alors BC se trouve divisé par F en 3 et 5 parties égales. Remarquons que BF = DE.

On en déduit aussitôt que les rapports $\frac{AD}{AB}$, $\frac{AE}{AC}$ $\frac{DE}{BC}$ sont égaux, puisque chacun d'eux est égal à $\frac{3}{8}$.

Enfin, montrons que la bissectrice divise le côté opposé en segments proportionnels aux côtés adjacents : Soit ABC le triangle (*fig.* 61), AD la bissectrice. Supposons que $\frac{AB}{AC} = \frac{3}{5}$; cela nous invite à diviser AC en 5 parties égales, et à regarder AB comme formé de 3 de ces parties. Menons par les points de division les paralèlles à AD; BD sera divisé en 3 parties égales, DC en 5 autres. Il suffit de montrer que ce sont les mêmes. Cela résulte de ce que les prolongements des parallèles rencontrent le prolongement de CA, et que le triangle AFB est isocèle. Le rapport $\frac{DB}{DC}$ est donc aussi $\frac{3}{5}$.

Il suffira de préciser tout ceci pour avoir, plus tard, des démonstrations complètes.

*
* *

Une application intéressante se rencontre dans le dessin d'une perspective où doivent figurer des alignements. Rappelons d'abord que, si l'on joint deux à deux les points qui ont les mêmes numéros sur deux échelles quelconques qui partent d'un même point, on obtient une série de parallèles équidistantes. Il est facile, soit de le démontrer, soit de le vérifier expérimentalement. On peut dire aussi bien que toute ligne droite qui traverse

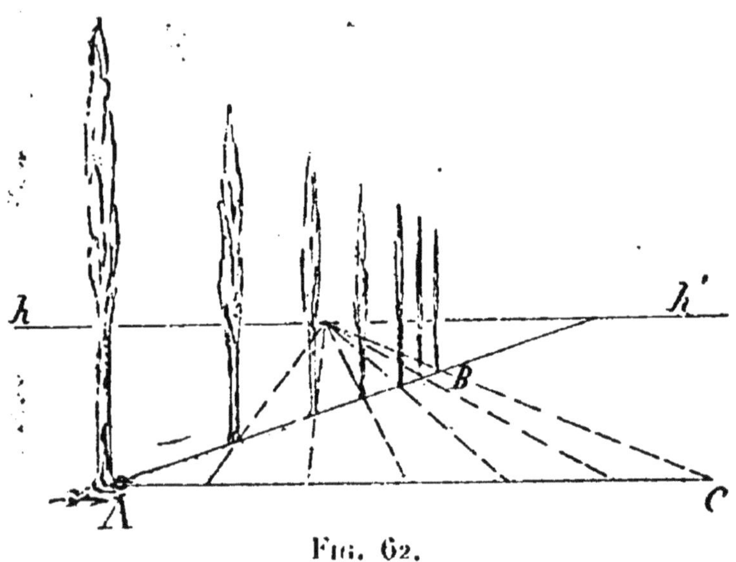

FIG. 62.

un réseau de parallèles équidistantes est segmentée en parties égales.

Supposons maintenant que AB (*fig.* 62) est une file de 7 arbres équidistants dont le premier est en A et le dernier en B sur le dessin, et voyons comment nous placerons les 5 autres pour que l'illusion soit celle de 7 arbres équidistants. S'il y avait également 7 arbres à des distances égales mais quelconques, et placés de front par rapport au tableau, nous aurions bien là 2 échelles partant du même point A; il en résulte que les lignes qui réunissent les deuxièmes arbres, les troisièmes..., les septièmes, devraient être parallèles. Et, comme on sait que des lignes parallèles ont, en perspective, le même point de fuite, nous devons en conclure que ces 6 lignes doivent passer au même point, pris dans le cas actuel, sur la ligne d'horizon, puisque nos parallèles sont supposées des lignes horizontales.

La même construction permet de placer, dans un dessin perspectif, les portes, les fenêtres, le toit d'une maison, etc. Elle peut donc rendre de grands services dans le dessin d'après nature.

Figures homothétiques. L'*homothétie* est un mode particulier de transformation des figures. On a placé les figures homothétiques avant les figures semblables, tout au début, parce que leur construction graphique est des plus faciles, et, pour l'effectuer avec rapidité et précision, on se sert d'un instrument, le compas de proportion, qui est lui-même une réalisation de la définition. Après avoir joint tous les points de la figure au centre d'homothétie O, on prend sur tous les rayons OA, OB..., une longueur égale à $\frac{1}{2}$, ou $\frac{1}{3}$, ou $\frac{3}{4}$, ou telle fraction que l'on voudra du rayon. C'est un procédé connu pour amplifier ou réduire un dessin (*fig. 63*). L'agrandissement d'une photographie n'est autre chose que l'obtention d'une figure homothétique. Cela est particulièrement net si l'on construit cet agrandissement, à la chambre noire, sans objectif,

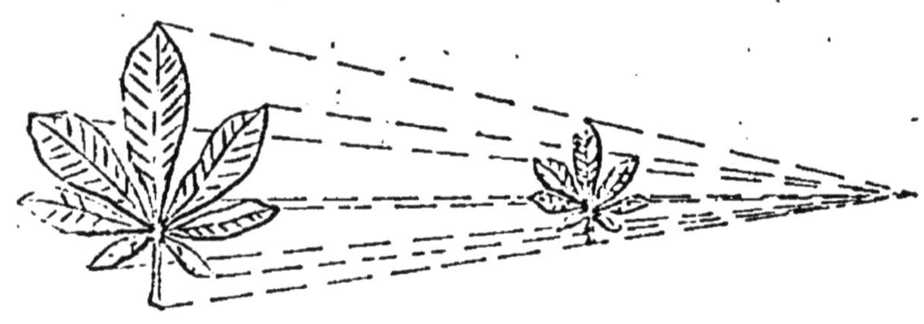

Fig. 63.

au moyen d'un trou de $0^{mm},1$ ou $0^{mm},2$ percé dans la paroi mince de la chambre.

Dans la pratique, l'amplification, ou la réduction, d'une figure revient aussi à la construction d'une figure homothétique. Si la figure est plane, on peut se servir du *pantographe*. Chacun peut en construire un : il se compose (*fig. 64*) de 4 réglettes, deux longues et deux petites, articulées de façon à former un losange. Sur les branches longues sont marqués des points tels que M, M'... et P, P'... en ligne droite avec C. Si l'on fixe P, et que, avec une pointe émoussée placée en C, on suive un dessin, M reproduira, au moyen d'un traçoir, le même dessin amplifié dans le rapport $\frac{PM}{PC}$; en intervertissant les deux pointes, C donnerait le dessin que suit M réduit dans le rapport $\frac{PC}{PM}$. On voit

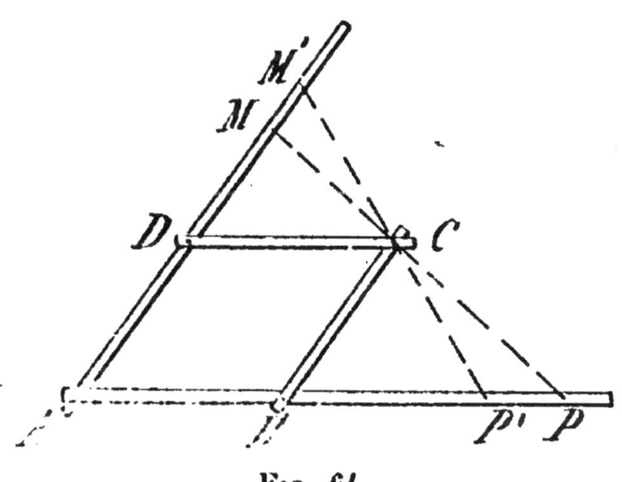

Fig. 64.

aisément que l'ont peut varier ce rapport à volonté.

Le pantographe est l'organe principal des métiers à broderie mécanique. Il sert aussi à des vérifications; ainsi, en 1876, la Compagnie des Chemins de fer de l'Est a adopté un certain pantographe *pôlaire*, qui permet d'étudier les modifications survenues à la surface des bandages des roues de son matériel roulant, après un certain temps de service.

Quelques personnes privilégiées ont pu être admises à voir, à Saint-Claude, la remarquable machine que s'était construite un vieux praticien de cette ville, et qu'actionnait une chute d'eau. C'était un échafaudage de pantographes qui, tous ensemble, communiquaient à autant de petites fraises coupantes le même mouvement, réduction du mouvement exécuté par une pointe que guidait l'opérateur sur une figure, réduction faite dans un rapport déterminé. Il fabriquait ainsi des têtes de pipes sculptées d'après des bustes célèbres; elles étaient faites avec goût, et il est difficile de se les procurer aujourd'hui.

Pour la réduction ou l'amplification des figures solides, on se sert de la *machine Colas* qui se réduit à un triangle rigide articulé, dont un sommet est muni, comme pourrait l'être notre pantographe en P, d'un *joint universel*, grâce auquel il peut se déplacer dans tous les sens possibles. Une règle mobile et parallèle à un des côtés permet de changer à volonté le rapport d'homothétie. Cette machine a servi beaucoup à la vulgarisation des œuvres d'art. Pour un prix très modique, on peut nous livrer des reproductions exactes et réduites des chefs-d'œuvre de la statuaire.

* * *

Prenons une feuille de papier rectangulaire A′ B′ C′ D′ et un point S centre d'homothétie (*fig. 65*). Cette même feuille, pliée par les milieux de ses côtés, recouvrirait précisément la figure ABCD

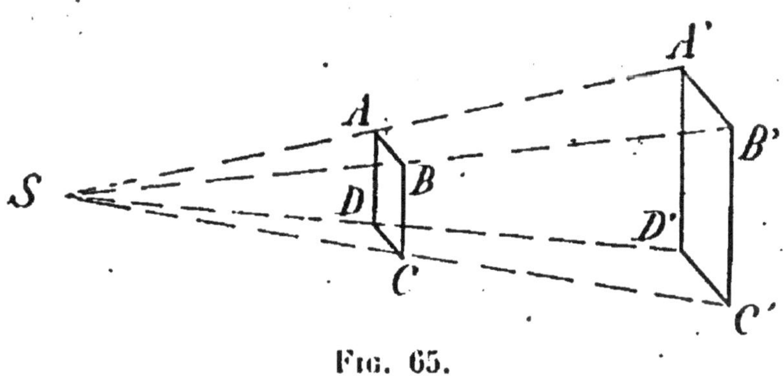

FIG. 65.

homothétique de la première située à égale distance de S et de A′ B′ C′ D′. Or, l'aire de cette feuille pliée n'est que le $\frac{1}{4}$ de A′ B′ C′ D′. Ceci mène à la démonstration du théorème général : *le rapport des aires est égal au carré du rapport d'homothétie.*

Que l'on suppose en S une source de lumière éclairant successivement les deux écrans que forment la feuille de papier, puis la même pliée comme il a été dit, et l'on voit que la quantité de lumière reçue par chaque écran est la même; ceci entraîne que l'éclairement d'une petite surface prise sur le grand écran, 1 centimètre carré par exemple, n'est que le quart de l'éclairement d'une même surface prise sur le petit. Cela est vrai pour toutes les positions des écrans, et conduit à l'énoncé général : l'éclairement est en raison inverse du carré de la distance de la source à l'écran. On voit donc qu'une lampe éclaire vivement les objets situés tout près et beaucoup moins ceux qui sont un peu plus loin; en effet, si la distance devient double, l'éclairement est quatre fois moindre; si elle devient triple, l'éclairement est neuf fois plus faible.

Figures semblables. Les figures semblables sont des figures homothétiques dérangées de leurs positions respectives; elles en ont donc les principales propriétés. Elles donnent lieu, comme elles, à d'intéressants exercices graphiques. En particulier, elles permettent de faire des agrandissements en ne construisant que la figure agrandie, ce qui exige bien moins de place. On opère par la méthode de *mise au carreau*. La figure à agrandir (*fig.* 66) est couverte d'un réseau de parallèles formant des carrés. La figure semblable est un assemblage de carrés très facile à construire.

Il n'y a plus qu'à reporter les points de rencontre des carrés avec la figure sur les côtés de ces nouveaux carrés et à les joindre.

Grâce aux figures semblables, il est possible de résoudre quelques questions qui illustrent l'opinion

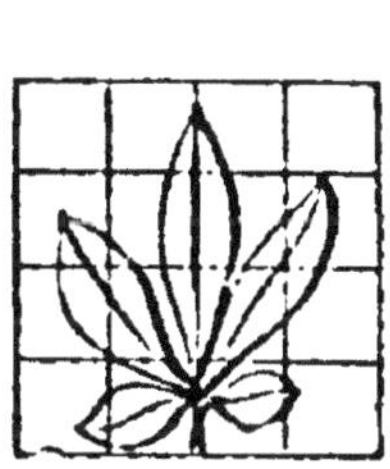

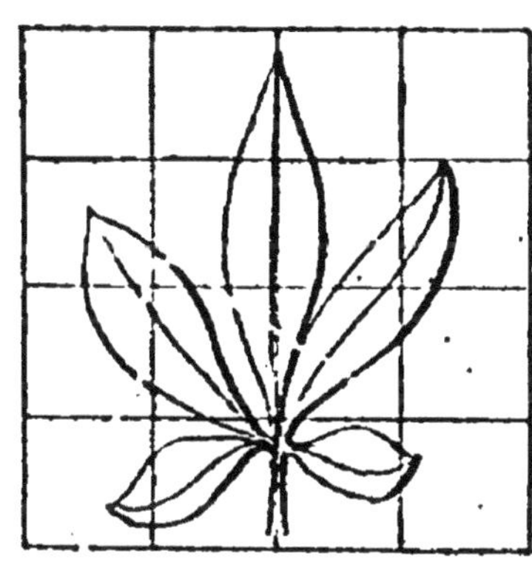

Fig. 66.

émise par Auguste Comte, et que nous rappelons encore, « *que les mathématiques consistent dans un ensemble de moyens indirects pour résoudre les difficultés relatives à la mesure des grandeurs* ».

Question i. — *On a besoin de connaître la distance d'un point A, où l'on se trouve, à un point B que l'on ne peut pas approcher.*

Sur le sol, à l'endroit où l'on se trouve, on pourra déterminer et mesurer une base AC (*fig.* 67).

Elle sera figurée, sur un carnet, par un trait et à une échelle donnée, $\frac{1}{1000}$ par exemple. Au moyen des angles A et C, on construira un triangle *abc* sem-

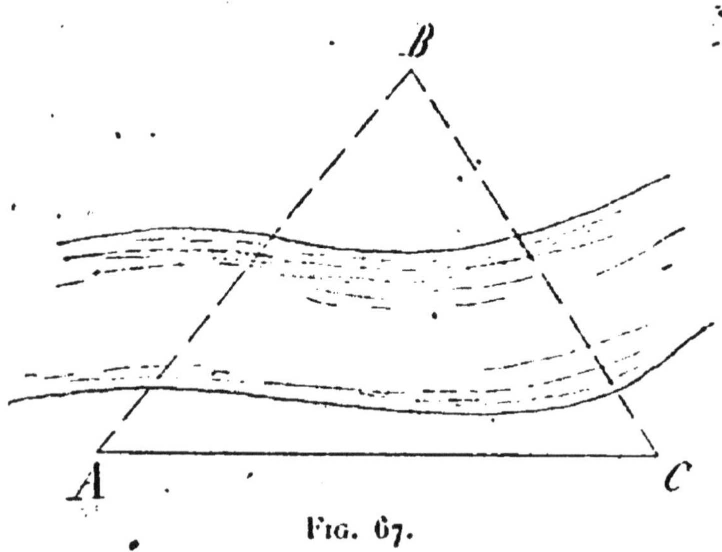

FIG. 67.

blable à ABC, à l'échelle de $\frac{1}{1000}$. Puis on mesurera sur le carnet *ab*; si l'on trouve $0^{m},08$, par exemple, il en résultera que la distance AB est de 80 mètres. Les angles A et B, d'ailleurs, peuvent être mesurés de bien des manières, avec ou sans instrument; il suffit d'un bâton et d'un peu d'ingéniosité.

Au moyen de 2 triangles, construits de la même façon, on pourrait trouver la distance de 2 points inaccessibles. C'est au moyen de constructions analogues que l'on mesure la hauteur d'une montagne au-dessus d'une station d'altitude connue. On pourrait se servir d'une méthode analogue pour évaluer la hauteur d'un aéroplane ou d'un ballon.

QUESTION 2. — *Mesurer la distance de la Terre à la Lune.*

Il suffit que deux observateurs, situés en A et B (*fig. 68*) sur le même méridien, observent à la

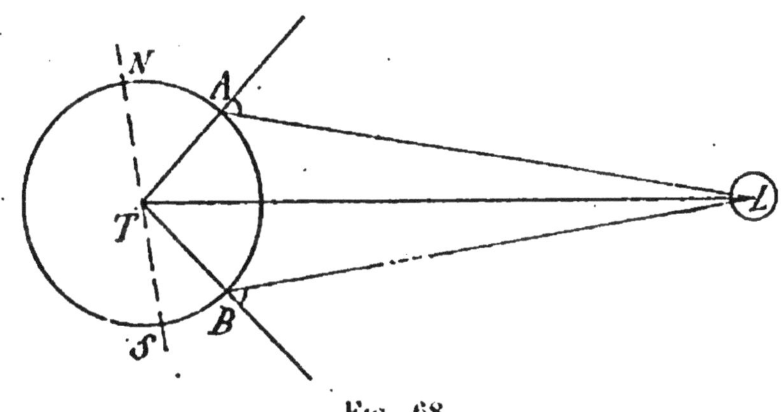

FIG. 68.

même heure le centre de la Lune. Sur une feuille de papier ils construiront une figure semblable à ATBL en prenant arbitrairement la longueur TA; ils connaissent les angles A et B par leurs observations et l'angle T qui est la somme des latitudes de A et de B. En reportant la longueur TA sur TL, on constate qu'elle y est contenue sensiblement soixante fois. On en conclut que la distance de la Lune à la Terre est d'environ soixante rayons terrestres. A la vérité, les choses ne se passent pas absolument de cette manière dans la pratique; mais cela en diffère peu.

QUESTION 3. — *Mesure de la dilatation d'une tige métallique sous l'action de la chaleur.*

Cette tige AB est calée d'une part contre un obstacle fixe A (*fig. 69*), et par son extrémité

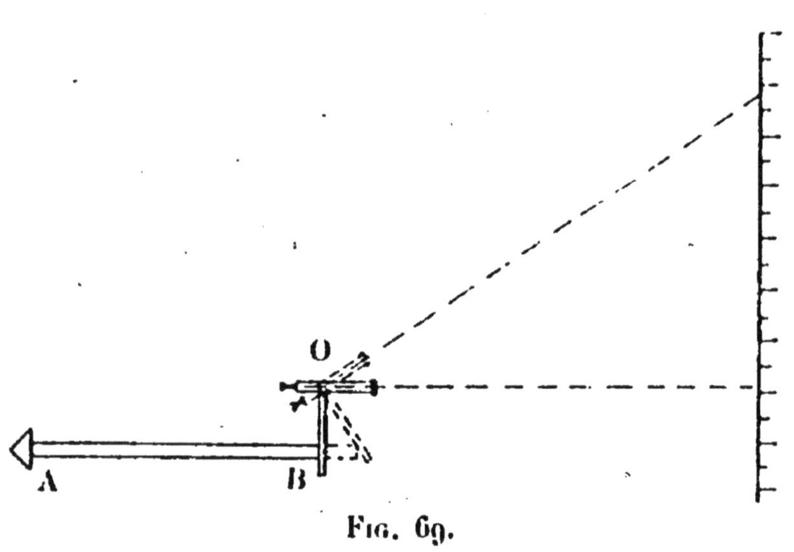

FIG. 69.

B, s'appuie librement contre un levier coudé mobile autour du point O. Sous l'action de la chaleur, AB s'allonge, mais de peu; on en jugera si l'on sait que le fer se dilate, pour une augmentation de température de 1°, de 12 fois la 1 000 000e, ou si l'on veut, environ de la 100 000e partie de sa longueur. Or, le levier a, pour deuxième branche, une lunette qu'il entraîne dans son mouvement et qui est braquée sur une règle verticale divisée, située hors du laboratoire et à une grande distance. Les moindres mouvements du point B sont ainsi considérablement amplifiés, et la lunette permet de suivre ces déplacements sans se déranger.

∴

On peut encore citer la *triangulation*. Pour l'établissement du système métrique, il a fallu mesurer

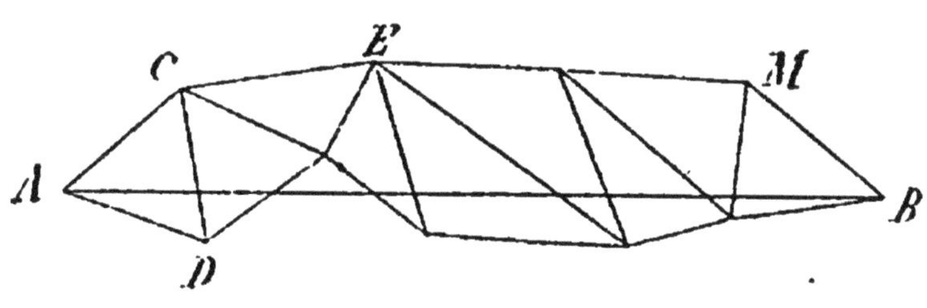

Fig. 70.

un arc de méridien AB (*fig. 70*). Il est clair qu'une telle mesure ne peut être faite directement, d'abord à cause des inégalités du sol, et aussi parce qu'il faut mesurer l'arc AB pris au niveau de la mer. Celui-ci a été défini comme la surface d'une sphère idéale qui passerait à égale distance des plus hautes et des plus basses mers, et qui serait prolongée sous les continents.

Un savant français du dix-septième siècle, Picard,

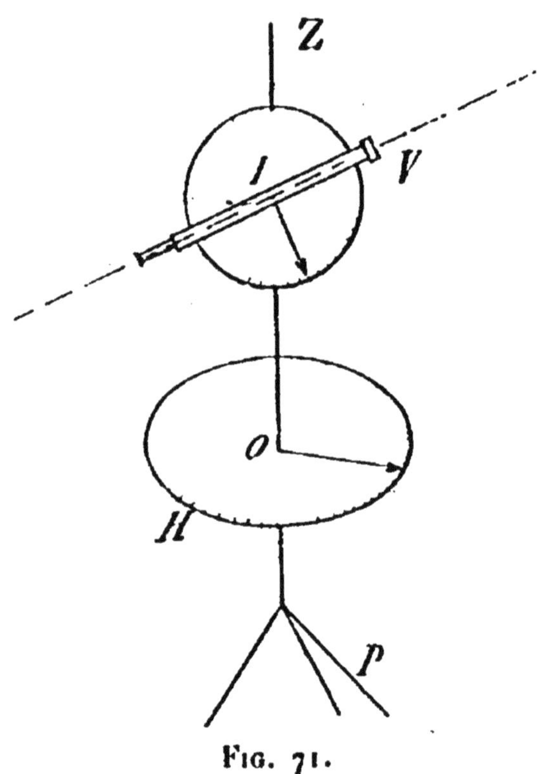

FIG. 71.

a imaginé la méthode de *triangulation* qui a servi, depuis lors, à toutes les opérations de géodésie. En même temps, il construisait, avec l'opticien Auzout, la *lunette à réticule* qui permettait de rendre parfaite l'exécution. Si l'on imagine une telle lunette (*fig. 71*), mobile sur un limbe gradué V, porté par un axe vertical OZ, et mobile aussi autour de cet axe, on se rend compte aisément que l'on puisse viser tout point de l'espace visible autour de l'opérateur. Le limbe vertical permet de mesurer les déplacements de la lunette dans son plan ; un autre limbe gradué, horizontal, donne la mesure de ses déplacements autour de l'axe. Un tel appareil est un *théodolite* réduit à ses éléments essentiels.

Il n'est pas inutile de remarquer que chacun peut construire un théodolite réduit à cet état de simplicité, ainsi qu'en peuvent témoigner ceux qui ont été fabriqués par nos jeunes élèves. Les limbes gradués ne sont pas en cuivre, mais en bois recouvert d'un cercle gradué en papier. Il y a loin de ces essais modestes aux magnifiques théodolites surchargés de perfectionnements ; mais tels quels, ils rendent des services, et ont un inappréciable et primordial mérite : *ils sont*. Si l'on ne peut prétendre à des mesures précises, du moins peut-on se rendre compte de ce qu'elles sont, et de la manière de se servir de l'appareil.

En particulier, une grande commodité du théodolite est la suivante : quelle que soit l'orientation de la lunette, si l'on vise dans deux directions Ix, Iy, le limbe horizontal fournit toujours l'angle xIy *réduit à l'horizon* et par suite au niveau de la mer.

Ceci posé, soit AB, l'arc de méridien à mesurer (*fig.* 70) supposé projeté sur le niveau de la mer. On pourra sans inconvénient viser des points faciles à observer qui se projettent aux points A, C,

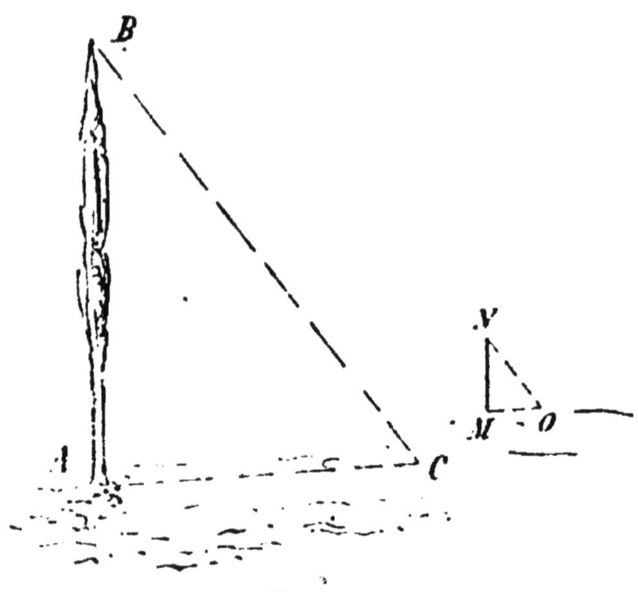

Fig. 72.

D, E,... puisque leur hauteur est indifférente. L'opération est conduite comme il suit : d'abord on mesure une base AB, d'une dizaine de kilomètres au moins et horizontale ; puis en A et C on mesure les angles. On peut donc construire un triangle semblable à ACD ; sur CD on construit le triangle semblable à CDE, et ainsi de suite jusqu'à ce que l'on soit arrivé en B. Enfin, on trace, sur ce dessin AB, que l'on mesure. En réalité, on voit que, sur le terrain, on ne s'est pas du tout occupé de AB. A titre de vérification, lorsqu'on fit la triangulation de Melun à Perpignan, on établit une dernière base BM et on la mesura directement. Or, pour une longueur de 12 kilomètres environ, l'écart entre la mesure directe et la mesure indirecte n'a pas atteint 0^m30. Il avait fallu construire 53 triangles pour rejoindre Melun à Perpignan.

On peut citer encore un moyen original de mesurer la hauteur d'un obélisque, d'un arbre, d'une tour, d'un mur vertical (*fig.* 72). Soit AB la hauteur à évaluer. On choisit un jour de soleil, et, enfonçant verticalement un bâton MN, on mesure son ombre MO, et aussi celle de l'arbre AC. Il n'y a plus alors qu'à multiplier la longueur AC par le rapport trouvé $\frac{MN}{MO}$, car les triangles ABC et MNO sont semblables.

Relations métriques.

On nomme ainsi des vérifications qui doivent toujours se produire entre les nombres qui représentent les mesures des éléments d'une figure. Par exemple : *la somme des angles d'un triangle est toujours égale à deux angles droits;* ceci est une relation métrique. Elle est vérifiée dans tout triangle, et si elle ne l'était pas, le triangle ne serait pas. C'est ce caractère de *nécessité* qui en rend l'usage si précieux.

Ces relations permettent de substituer le calcul au dessin géométrique; on se gardera bien, dans l'enseignement, d'en faire cet usage exclusif; il sera bien plus utile de traiter la même question, d'une part par le calcul, d'autre part graphiquement, de façon que les résultats se vérifient les uns par les autres.

Dans l'emploi de ces relations, il est bon que la suite logique soit observée comme dans tout raisonnement, en un mot que l'on ait une méthode. Que de fois ne voit-on pas un élève écrire une série de calculs, tout secs, sans lien apparent, au milieu d'une page; sans doute croit-il que, donnant une réponse, exacte si l'on veut, il a bien résolu la question. Mais il est possible qu'il soit arrivé accidentellement à une solution exacte, malgré des fautes de calcul qui se compensent; ce qui ne saurait les justifier. Il est vrai aussi qu'il a pu résoudre, vaille que vaille, une question sans suivre de méthode. Mais précisément l'intérêt d'une méthode, c'est qu'elle donne une marche sûre, non soumise aux accidents. Et puis, ne doit-on pas penser un peu aux autres, à ceux qui ont le devoir ou le besoin de contrôler le travail? Le mieux est d'attaquer franchement la difficulté; si l'on vous demande de calculer une longueur AB, occupez-vous de suite de AB, sans détour. Le plus ordinairement, ce premier calcul ne vous donnera pas AB, mais il vous indiquera certainement la suite des autres calculs qui vous mèneront au but en s'enchaînant avec ordre et en évitant ceux qui sont à côté de la question, inutiles et ennuyeux. Dans le calcul surtout, ne laissez point de place au hasard.

Quant aux façons d'établir ces relations, elles importent peu; il y en a plusieurs intéressantes; ce qui importe, c'est d'appuyer sur leur caractère de généralité et de nécessité. L'emploi simultané, dans les applications, du calcul et du graphique donne aux élèves la confiance en eux-mêmes et leur montre l'accord établi entre les diverses branches des mathématiques. Si l'on juge les élèves assez entraînés, on peut même aller jusqu'à la construction graphique de formules, en les ramenant aux relations métriques les plus usuelles.

Retour à la Géométrie de l'espace.

Il est temps maintenant de compléter la Géométrie du Plan. Les acquisitions de la géométrie plane seront d'une grande utilité. Toutefois, une nouvelle difficulté se lève qui provient de l'obligation de se figurer les corps avec leur relief; et, comme nous n'imaginons bien que ce que nous avons vu réellement, plus nous aurons vu de réalités, plus il nous sera aisé d'imaginer. Aussi ferons-nous un usage constant d'objets usuels, les plus usuels possible, pour montrer aux yeux des plans réels : ce sera une table, un plancher, un mur, la couverture d'un livre, d'un cahier, une vitre. Et nous habituerons nos élèves à les regarder, à les voir, dans leurs positions relatives, et à les retrouver dans les images forcément planes que nous dessinerons au tableau. Nous ne nous en tiendrons plus là; nous sortirons du petit espace où nous sommes, de la salle d'études ou de classe, pour faire appel à des images de choses vues dans la rue, d'utilisation des plans dans la vie de tous les jours et dans la vie industrielle.

La définition déjà vue du plan sera encore améliorée, de façon à se rapprocher d'une manière de voir plus analytique : le plan deviendra la surface qui contient toute une ligne droite du moment qu'il contient deux de ses points.

Un fil, un porte-plume ou un crayon, au besoin un trait tracé à la craie sur un de ces plans réels, donnera aux yeux l'image d'une ligne droite réelle.

Or, il aura suffi de dessiner, sur le tableau, deux ou trois plans qui se rencontrent, pour que la complication de la figure apparaisse, et aussi la difficulté de suivre s'il y en avait davantage. Un moyen de simplifier le tout ne peut être que bien accueilli. Faisons tourner un plan (la couverture d'un cahier) autour d'une ligne droite fixe (couture du cahier); chacun voit que ce plan n'est pas déterminé, puis comprend que cela résulte de la définition même. Mais que ce plan vienne à rencontrer un point fixe (la pointe d'une plume piquée sur la table), et aussitôt il est lui-même fixe, déterminé. Ceci nous apprend que, là où existent un point et une ligne droite, il existe un plan, *invisible et bien déterminé;* il ne sera donc pas nécessaire de le figurer, et ce sera une simplification appréciable. Si nous anticipons, nous dirons que c'est encore mieux en géométrie descriptive : là, en effet, il est impossible de représenter les plans, ni aucune surface; on ne figure que les éléments qui les déterminent.

Ce passage est d'une importance que l'on ne peut se dissimuler; c'est la substitution, à propos d'une construction concrète, de la raison moins faillible à l'imagination plus limitée; c'est un grand pas dans la voie de l'abstraction. C'est d'ailleurs un raisonnement pur et simple qui achève la dé monstration commencée par un appel à l'expérience.

* * *

Il est bon de revenir encore sur les diverses manières d'engendrer un plan, et d'y faire remarquer à quel point pratique et théorie diffèrent peu.

Le plan n'est pas la seule surface engendrée par des lignes droites; il y en a une infinité. On les appelle, en général, des *surfaces réglées*, c'est-à-dire sur lesquelles peut se poser une règle dans une multitude de positions; leur nom montre encore leur origine pratique. Chacun connaît la surface cylindrique, dont les exemples sont partout : verres de lampes, colonnes, tiges des végétaux, tubes, etc. La surface conique est également familière. Il en est de même des surfaces hélicoïdales. Si nous lançons au hasard un bâton dans l'air, la ligne droite indéfinie, dont il n'est qu'un fragment, engendre chaque fois une surface réglée.

Certaines ont des noms rébarbatifs : ainsi, pour raccorder le quai vertical, que l'on voit sous les ponts de nos canaux, à la berge oblique du canal, un cantonnier relie les points d'une règle verticale clouée au quai à ceux d'une règle oblique fixée à la berge par des cordeaux tendus et horizontaux; après quoi, il dispose, en suivant chaque cordeau, des lits de petites pierres taillées comme des pavés. Il obtient ainsi une surface de raccordement qui a un aspect des plus simples, plus simple que son nom : c'est le *paraboloïde hyperbolique*.

*
* *

La géométrie a pour fin première son emploi dans les constructions civiles et autres; or, cela consiste à combiner des rencontres de surfaces dans des conditions très variées. Aussi trouvons-nous, dès le début, cette question de rencontre des plans, d'intersection des plans, comme l'on dit, et voici pourquoi. Pour que ces études aient une application pratique, il est entendu que les surfaces, en vertu d'une fiction, se rencontrent, se traversent, sans se déformer, en gardant chacune ses propriétés. On peut ainsi raisonner à leur sujet et trouver leur intersection, et en donner une représentation exacte, sans laquelle les ouvriers ne pourraient se guider dans leur travail.

Une brique, un pavé de bois, présentent six plans qui se rencontrent deux à deux. Expérimentalement, l'intersection de deux plans semble bien être une ligne droite; le raisonnement permet d'aller plus loin, d'établir que c'est une ligne droite et rien qu'une ligne droite.

Et nous voici en possession de deux notions fondamentales, auxquelles nous penserons dès que nous étudierons la géométrie de l'espace. Par la première, relative à la détermination du plan, nous revenons à notre géométrie plane et pouvons utiliser tout ce que nous y avons appris; par la deuxième, relative à l'intersection des plans, nous les relions les uns aux autres.

Les coins de la brique, du pavé, d'une chambre, donnent des exemples d'intersection de trois plans. On trouve aussi des exemples de cas particuliers : tels les feuillets d'un livre.

La ligne droite divise le plan en deux demi-plans, comme le point divise la ligne droite en deux demi-droites. Ceci fait déjà prévoir, pour le plan, des questions analogues à celles qui se sont présentées pour la ligne droite, et, par suite, susceptibles des mêmes méthodes.

*
* *

Quiconque a vu un maçon construire un mur a remarqué qu'il vérifie constamment son travail au moyen du fil à plomb, et ainsi a acquis la notion de ligne droite et de plan parallèles. Ceci donne lieu à quelques propositions que l'expérience journalière met en application; aussi convient-il d'évoquer, de renouveler cette expérience pour n'avoir, dans la démonstration, qu'un moyen de la confirmer, d'en comprendre la raison.

Tous, nous voyons les deux rangées de maisons d'une rue se rapprocher en apparence à mesure qu'elles s'éloignent, bien que nous sachions qu'elles restent, d'un bout à l'autre, à la même distance. Or, un raisonnement simple nous démontre qu'une série de plans qui passent par un point, qui est, en ce cas, notre œil, et par des lignes droites parallèles, coupent tout plan non parallèle aux lignes droites selon des lignes rayonnant autour d'un point. Lorsque le plan en question est le tableau du peintre, ou la vitre fictive que Léonard de Vinci suppose entre l'œil qui regarde et les objets qu'il voit, ce point de rayonnement des lignes droites est le *point de fuite* de cette série de parallèles. Et voilà pourquoi, pour donner l'illusion de la réalité, lorsque l'on dessine une perspective, celle d'une allée ou d'une rue, on fait concourir au même point les images des lignes droites que l'on sait être parallèles.

Quelquefois même, on en imaginera de fictives pour faire un tracé difficile dans un croquis. Supposons que nous avons une allée d'arbres qui doit commencer en A et finir en B sur notre esquisse, avec 5 autres arbres entre A et B (*fig. 73*). —

Traçons une allée AC qui soit en face de nous, et plantons-y aussi 7 arbres équidistants, n'importe comment. En joignant le dernier au point B, puis le point F de rencontre avec la ligne d'horizon aux divisions de AC, nous aurons réalisé exactement

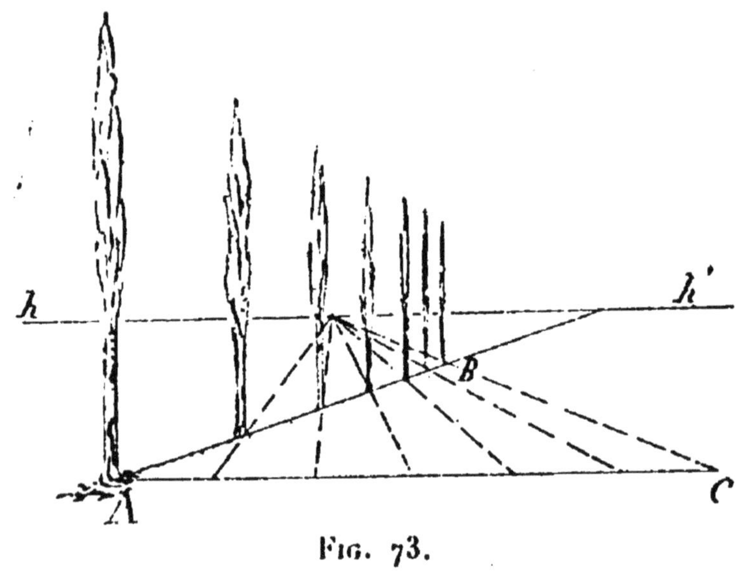

FIG. 73.

notre plantation. Les lignes droites qui joignent les arbres deux à deux, et qui, dans la réalité, sont parallèles, doivent, en perspective, être concourantes.

Après les plans qui se rencontrent, ceux qui ne se rencontrent pas sont eux-mêmes parallèles, et leurs images nous sont aussi familières que les autres. Les degrés d'un escalier, les murs d'une chambre, le plancher et le plafond, les rayons d'une bibliothèque, nous montrent des plans parallèles.

Examinons la façon de procéder pour poser, dans une encoignure, des tablettes horizontales et parallèles. Aux endroits marqués pour recevoir ces tablettes, il suffit de clouer deux tasseaux horizontaux, un sur chaque mur. C'est bien là la construction adoptée en géométrie; pour obtenir un plan parallèle à un autre plan, nous construisons, en un point donné, deux lignes droites parallèles à deux lignes droites de ce plan, comme les deux tasseaux cités plus haut.

De même, pour obtenir des rayons de bibliothèque parallèles, il n'y a qu'à disposer, sur les deux montants, deux séries de lignes droites parallèles, tasseaux ou rainures, car des plans parallèles sont rencontrés par un plan selon des lignes droites parallèles.

Et ainsi d'un bout à l'autre de cet exposé; la matière est inépuisable; c'est une fusion de l'expérience et du raisonnement, et nulle part peut-être celui-ci n'y atteint autant de netteté. Ici, il a la précision et la brièveté d'un syllogisme. Dans cette première étude de la géométrie de l'espace, l'élève fait usage de l'expérience, le plus qu'il peut, mais, en même temps, il essaie de retrouver dans les figures qu'il trace les plans réellement observés et qu'il a idéalisés. Il développe donc ses facultés d'attention, d'abstraction, et fortifie par le raisonnement les résultats de l'expérience, qu'il dépasse toujours.

C'est donc, encore et toujours, un exercice de volonté; or, une intelligence ordinaire, servie par une forte volonté, finit par devenir ferme et lucide. Il est certes très commode, pour les paresseux, d'alléguer qu'ils n'ont pas *la bosse des mathématiques*, mais l'excuse ne vaut rien; comprendre les mathématiques et être mathématicien sont deux choses distinctes. Nos idées ne sont pas uniquement et absolument spontanées; un effort persévérant peut les faire venir à notre appel.

∴

Toutes ces propositions étant destinées à être reprises et étudiées de nouveau avec plus de rigueur, il est entendu que l'on ne produira que les démonstrations indispensables et intelligibles à des élèves encores jeunes. Un grand point sera acquis s'ils ne se paient pas de mots, et si, derrière les figures tracées sur le tableau, ils voient des réalités.

D'ailleurs, afin d'y aider, de soulager l'attention et de stimuler la curiosité, il n'y aura qu'à recourir sans cesse à l'expérience. Lorsque l'on dit qu'une ligne droite est perpendiculaire à un plan dès qu'elle est perpendiculaire à deux lignes droites du plan, on ne fait que consacrer et démontrer une pratique journalière : pour régler la verticalité d'un axe, d'un jalon, d'une colonne, l'opérateur s'assure que l'axe, ou le jalon, ou la colonne est perpendiculaire à deux horizontales. C'est aussi la manière de procéder du menuisier qui veut faire un pied de table perpendiculaire à celle-ci.

Les *obliques égales* sont réalisées dans les haubans d'un navire.

Un livre ouvert, un trait, donnent l'image concrète de l'*angle dièdre;* un coin à fendre le bois est un dièdre aigu, le coin d'un mur est un dièdre droit. On voit par là que les images n'en manquent pas. Sur un seul pavé, il y a douze angles dièdres droits.

La correspondance entre l'angle dièdre et son angle plan, entre celui-ci et l'arc dont il est le centre, est réalisée d'une façon parfaite dans le théodolite (*fig.* 71), puisque le déplacement du plan vertical qui contient l'axe de la lunette est mesuré par le moyen d'un arc de circonférence gradué.

Un angle *trièdre* s'obtient en faisant trois arêtes à un cornet de papier; le *trièdre trirectangle* se retrouve à chaque coin d'une chambre; un pavé en bois présente huit de ces dièdres trirectangles. C'est donc, malgré le nom un peu extraordinaire, quelque chose de très commun.

Un parasol japonais, réduit à ses nervures, fermé, puis ouvert complètement, nous rappelle d'une façon simple que *la somme des faces d'un angle polyèdre convexe oscille entre zéro et quatre angles droits.*

Ces mots techniques sont simples parce qu'ils expriment nettement ce qu'ils doivent exprimer, et ils ont l'avantage d'être précis; mais on voit par là combien les êtres qu'ils désignent sont répandus autour de nous.

Si nous avons à nous fixer dans l'esprit qu'*un plan qui tourne autour d'une ligne droite perpendiculaire à un autre plan est toujours perpendiculaire à ce plan*, nous n'avons qu'à évoquer l'image d'une porte bien posée. Elle doit rester en équilibre dans toutes les positions que nous lui donnerons, ce qui est obtenu simplement en rendant verticale la ligne des gonds. Au contraire, si l'on désire que la porte ne soit pas en équilibre, mais se referme quand même, malgré la négligence des entrants et des sortants, on n'aura qu'à faire une ligne des gonds oblique.

On peut poser en fait que toute proposition de

géométrie élémentaire dérive de l'expérience au point que l'on puisse, en cherchant bien, en trouver toujours la réalisation. Ce n'est pas au maître à les indiquer toutes; il tomberait ainsi dans le travers des leçons de choses écrites. Comme si l'imprévu n'en était pas la première qualité! Elles étaient, dans la pensée de leur promoteur, Jules Ferry, destinées à exciter la curiosité de l'élève; en les réglant, les récitant, on a tué cette curiosité. Après que le maître aura indiqué des exemples, ce sera à l'élève d'en chercher et d'en trouver d'autres; il montrera ainsi qu'il a compris la question et s'habituera à la vivacité d'esprit. Cela vaudra mieux qu'une petite érudition technologique.

Les Projections.

Leur introduction dans les programmes du premier cycle ou dans toute étude élémentaire de la géométrie comblera les vœux, calmera les appréhensions des personnes trop timorées qui voyaient avec peine le dessin *géométral*, c'est-à-dire le dessin géométrique réduit aux seules projections, enseigné à de jeunes élèves auxquels il était impossible de donner une démonstration rigoureuse des tracés. Cette crainte est vaine, et il ne faut pas avoir peur de faire appel à l'intuition, à l'invention, chez les élèves jeunes, sans se montrer trop intransigeant pour les démonstrations. Les enfants apprécient mal cette rigueur et sont vite ennuyés par trop de sévérité, trop d'exigence.

Déjà, au début de la géométrie plane, il est excellent de les lancer un peu à l'aventure dans des constructions qu'ils justifieraient souvent d'une manière rudimentaire, et dans des problèmes qui les intéressent, tandis qu'une théorie trop parfaite passe par-dessus leurs têtes. Ce qui est essentiel, c'est de leur donner la curiosité d'esprit, le goût de la recherche faite avec entrain ; le reste, c'est-à-dire le besoin de démonstration, leur viendra par la suite. L'expérience de l'enseignement montre qu'il est possible de les habituer, de bonne heure, aux figures géométrales, grâce à l'intuition et à la méthode expérimentale.

Il est peu de personnes qui ne connaissent les projections ; le plan d'une maison, une carte topographique sont des projections ordinaires. C'est là un mode de représentation générale, pratiquement réalisé, d'une part par le calcul, et c'est le domaine de la géométrie de Descartes ou analytique ; d'autre part, par le dessin graphique, dont nous nous occupons ici. Les dessins perspectifs donnent une vue plus parlante des objets ; mais les projections en donnent des vues plus simples et exactes, sur lesquelles on peut relever leurs dimensions vraies. De là leur utilité si vaste pour la représentation des lieux, des édifices, des travaux d'art, des machines, etc. Il est sage d'habituer de bonne heure les enfants à la pratique de ce langage du trait; on voit tout l'avantage que peut tirer l'explication d'un auteur ancien du plan exact d'un temple, d'un édifice public, ou de coupes faites dans diverses directions, lorsque l'on cherche à créer autour des élèves une atmosphère exacte; citons aussi les *profils*, si utiles en géographie.

Ainsi le dessin géométrique, que nous avions paru abandonner un peu, reparaît plus grand, plus important. Les premières notions de géométrie cotée sont bien accueillies, et c'est avec plaisir que les élèves exécutent de petites épures. Et il est facile, avec le problème simple des ombres, de leur en proposer d'intéressantes, sans les rebuter. S'il y a une méthode générale, il ne manque pas de procédés, et plus d'un élève en trouve d'ingénieux. Ces procédés, en retour, ont une influence heureuse sur la géométrie elle-même, par l'habitude contractée de savoir disposer les figures de manière que leur aspect soit plus simple et la solution plus facile à découvrir. Enfin, comme les constructions ont un caractère nettement analytique, puisque toujours on construit par points successifs, la difficulté n'est que d'ordre pratique, reste la même pour chaque point, si bien qu'elle ne résiste pas à un effort prolongé. Ce premier contact avec la pratique de la vie montre la nécessité de la patience, l'impossibilité de faire œuvre sérieuse en travaillant *de chic*.

⁂

Le problème le plus important est celui des intersections, et celles des plans se construisent par la même méthode que toutes les autres. Il est lié intimement à la construction des solides et de leurs intersections, base de l'art de l'ingénieur et de l'architecte. Ici encore se manifeste d'une façon nette l'importance du plan; les intersections se trouvent le plus souvent à l'aide de plans auxiliaires; et si nous voulons nous rendre compte d'un édifice, d'une machine, de la forme d'un terrain représenté topographiquement, enfin d'une surface dont la complication nous échappe, c'est toujours au plan que nous devons recourir.

Dès le début, l'élève est intéressé par des questions qui, comme celles de *pente*, touchent à des applications intéressantes aux routes, aux voies ferrées, aux chemins de fer à crémaillère et aux funiculaires, ou, dans un autre ordre d'idées, aux formes des terrains et à la marche des cours d'eau déterminée par l'inclinaison des surfaces qui les reçoivent.

Rien n'empêchera de lui mettre sous les yeux une carte topographique, facile à se procurer, sur laquelle sont figurées les lignes de niveau du sol. Il sera frappé de la facilité avec laquelle on peut figurer, au moyen de cette carte, le profil, la coupe du terrain dans toutes les directions et, avec l'habitude, se rendre compte de la forme de celui-ci au simple aspect de la carte. Après quoi, on lui indiquera sommairement les préliminaires du tracé d'une route à travers une contrée sans que la pente atteigne la limite, déterminée par l'expérience, qu'elle ne peut dépasser sans s'opposer à la traction des voitures.

En même temps, il se rendra compte de la marche des cours d'eau, allant toujours vers des régions plus basses en suivant les pentes les plus fortes.

Il verra ainsi que tout se tient, que rien de ce qu'il étudie n'est inutile; et il étudiera plus volontiers après avoir vu que l'accroissement de son instruction élargit de plus en plus ses horizons.

Les Polyèdres.

Un éclat de pierre dont les faces sont planes, un morceau de bois scié dans tous les sens donnent des exemples de *polyèdres*, solides enfermés entre des faces planes. Tout corps entouré de facettes planes est un polyèdre. Rien n'est plus commun : un pavé, une pierre de taille, une maison, les chambres de cette maison, un tas de sable bien arrangé, etc., sont des polyèdres. Il y faut joindre les cristaux naturels.

Parmi eux, les plus intéressants sont le *prisme* et la *pyramide ;* on en rencontre quelquefois, surtout des premiers, dans les constructions; mais c'est dans les minéraux ou dans les substances chimiques cristallisées que l'on en rencontre le plus : les colonnes basaltiques sont des prismes, certaines pyrites sont des cubes, d'autres des agglomérations de fines pyramides dont les sommets se réunissent au centre; le soufre cristallise tantôt en prismes, tantôt en octaèdres; le diamant se présente sous la forme de dodécaèdres.

Les pyramides d'Égypte sont des exemples célèbres; il semble que ce soit la forme donnée aux plus anciennes constructions votives ou commémoratives, sans doute à cause de leur grande stabilité. Les piliers des constructions sont souvent de forme prismatique, les *pinacles* des églises gothiques de forme pyramidale. Les poutres, les solives sont des prismes.

La propriété du prisme, utile à considérer en

pratique, est que toutes les sections parallèles sont égales.

On comprend aisément qu'une feuille mince collée sur un prisme, épousant sa surface, puisse être ensuite déroulée, étalée sur un plan, et que, par suite, il soit facile d'évaluer son aire.

C'est là un des moyens, pour un élève, de se fabriquer en papier fort, ou en carton, des prismes dont il aura préalablement dessiné le développement sur la feuille dont il veut se servir. Il suffit, en suivant les arêtes, d'inciser le carton ou le papier, puis d'assembler le tout en collant les bords avec de la cire à cacheter. Ces constructions ont l'avantage de forcer l'élève à examiner successivement les éléments des prismes et leur mutuelle dépendance. Plus tard, il construira de même des pyramides et d'autres polyèdres par le même procédé.

En découpant un grand nombre de polygones égaux en papier, puis les empilant de façon à former un prisme, il sera mis sur la voie de la mesure du volume, qu'on l'amènera ensuite à justifier en partant du cube. Ces rondelles permettent de comprendre, un peu grossièrement, l'équivalence du prisme oblique et du prisme droit.

Le cas du prisme régulier sera à retenir; il sera facile de trouver la formule de son volume.

Ces objets réels auront encore l'avantage de fournir des modèles à copier afin de s'habituer à voir les corps solides représentés, pour les raisonnements et les calculs, par des figures planes. Enfin, ils permettront de figurer, soit leurs intersections avec des lignes droites représentées par des aiguilles, soit leurs sections planes effectives.

Les sections planes parallèles d'une pyramide donnent un exemple intéressant de figures homothétiques dans l'espace. Il en résulte que le rapport des aires de ces figures est en raison directe du carré du rapport de leurs distances au sommet.

Il est facile, d'une pyramide en carton, en la sectionnant, de faire un *tronc de pyramide* ou *pyramide tronquée*. Et l'on aperçoit une conséquence excellente à retenir : l'aire de la surface latérale et le volume du tronc de pyramide peuvent être évalués comme différences des aires et des volumes des deux pyramides déterminées par la section. Cet aperçu pratique sera heureusement complété par un calcul.

La figure dont nous venons de parler est assez répandue : certaines boîtes, certains récipients sont en forme de pyramides tronquées, de même les bornes indicatrices des routes.

Les Corps ronds.

Un prisme dont les faces se multiplient mène naturellement à l'idée du *cylindre*, comme la pyramide conduit au *cône*.

Les tiges des céréales, les troncs des hêtres, des sapins sont presque des cylindres achevés; de même les corps de certains animaux : anguilles, vers, etc. Autour de nous, les cylindres sont nombreux : tubes, colonnes, tunnels, verres à gaz, moulures, etc. Ces dernières, en particulier, sont obtenues mécaniquement par la rotation rapide d'un morceau d'acier découpé selon leur profil; c'est une application de la propriété citée plus haut pour le prisme et qui convient tout aussi bien au cylindre : toutes les sections perpendiculaires à l'axe sont égales. La même propriété est utilisée aussi pour le moulage des tubes en plomb, la fabrication des rails de chemin de fer, des fils de fer et de cuivre et enfin du... macaroni, qu'on ne s'attendait guère à voir en cette affaire.

La fabrication d'un cylindre en carton ou papier fort est encore plus facile que celle du prisme; elle montre que le développement de la surface est un rectangle.

En traçant sur ce rectangle un certain nombre

de droites transversales parallèles, on obtient très simplement des hélices placées sur le cylindre; par ces temps d'aviation, cette figure ne laisse personne indifférent. La parenté du cylindre et de la vis est ainsi mise en évidence.

Comment faire un abat-jour? Ses deux bases étant des circonférences, on en conclura, en pensant à la pyramide tronquée, que l'abat-jour a la forme d'un *cône tronqué*. Le développement de la surface d'un cône étant un secteur circulaire d'autant plus étendu que la forme du cône est plus écrasée, on en conclura que le développement de la surface du tronc de cône sera obtenu en retirant d'un secteur circulaire un autre secteur concentrique. En variant l'angle commun de ces deux secteurs, on obtiendra toutes les formes d'abat-jour. Précieux avantage : il est facile de décorer la surface étalée sur un plan avant de l'enrouler.

C'est ainsi que l'on procède également pour fabriquer un seau de zinc ou de fer-blanc qui a la forme d'un tronc de cône.

Naturellement, d'utiles exercices de calcul seront faits en regardant les aires et les volumes comme différences d'aires et de volumes de cônes.

∴

Il n'est plus possible de construire une *sphère*, nom technique d'une boule parfaitement ronde, par développement. Évidemment, les fabricants de ballons, soit en peau, soit en caoutchouc, découpent des fuseaux analogues aux morceaux de pelures d'orange qui recouvrent chaque quartier, mais la forme est assez grossière. On arrive à un résultat meilleur, mais combien éphémère, en soufflant des bulles de savon. Enfin, les aérostats, dont les enveloppes sont des assemblages de fuseaux réalisent suffisamment la forme sphérique, les dimensions des fuseaux étant assez faibles par rapport au rayon.

Il n'y a qu'à chercher autour de soi pour voir des sphères soit entières, soit en fragments : poêlons de cuivre, chaudières, globes d'éclairage, billes à jouer, billes de billard, billes de roulement des bicyclettes, sans oublier les plombs de chasse, et nombre de graines végétales.

La zone sphérique présente cette particularité intéressante d'avoir même aire que la zone cylindrique de même hauteur qui l'enveloppe. Ainsi, un cylindre creux de cuivre d'une certaine épaisseur peut donner, à l'emboutissage, une calotte sphérique de même hauteur et de même épaisseur, puisque chacune emploie la même quantité de cuivre.

En examinant la constitution de ces rognons pyriteux que l'on trouve en abondance au pied des falaises crayeuses de la Manche, et qui paraissent formés d'étroites aiguilles pyramidales dont le sommet commun est au centre, on peut être amené à calculer le volume de la sphère en partant de celui de la pyramide.

Et l'on couronnera le tout par des combinaisons de ces divers corps ronds, en évaluant les rapports des aires ou des volumes dans des cas simples que l'on pourra varier beaucoup.

II. — La méthode logique.

Le Cours.

Ce qui caractérise l'exposé de la géométrie tel qu'il vient d'être expliqué, c'est la part très large faite à l'expérience, aux exemples tirés de la nature et de la vie pratique ; c'est aussi la tendance à développer l'intuition et à augmenter la curiosité et le désir de savoir.

La classe pouvait être une sorte de conversation

qui amenait l'élève à s'élever peu à peu des faits particuliers aux généralités et à découvrir lui-même les définitions abstraites, tout en ne perdant pas de vue les réalités qui se cachaient derrière les mots nouveaux dont il enrichissait son vocabulaire. Ce n'est pas que l'on se refusât à démontrer, mais on ne démontrait pas systématiquement ; on se guidait plutôt sur le besoin de raisons exprimé par l'élève et sur son aptitude à les entendre.

Il en est tout autrement dès que l'on reprend l'exposé logique, car, au lieu de partir des êtres complexes pour arriver aux idées simples, on va progressivement du simple au composé.

Le professeur, dans l'explication du cours, monologue ou peu s'en faut. L'élève écoute ; il suit, appuyé sur la base solide qu'il a acquise auparavant et guidé par le sommaire bref, mais aussi net que possible, donné par le professeur. Il doit s'appliquer à *suivre*, c'est-à-dire à comprendre le raisonnement qui se déroule devant lui, sans s'attarder ni se perdre. C'est donc pour lui un exercice d'attention très pénible au début.

Mais bientôt il s'habitue, se fortifie, finit même par aller au-devant de la parole du professeur et prévoir ce qui doit venir ensuite. L'intérêt qu'il y prend masque la peine inséparable de tout effort. Bien qu'il sache que le professeur recommencera le raisonnement mal compris, il fera mieux de ne pas recourir trop souvent à cette aide et de compter de plus en plus sur sa volonté et ses moyens personnels.

On peut dire que ce sont les élèves mous et paresseux qui méconnaissent le plus leur intérêt, et se créent le plus de difficultés et de travail matériel. Les élèves appliqués et actifs, dès qu'ils sont parvenus à suivre convenablement, savent déjà leur cours, ou peu s'en faut, avant de quitter la salle de classe. Outre qu'ils ont été intéressés par ce cours, ils n'ont plus qu'à mettre un peu d'ordre dans leurs notes et à faire des exercices d'application, puis des problèmes. Ainsi, le travail matériel se trouve pour eux très réduit.

Le bon élève nous apparaît donc comme un élève habile, auquel les études, loin de lui être pénibles, procurent de multiples satisfactions. Isolé devant son tableau noir, il ne compte que sur lui-même et prend conscience de ses progrès. Ceux-ci, qui résultent nécessairement de tout travail personnel, contribuent à l'encourager.

La découverte d'un problème de géométrie lui procure une véritable joie, joie sans mélange, par là même supérieure à presque toutes les autres. Que lui importe que des milliers d'hommes l'aient résolu avant lui? Il a tout le plaisir de l'invention, comme s'il était le premier, l'unique. L'antiquité nous a conservé le souvenir de l'immense joie de Pythagore découvrant la propriété de l'hypoténuse du triangle rectangle; elle nous montre aussi Archimède plongé dans un problème de géométrie et indifférent à la prise de Syracuse.

Ainsi entraîné, le bon élève (et remarquons bien qu'il s'agit non d'un élève extraordinaire, mais simplement d'un élève ayant la volonté de faire honnêtement son devoir) se sent capable de se mesurer avec des difficultés de plus en plus sérieuses, de traîter plus complètement et avec plus d'ampleur les questions qui lui sont proposées et d'y faire même des découvertes personnelles plus fréquentes que l'on ne serait tenté de le croire.

*
* *

La méthode logique procède du simple au composé; elle part du *point* pour arriver progressivement aux figures planes de plus en plus complexes, puis aux figures de l'espace. Mais cette simplicité est nécessairement la résultante d'une série de généralisations faites antérieurement. Et ainsi nous pouvons nous expliquer pourquoi tant d'élèves n'ont pas pu s'y intéresser; l'application prématurée d'une méthode abstraite les avait rebutés.

Éloignés de toute réalité, ils n'y voyaient que des faits indifférents et des mots vides de sens.

Il n'y a rien de semblable à redouter lorsque cette étude vient après le développement de la méthode naturelle, développement qui correspond bien au premier cycle actuel des études secondaires. Les élèves s'y sont familiarisés avec les figures de la géométrie ; ils ont fait maintes constructions d'une manière parfois instructive, en n'usant que juste autant qu'il le fallait du raisonnement, et, ayant quelque peu réussi, ils y ont naturellement pris goût.

Mais maintenant leur esprit, ainsi préparé, veut et peut autre chose : la géométrie va leur être présentée avec cette rigueur qui en constitue la grande valeur éducative.

Elle part ordinairement de définitions générales et précises, et les fait suivre de déductions enchaînées dans un ordre parfait. Toutefois les définitions, si elles sont plus générales, si surtout elles sont présentées au début et, semble-t-il, *à priori*, ne sont jamais en désaccord avec celles que possèdent déjà les élèves, et, basées sur l'expérience, elles ont une signification pleine de force.

Au surplus, un peu d'attention nous convaincra bien vite que la géométrie ne s'est pas détachée totalement de l'expérience, et que les postulats y sont en nombre, bien que l'on se soit efforcé de les réduire le plus possible.

Nous ne pourrons pas, dès le commencement, faire un seul pas, si nous n'avons pas la notion de la ligne droite et du plan, de l'invariabilité d'une figure qui se déplace, si nous n'admettons pas le postulat d'Euclide ou ceux que l'on a proposé de lui substituer; et plus tard, il en sera de même de la notion de surface, et de tant d'autres axiomes que, souvent, on admet presque inconsciemment. De plus, on fait souvent appel à la notion de mouvement : c'est une droite glissant sur une autre, ou un plan sur un autre, ou un point qui se meut sur une ligne, un plan qui tourne autour d'un axe, etc.

Or, d'où tirons-nous ces diverses notions, sinon de l'expérience, c'est-à-dire de l'observation des corps qui nous entourent, des réactions que nous subissons de leur part, surtout des corps solides, ce qui a permis à un philosophe contemporain de conclure que notre intelligence, en évoluant, a jusqu'ici progressé dans le sens géométrique? Nous naissons tous géomètres... *en puissance*, selon l'expression d'Aristote. Et il serait facile de retrouver ce caractère de notre intelligence dans les œuvres humaines qui semblent le moins géométriques.

Cette part une fois faite à l'expérience, part très légitime d'ailleurs, on cherchera, dans les démonstrations, la même rigueur que dans les définitions. Démontrer, c'est, d'une vérité générale, tirer une vérité moins générale, ou inversement, selon que l'on procède par déduction ou par induction. Celui qui écoute une démonstration ne se montre pleinement satisfait que s'il voit peu à peu, sans trop d'effort de sa part, la vérité se dégager nettement, sans le moindre doute, et sans avoir admis autre chose que des axiomes. La rigueur de la démonstration implique donc une forme logique déterminée, et, par suite, un véritable effort de composition.

∴

Au reste, il ne faut pas s'effrayer de la multiplicité des questions traitées en géométrie : le nombre des méthodes de démonstration est restreint, et, en se les assimilant, on réduit d'une manière très notable les efforts de mémoire.

Toute démonstration, toute recherche, part d'un certain nombre d'hypothèses. Et c'est exclusivement par une transformation des hypothèses qu'elle s'achemine vers la conclusion. Il résulte évidemment de là une remarque très utile que voici : si, dès le début, on s'occupe d'autre chose que des hypothèses, on est certain de faire fausse route. Il n'y a d'autre façon d'entrer dans le sujet que de s'attaquer aux hypothèses et, si elles sont multiples, de les examiner successivement, *une* à *une*,

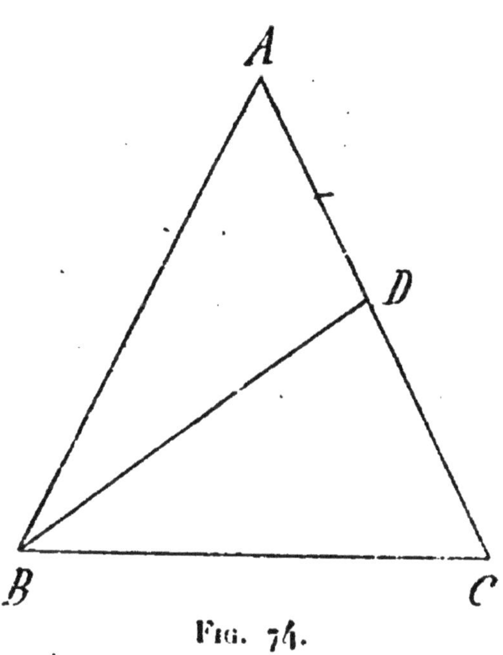

FIG. 74.

en abandonnant chacune d'elles seulement après en avoir tiré une conséquence utile au but poursuivi. Enfin, après les avoir utilisées toutes, il n'y a plus qu'à réunir les résultats épars pour achever la démonstration en quelque sorte automatiquement.

Un exemple permettra de bien comprendre cette méthode de travail :

Montrer que si un point D (*fig.* 74) *parcourt le*

côté AC *d'un triangle isocèle* ABC, *la longueur* DB *est constamment plus grande que* DC.

D'après l'énoncé, les deux hypothèses sont : 1° que le triangle est isocèle; 2° que le point D est situé entre A et C.

D'après la première, le triangle étant isocèle, je déduis cette conséquence utile que l'angle B est égal à l'angle C.

D'après la deuxième, le point D étant situé entre A et C, je déduis cette autre conséquence que BD est situé entre BC et BA; que, par suite, l'angle CBD est plus petit que l'angle C.

Réunissons ces deux résultats obtenus séparément : le triangle BCD nous présente un angle C plus grand qu'un autre angle CBD; nous concluons, en vertu d'une proposition démontrée dans le Cours, que le côté opposé au premier, BD, est plus grand que le côté CD opposé au deuxième.

Prenons un autre exemple dans le Cours de Géométrie de l'espace :

Un plan qui rencontre deux plans parallèles les coupe selon deux lignes droites parallèles.

Les deux hypothèses sont ici : 1° le plan R (*fig.* 75) rencontre les deux autres; 2° les plans P et P' sont parallèles.

En vertu de la première hypothèse, les deux

lignes droites d'intersection sont dans un plan; c'est la première conséquence. En vertu de la

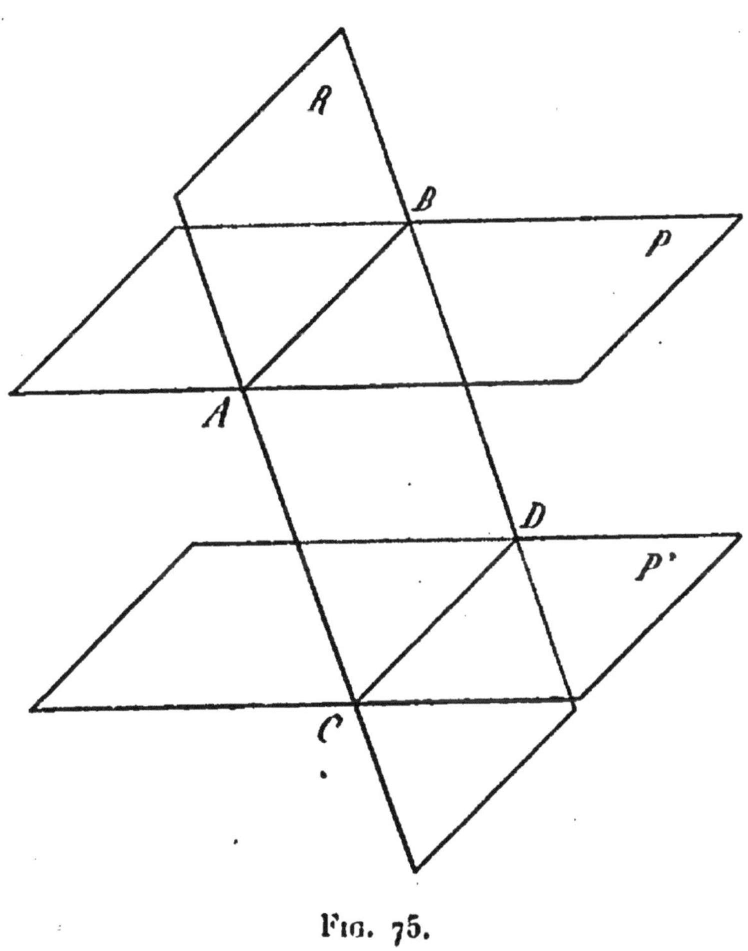

Fig. 75.

deuxième hypothèse, elles ne sauraient se rencontrer, puisqu'elles sont situées dans deux plans qui ne se rencontrent nulle part.

Réunissons ces deux résultats, et nous voyons

que les deux lignes droites réunissent les deux conditions pour qu'elles soient parallèles.

∴

Mais la logique n'est pas tout; et tel qui dédaigne l'exactitude graphique peut être conduit à des conséquences absurdes ou fausses en raisonnant juste sur une figure mal faite. Il n'est rien de mieux, pour faire apprécier cette remarque à sa juste valeur, et faire accepter ce conseil aux esprits prévenus, que de proposer certains problèmes amusants. Ces problèmes exercent la sagacité de l'élève, et le mettent à l'avenir en garde contre les figures négligées. Le suivant est intéressant à ce point de vue :

Au milieu du côté DC *du carré* ABCD (*fig.* 76), *élevons la perpendiculaire; puis, ayant fait tourner légèrement le côté* BC *autour du point* B *pour l'amener en* BG, *et joint* DG, *élevons encore la perpendiculaire au milieu de* DG. *Elle rencontre certainement la première. Joignons maintenant le point* O *de rencontre aux points* A, B, D, G.

Nous voyons, d'une part, que les obliques OD, OG, sont égales; que, d'autre part, les trois côtés du triangle OAD sont égaux aux trois côtés de

OBG; nous devons en conclure que ces deux triangles sont égaux, et que, par conséquent, l'angle OAD est égal à l'angle OBG. Conclusion imprévue,

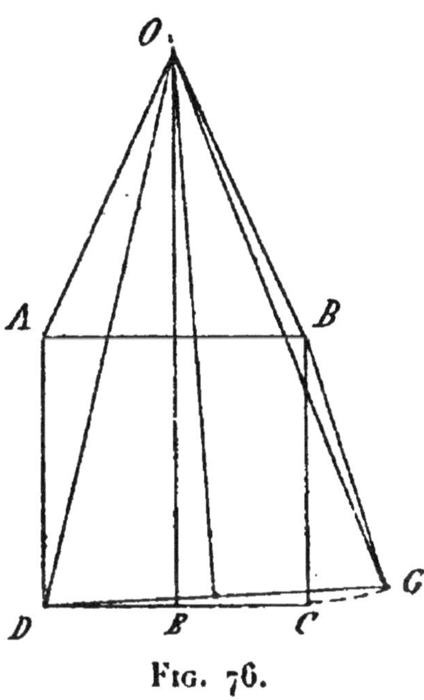

FIG. 76.

stupéfiante : l'angle droit BAD est égal à l'angle obtus ABG!

Il est extrêmement rare que les élèves, devant cette conclusion absurde, ne cherchent pas un défaut dans le raisonnement qui précède. Et ce sera en pure perte : la déduction est logique, la démonstration inattaquable.

Puis, à la réflexion, il ne se présente qu'une explication raisonnable; car, si le raisonnement est juste, il est impossible, absurde, qu'un angle droit soit égal à un angle plus grand que lui. L'erreur doit provenir de la figure que l'on a acceptée parce qu'elle ne choquait pas; en supposant que BC soit à peine dérangé de sa position, le point de rencontre O se trouvera à une distance tellement grande que l'on verra que la ligne droite OG passe nécessairement à droite de BG; et dès lors, le raisonnement et la conclusion sont justes tous deux.

*
* *

Avant d'aller plus loin, il n'est peut-être pas inutile d'insister sur ce point que le Cours de Géométrie ne doit pas imposer un trop sérieux effort de mémoire. Il est facile, en effet, de s'assurer que, dans chacun des chapitres, ou, comme l'on dit, des *Livres* de Géométrie, il y a un ou deux théorèmes saillants, fondamentaux, autour desquels viennent se grouper tous les autres. Un élève qui, sachant parfaitement ces théorèmes indispensables, aurait assez de méthode pour en déduire les autres comme de simples exercices, et, au besoin, les reprendrait dans la suite, aurait de sa géométrie une connaissance suffisante pour en apprécier les méthodes et en trouver les applications.

Il n'est pas douteux que beaucoup de professeurs ne fussent tout prêts à se ranger à cette manière de voir, s'il n'y avait pas l'obsédant souci des examens, et le désir tout naturel d'entourer les élèves du plus grand nombre de précautions possible. Tous les parents n'ont-ils pas une tendance à trop gâter leurs enfants, et à les entourer de soins exagérés? Et d'ailleurs, où commence l'exagération?

Il y a peut-être une solution de la difficulté, qui est désirée par un certain nombre de professeurs : c'est la suppression, à l'examen, de la question de cours. Celle-ci constitue en réalité une épreuve difficile, dont les candidats se tirent assez médiocrement. Ils hésitent, ne savent où ils doivent commencer ni finir; leur travail donne l'impression d'un stérile effort de mémoire.

Ce n'est guère qu'une prime à la médiocrité. Mais, que mettre à la place? Il semble que, en proposant une série d'exercices, les uns très faciles, qui permettent de voir si le candidat a raisonnablement suivi ses cours, les autres plus difficiles, pour donner le moyen aux candidats plus avancés de montrer ce qu'ils peuvent faire, on pourrait juger équitablement sans favoriser en rien les paresseux. — Un élève n'est pas nécessairement un futur professeur; il suffit qu'il ait suivi et compris le Cours de Géométrie et soit capable de se tirer des problèmes les plus simples. Il peut être un homme utile et bien élevé sans être fort en géométrie.

*
* *

Nous pouvons maintenant examiner rapidement les divers livres de géométrie et indiquer quelles sont, dans chacun d'eux, les questions principales. Il est bien entendu que ces divisions sont celles que l'on trouve dans la plupart des ouvrages de géométrie sans préjuger aucunement la distribution du Cours.

Livre I. — L'étude du livre I doit être faite avec un soin particulier : c'est, en effet, dans ce livre que sont posées la plupart des définitions. De plus, l'enchaînement des questions de géométrie fait que, en dernière analyse, tout le reste du Cours est basé sur les résultats qui y sont obtenus. La ligne droite, les angles, les parallèles, les perpendiculaires se retrouveront partout.

Deux figures dominent tout ce livre : le *triangle isocèle* et le *parallélogramme*. Le premier, dont le nom signifie, étymologiquement, *jambes égales*, rappelle la position d'un homme debout, les jambes écartées. Ses propriétés, que l'on démontre simplement en retournant la figure, ont des applications très nombreuses : en géométrie, dans toutes les questions de symétrie, de circonférences, de tangentes; en mécanique, dans les questions d'équilibre (les *fermes* sont constituées par des triangles isocèles), en optique, etc. Bien mieux, ces propriétés semblent toutes naturelles, et il n'est pas besoin d'un effort de mémoire pour les connaître.

Le *parallélogramme*, qui a déjà été étudié dans le premier cycle, a aussi des propriétés importantes et qui paraissent à peu près aussi naturelles que celles du triangle isocèle. C'est à lui qu'il faudra inévitablement avoir recours dans toutes les questions de translation, toutes les fois qu'il sera nécessaire d'effectuer le transport d'une longueur dans une figure; chacun sait son importance en mécanique.

*
* *

Les difficultés les plus sérieuses se rencontrent dans les propositions *inverses* ou *réciproques*. Nous avons déjà vu, en arithmétique, la division plus difficile que la multiplication, et de même toutes les opérations inverses.

Une bonne méthode consiste à revenir à la proposition directe. Prenons la proposition *directe* suivante :

Si une ligne droite AB (*fig. 77*) *est rencontrée en* O *par une demi-droite* OC, *elle forme avec*

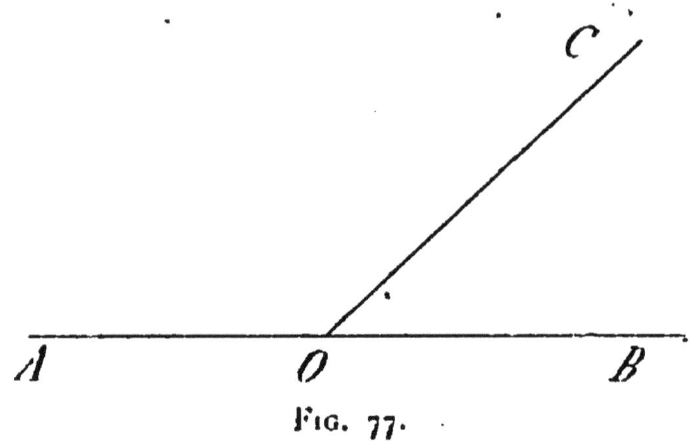

FIG. 77.

elle deux angles adjacents dont la somme est toujours égale à deux angles droits.

La démonstration est très simple. La proposition réciproque s'énonce :

Si deux angles adjacents ont une somme égale à deux angles droits, les côtés non communs ne forment qu'une ligne droite.

Voici comment nous revenons à la proposition directe : Imaginons que nous prolongeons AO, et appelons ce prolongement OB', puis montrons que OB' est précisément OB. En effet, d'après la proposition *directe*, l'angle COB' est égal au supplément de AOC, et, par suite, à COB; or, nous avons dit que, deux angles étant égaux, si nous plaçons un côté de l'un sur un côté de l'autre, les deux autres côtés se confondent. Et c'est exactement le cas où nous sommes.

LIVRE II. — Les propriétés du *diamètre* sont importantes, en particulier celle à laquelle il doit son nom : il est le lieu géométrique des milieux des cordes qui lui sont perpendiculaires.

On voudra bien remarquer que cette propriété tient à ce que deux rayons quelconques sont égaux et que, en joignant leurs extrémités, on obtient toujours un triangle isocèle. Comment serait-on surpris de le voir apparaître ici, si l'on se rappelle que la circonférence est la plus symétrique des figures planes? Ces questions se rattachent si étroitement au triangle isocèle que, dans l'esprit, leurs idées sont facilement associées.

La notion de *tangente* est difficile autant qu'importante. L'étude qui en a été faite dans la première partie du Cours doit être reprise et refaite à nouveau. Les images vulgaires qui nous avaient conduits à cette notion doivent être complétées. Et tout d'abord, il est indispensable de donner une définition générale de la tangente, envisagée comme limite des positions que prend une droite qui a un point fixe sur la courbe considérée, et un ou plusieurs autres points d'intersection qui viennent se confondre avec le premier, le *contact*. Cette définition nouvelle n'est pas en contradiction avec la première, mais elle a de nombreux avantages : elle s'applique aux cas les plus divers, elle permet de pénétrer plus avant dans l'étude des lignes courbes; enfin, elle nous montre que, dans certaines circonstances, la tangente peut traverser la courbe au point de contact.

D'autre part, elle est d'une adaptation facile en mécanique.

Enfin, on trouve, dans ce livre, une propriété dont les applications sont très fréquentes, c'est la propriété de l'arc construit sur une longueur donnée d'être le lieu géométrique des points d'où l'on voit cette longueur sous un angle donné. C'est l'*arc capable* de l'angle.

De même que pour le diamètre, puis pour la tangente, c'est encore le triangle isocèle qui est à la base de toutes les démonstrations. Et l'on peut aussi remarquer que les relations entre les angles et les arcs de circonférences nous sont familières, car nous avons l'habitude de recourir à des cercles divisés pour obtenir pratiquement la mesure des angles.

LIVRE III. — Les quatre questions qui dominent tout ce livre sont : le théorème fondamental de Thalès, l'homothétie, les relations métriques du triangle rectangle, et les polygones réguliers, car la mesure de la circonférence peut être tout à fait mise à part.

L'étude pratique du *Théorème de Thalès* faite auparavant, par la construction des échelles, a été précieuse pour faire entendre à fond la signification du rapport des deux longueurs, d'où dérive, avec peu de modifications, la démonstration théorique. Tout revient, au fond, à considérer des longueurs divisées en parties égales ; de même que, en arithmétique, les problèmes de partage, de répartition, reviennent à faire des parts égales. Ces analogies de situations et de méthodes doivent être évoquées le plus souvent possible afin de donner de l'unité à l'éducation intellectuelle et d'éviter que les connaissances diversement acquises soient, dans l'esprit de l'élève, séparées par des cloisons étanches.

La belle théorie de l'*Homothétie*, qui conduit si simplement aux figures semblables, donne une solution élégante de nombreux problèmes. Dès le début, on établira qu'une figure donnée n'a, pour un rapport donné, qu'une homothétique, toutes celles que l'on peut construire en variant la position du centre pouvant être amenées l'une sur l'autre par une simple translation. Ceci permettra de choisir le centre où l'on voudra, choix qui conduira à de notables simplifications.

Les *relations métriques* sont des vérifications qui se rencontrent entre certains éléments des figures. Leur caractère fondamental est la *nécessité*, c'est-à-dire que, dans les conditions énoncées, elles ne peuvent pas ne pas exister. Et de là vient leur importance en géométrie, soit au point de vue spéculatif, soit dans les applications pratiques. Grâce à ce caractère de nécessité, en effet, elles se substituent aux figures elles-mêmes, si bien que l'on peut, au lieu de faire des constructions graphiques, effectuer des calculs. Par exemple, étant donné un triangle rectangle, dont les côtés ont respectivement 3 mètres et 4 mètres de longueur, nous pouvons, à volonté, construire, à une échelle déterminée, ce triangle, puis, sur le dessin, en mesurer la hauteur, ou bien calculer la longueur de celle-ci en sachant qu'elle est moyenne proportionnelle aux segments déterminés par elles sur l'hypoténuse. Et nous arrivons ainsi au même résultat par deux voies différentes. A nous de choisir l'une ou l'autre, selon les circonstances.

Loin de vouloir délimiter strictement les domaines respectifs de la géométrie et du calcul, nous

nous efforcerons de montrer l'aide que peuvent se prêter mutuellement les diverses branches des mathématiques, pour habituer l'esprit à plus de souplesse et développer le jugement, sans oublier l'unité de notre instruction.

Dans l'emploi des relations métriques, l'introduction des signes dans les figures fera ressortir les avantages de l'algèbre appliquée à la géométrie.

Il est aujourd'hui d'un usage constant d'établir, dans l'exposé du livre III, certaines relations entre les éléments rectilignes du triangle et d'autres longueurs liées aux angles. Ces relations sont, ensuite, complétées et exposées méthodiquement dans une branche spéciale des mathématiques, la trigonométrie, dont le but immédiat est le calcul des éléments du triangle et, par suite, de toutes les figures.

Au point de vûe qui nous occupe, la trigonométrie se recommande particulièrement par les élégantes transformations auxquelles elle conduit. Elle se rattache par là à l'algèbre, et apporte, comme celle-ci, son aide précieuse à la géométrie. Toutefois, si elle est tout à fait à sa place dans un traité de géométrie court et pratique, son emploi doit être très discrètement mesuré dans un Cours qui a pour objet la géométrie pure.

Dans l'étude des *polygones réguliers*, dont la propriété principale est d'avoir tous leurs sommets sur une circonférence, revient tout naturellement le triangle isocèle; et c'est toujours autant d'allègement pour la mémoire. Leur importance pratique est grande : on a souvent besoin de diviser une circonférence en parties égales.

Il semble bien que l'on puisse traiter complètement à part la *mesure de la circonférence;* cette question a été de tout temps l'objet de recherches nombreuses, le but des efforts des géomètres. L'Anglais Taylor a même prétendu que la grande pyramide de Chéops avait été élevée spécialement pour transmettre aux siècles à venir la valeur du rapport de la circonférence au rayon. « C'est une pyramide régulière, à base carrée, et on sait par Hérodote que l'aire de chaque face latérale est égale au carré de sa hauteur. » En partant de là, on trouve pour ce rapport 6,290, qui est peu éloigné de la vérité (FOURREY, *Curiosités géométriques*).

Si non é vero.....

Aujourd'hui, nous savons que le rapport de la circonférence à celle de son diamètre est un nombre incommensurable, le nombre π, qu'un intrépide Allemand a calculé avec cinq cents chiffres décimaux, sans que l'on puisse apercevoir l'utilité d'un pareil labeur.

Cette question présente une haute difficulté : pour la première fois, les élèves prennent contact avec la méthode infinitésimale, toute différente de ce qu'ils ont vu auparavant. Ils auront besoin de toute leur attention pour arriver à entendre la signification du mot *limite*, puis suivre le raisonnement qui mène à une conclusion bien déterminée.

LIVRE IV. — La définition de l'*aire* d'une figure implique que cette figure est *plane;* ceci est bon à prendre en note. D'autre part, c'est le choix du *carré* comme unité d'aire qui entraîne tout le développement de la méthode. Ce livre est celui qui offre le moins de nouveautés après la première étude faite antérieurement. Les questions traitées sont d'ailleurs très faciles.

Les points les plus importants sont : l'aire du triangle, qui sert à déterminer celles de toutes les figures, et l'étude du rapport des aires de deux figures semblables.

L'aire du cercle, deuxième application de la méthode infinitésimale, paraîtra moins difficile. Le problème célèbre de la *quadrature du cercle* peut être traduit par l'énoncé suivant : *trouver un carré dont l'aire soit égale à celle d'un cercle donné.* On ne peut en donner qu'une solution approchée; la difficulté était augmentée encore par la condition imposée de la résoudre avec la règle et le compas seuls.

Une conséquence du fait que l'on peut ramener l'aire d'une figure à celle d'un triangle est la transformation graphique des figures en triangles équivalents, et, d'autre part, la structure des formules de ces aires.

*
* *

Disons en passant que le problème des aires a fourni la matière de beaucoup de ces jeux de transformation dont plusieurs sont devenus assez connus pour qu'on en trouve les éléments chez les marchands de *Jeux de Société*. Ils sont au moins aussi intéressants que d'autres jeux de patience dont le grave inconvénient est d'occuper inutilement pendant des heures. Le suivant, bien que facile à résoudre logiquement, ne laisse pas d'être embarrassant :

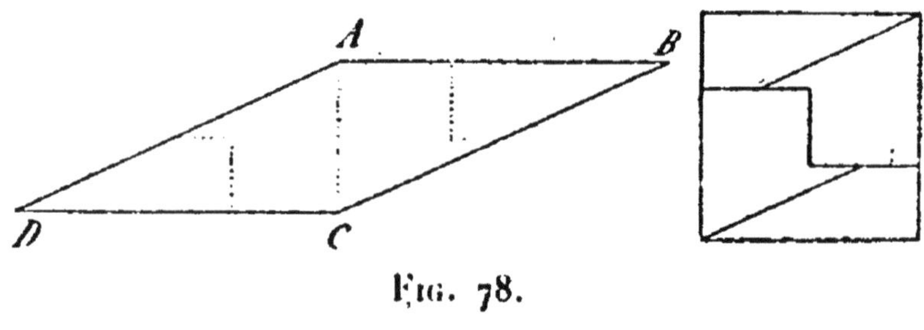

Fig. 78.

Une planchette de bois mince ABCD (*fig.* 78)

a la forme d'un parallélogramme; la diagonale AC, *dont la longueur est de 4 centimètres, est perpendiculaire au côté* AB *dont la longueur est de 9 centimètres. On propose de scier la planchette en quatre morceaux qui, assemblés, sans laisser de vide entre eux, forment un carré.*

Les morceaux devront être assemblés sans laisser de vide; cela signifie que le carré aura une aire égale à celle du parallélogramme. L'aire de celui-ci est, puisque la diagonale, perpendiculaire au côté, est la hauteur, égale au produit $4 \times 9 = 36$ cm². Le côté du carré équivalent est donc égal à 6 cm.

Tout se réduit donc à couper la planchette de manière à réaliser le côté de 6 cm. Les pointillés marqués sur la figure indiquent les traits de scie. La deuxième figure montre l'assemblage des quatre morceaux.

Dans le même ordre d'idées, on peut se proposer de scier une planchette carrée de façon à la débiter en un nombre donné de carrés égaux, ou de remplacer un polygone par un carré équivalent, etc.

Livre V. — C'est à propos de ce livre qu'il est le plus difficile de se limiter, à cause de l'importance d'un grand nombre des questions qui y sont traitées. Elles sont importantes, non seulement par leurs applications, mais encore par les exemples remarquables de raisonnement que l'on y rencontre à chaque pas.

Les deux propositions qui dominent tout ce livre sont relatives à la détermination du plan et à l'intersection de deux plans. C'est grâce à elles que l'on se retrouve aisément dans les plans qui composent une figure, que l'on peut utiliser les propriétés acquises en géométrie plane, et que surtout les tracés de la *géométrie descriptive* sont possibles.

D'autres propositions importantes se succèdent dans un ordre remarquable, qu'il convient de bien apprécier. Toutefois, il est clair qu'il y a diverses manières de présenter cet ordre, et qu'il suffit de s'attacher à l'une d'elles. Les questions dont il s'agit sont : les droites et plans parallèles, les droites et plans perpendiculaires, déjà étudiées à un point de vue plus pratique.

Puis viennent les angles dièdres, si analogues aux angles de la géométrie plane, qu'on peut aisément retrouver les mêmes propositions dans le même ordre, et les plans perpendiculaires; enfin les angles trièdres et leurs analogies avec les triangles.

On peut dire que c'est un des endroits les plus touffus de la géométrie.

La théorie des plans perpendiculaires sert de

base à celle des *projections*, si universellement employées dans le dessin géométrique. Une des premières applications est celle qui en est faite aux déplacements d'un corps solide : on peut, graphiquement, partir de la figure donnée d'un corps solide projeté sur deux plans, avec des dimensions déterminées. De cette figure donnée, exclusivement, se déduisent rigoureusement les projections de ce même corps après un déplacement simple bien défini, puis après un autre déplacement succédant au premier, et ainsi de suite. Rien n'est meilleur que cet exercice pour montrer aux débutants la *logique du trait* et la détermination d'une figure par des projections.

En voici un exemple que l'on pourra varier indéfiniment.

La figure 79, qui se lit de gauche à droite, représente une pyramide, d'abord droite, déterminée par deux projections, l'une verticale, l'autre horizontale. Ce dessin a pu être exécuté, soit d'après nature, soit d'après des données numériques.

Faisons tourner cette pyramide d'un angle de 20°, par exemple, autour de l'arête *ab* perpendiculaire au plan vertical de projection; et reportons, au moyen de parallèles, la projection verticale sur la droite afin de ne pas embrouiller les figures. Il suffit de suivre les lignes tracées pour voir que la

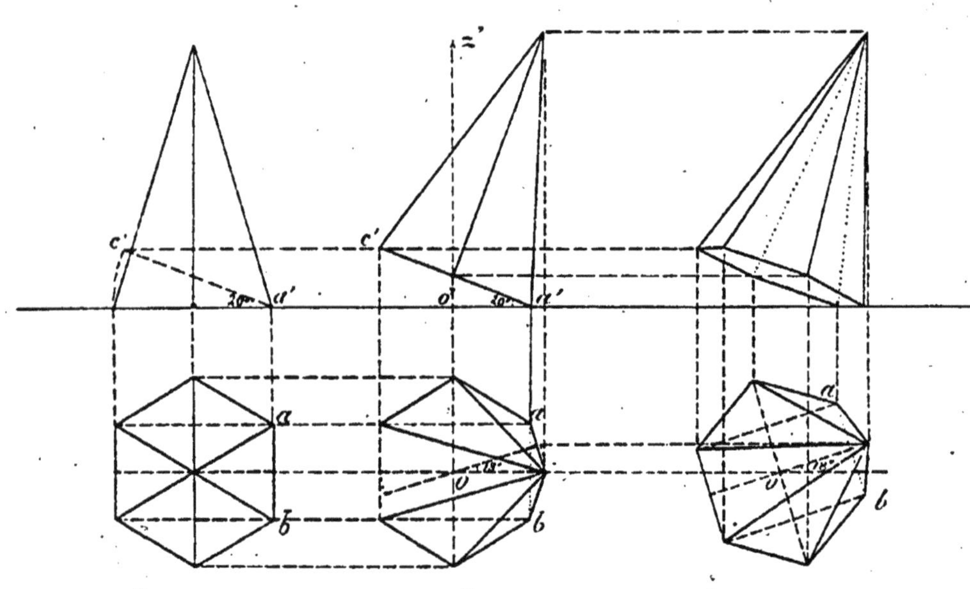

FIG. 79.

projection horizontale se déduit de la nouvelle projection verticale, sans qu'il soit nécessaire de recourir au modèle.

Faisons de nouveau tourner la figure, cette fois d'un angle de 18°, autour d'un axe vertical *O,O'Z'* qui passe au centre de la base, et reportons ensuite cette base sur la droite, afin de dégager la figure. Cette fois encore, il a suffi de déplacer en bloc la projection horizontale, et la projection verticale s'en déduit entièrement.

On peut ainsi donner à la pyramide une série de déplacements, qui se déduisent tous les uns des autres, sans aucun recours au modèle.

Plus tard, vient l'exposé méthodique de la *géométrie descriptive*, dont les exercices graphiques cités plus haut et les premières leçons de géométrie cotée ont donné une idée, et dont l'extension est telle que certaines de ses subdivisions forment à elles seules des traités spéciaux : *la stéréotomie*, *la perspective*, etc.

La géométrie descriptive n'est pas tout à fait nouvelle pour les élèves qui ont suivi le développement de la méthode naturelle; ils ont déjà exécuté quelques épures de géométrie cotée et, pour modestes qu'elles aient été, elles n'auront pas été inutiles. En effet, la géométrie descriptive, n'étant qu'une langue graphique, exige peu de théorie (on peut même dire que la seule théorie consiste dans les théorèmes cités au livre V), mais beaucoup d'exercice et d'habitude. Il est donc sage, dès les premières études de géométrie, de dessiner des projections, puis des déplacements de solides, puis, un peu plus tard, des épures simples de géométrie cotée, afin que, quand on abordera le cours méthodique de géométrie descriptive, on possède déjà cette habitude indispensable.

Ce langage graphique obéit à un petit nombre de règles générales, et qui sont telles parce qu'elles sont des expressions immédiates de théorèmes démontrés avec rigueur.

Aussi, le meilleur conseil à donner pour l'étude de cette géométrie du trait est-il de répéter un assez grand nombre de fois, sur le tableau noir, ou, à défaut, à main levée sur le papier, les constructions expliquées dans le cours, en changeant la disposition de toutes les manières possibles. Il convient de s'habituer à lire une épure simple, c'est-à-dire de reconnaître, pour *chaque point*, d'après ses seules projections, sa situation dans l'espace, attendu que l'on n'a jamais, ici comme dans les problèmes de construction, quels qu'ils soient, qu'*un* point à construire à la fois. Enfin, pendant que l'on exécute les tracés indiqués par les quelques méthodes générales, il est bon d'appliquer strictement ces méthodes, sans se préoccuper de suivre les constructions dans l'espace; ce serait se fatiguer inutilement et perdre tous les avantages qu'elles offrent.

Lorsque les élèves, familiarisés avec les projections cotées, passent à l'emploi de deux plans de projection, ils retrouvent, dans la projection horizontale, les figures même de la géométrie cotée, et constatent que les méthodes n'ont pas varié. C'est à peine si les procédés graphiques comportent plus de diversité.

Et pourtant, plus d'un a l'illusion, sans doute à cause de la projection verticale qui les aide à reconstituer les figures, que cette deuxième partie est plus facile. En réalité, les constructions sont toujours les mêmes; quoi de plus simple que d'appliquer les règles invariables du changement de plan et du rabattement? C'est au point qu'on pourrait les appliquer correctement, d'une manière purement mécanique, sans comprendre.

Ceci ne veut pas dire qu'une épure soit toujours chose facile; celle-ci comprend, en effet, deux parties : un problème de géométrie, ce qui est ordinairement une difficulté, et un tracé exécuté d'après des règles peu nombreuses et invariables, par suite n'exigeant que de l'attention.

*
* *

Avant de passer outre, il ne sera pas déplacé de dire ici quelques mots de la *Géométrie analytique*, dont Descartes, par l'emploi systématique des *coordonnées*, peut être regardé comme le véritable créateur. Ce mot a déjà été cité à propos de l'algèbre. La géométrie analytique est aussi basée sur l'emploi des projections; mais elle résout les questions au moyen du calcul algébrique et non à l'aide des constructions graphiques. Les figures de l'espace, projetées sur deux ou trois axes, sont remplacées par leurs *équations*, relations algébriques nécessaires qui lient les coordonnées de leurs points. Elle a élargi considérablement le domaine de la géométrie, et constitué la base de la mécanique moderne. Ayant à étudier le mouvement d'un point dans l'espace, on détermine ce point par ses coordonnées, ce qui revient à le remplacer par ses projections sur les axes; et on se trouve ramené à n'étudier que des mouvements rectilignes.

Géométrie descriptive, géométrie analytique, basées sur la même idée, la substitution aux figures de leurs projections, résolvent le problème de deux façons nettement distinctes, chacune avec son caractère particulier, et souvent en se prêtant un mutuel appui.

∴

A propos des *déplacements élémentaires* des figures, il suffira de dire que l'on suit les mêmes développements qu'en géométrie plane, et avec la même méthode.

Il en est de même de la *symétrie* et de l'*homothétie*, en observant toutefois que la solidité des figures introduit un élément nouveau dont il faut tenir compte : c'est le *sens*. Ainsi, deux angles trièdres peuvent avoir tous leurs éléments égaux deux à deux, et cependant ne pas être égaux, si ces éléments ne sont pas disposés dans le même sens. On comprendra aisément qu'il puisse en être ainsi en examinant deux vis de même pas, de même diamètre, de même filet, mais dont l'une tourne ses spires de droite à gauche, et l'autre de gauche à droite. Bien qu'elles soient formées d'éléments séparément égaux, chacune ne peut se visser que dans son écrou et non dans celui de l'autre.

De même, si nous nous contemplons dans une glace, nous y apercevons l'image d'une autre personne qui n'est pas nous, mais notre symétrique, qui, bien que formé des mêmes éléments, ne nous ressemble pas. On ne s'étonnera plus, après cela, que si peu de personnes soient satisfaites de leur portrait, même exécuté avec le plus grand soin, par un photographe amateur. Heureusement, il y a la retouche !

Livre VI. — Nous allons retrouver ici de telles analogies entre l'étude des *polyèdres* et celle des polygones, vue antérieurement, qu'il suffira de rappeler les méthodes précédentes et de les appliquer purement et simplement.

La méthode qui a constamment servi pour l'étude des polygones consiste dans la décomposition de ceux-ci en triangles et l'application de leurs propriétés. De même, nous décomposerons les polyèdres en *tétraèdres*, si bien qu'une étude préalable de ceux-ci s'impose naturellement.

Le choix de l'unité d'aire avait, on s'en souvient, conduit à adopter l'ordre suivant : rectangle, triangle, polygone. Or, l'unité de volume adoptée étant un *cube*, il a bien fallu partir du corps qui se débite naturellement en cubes, le *parallélipipède rectangle* dont on a tiré le volume du tétraèdre, et enfin ceux des polyèdres.

Ce qui paraît se détacher de l'ensemble de ce livre, c'est, d'une part, les propriétés des *sections planes* de la *pyramide;* d'autre part, la transformation d'un *prisme quelconque* en un *prisme droit* de même volume; enfin l'équivalence de deux pyramides de même hauteur et de bases équivalentes.

Les questions relatives à la mesure des aires des surfaces et des volumes de ces divers solides fournissent une occasion excellente d'exposer parallèlement, sans toutefois tomber dans l'érudition, chaque problème traité par la géométrie pure et par le calcul, en faisant découvrir par les élèves les avantages de chacune.

LIVRE VII. — Le *cylindre* dérive du prisme et le *cône* de la pyramide, de la même façon que la circonférence se rattache aux polygones réguliers. Les élèves verront que les propriétés de ces corps sont les mêmes que celles du prisme et de la pyramide et, par le fait, n'auront encore rien de nouveau à apprendre.

Et quand ils aborderont l'étude des aires de leurs surfaces, ils feront de nouveau appel à la méthode infinitésimale. Ils verront que la difficulté qui se présente, et qui conduit à définir *la mesure de l'aire de la surface d'un cylindre ou d'un cône*, tient surtout à ce que la notion d'aire est liée intimement à l'idée de figure plane. La difficulté n'existe pas, à proprement parler, au point de vue pratique, puisque, l'approximation étant illimitée, les résultats peuvent satisfaire les plus exigeants. Il s'agit là, particulièrement, de préciser une notion de limite, de se rendre compte de l'idée fondamentale enfermée dans une définition, et de la puissance de notre entendement. Au fond, c'est une question d'honnêteté intellectuelle.

Les mêmes réflexions s'appliquent évidemment aux mesures des volumes. De même, le calcul y trouvera utilement sa place.

LIVRE VIII. — La sphère est le type parfait des surfaces de révolution. Les parties les plus saillantes de ce livre sont : l'étude des *sections planes*, celle du *plan tangent*, puis celle de la *surface* et du *volume*, dans lesquelles on retrouve toujours les mêmes méthodes.

La sphère attire, en outre, notre attention parce qu'elle est la figure de la terre. A vrai dire, si la sphère céleste, sphère fictive adoptée pour projeter sur elle la perspective du ciel peuplé d'étoiles, est une sphère parfaite, chacun sait que la terre, aplatie aux pôles, n'est pas rigoureusement sphérique. Mais si l'on veut bien observer que cet aplatissement se rapproche beaucoup de $\frac{1}{300}$, on en conclura que, pour représenter à nos yeux le globe terrestre, nous pourrons nous servir d'une véritable sphère puisque, dans le cas d'un globe de $0^m,3$ de rayon, la différence des diamètres équatorial et polaire est à peine de $0^m,002$. Et si le globe était réduit à $0^m,03$ de rayon, comme une bille de billard, cette différence atteindrait au plus 2 dixièmes de millimètre. A cette échelle, peu de billes de billard sont aussi sphériques que la terre !

Le niveau de la mer, qui correspond, en tous lieux, aux points d'altitude nulle, a été fixé conventionnellement à la hauteur moyenne de la mer entre les plus hautes et les plus basses mers. La figure formée par tous ces points est une sphère, prolongée par une fiction, au delà des rivages de la vraie mer, au-dessous des continents. Sa partie libre, découverte, est plus importante que la partie invisible.

Aussi est-il intéressant, pour les marins et pour les astronomes, de faire une étude spéciale de la géométrie, en supposant les figures tracées sur une surface sphérique. Et, puisque l'on a désigné sous le nom de géométrie plane l'étude des figures tracées sur un plan, on a de même appelé celle-ci *géométrie sphérique*. On y rencontre quelques idées intéressantes : le plus court chemin sur une sphère, entre deux points, est l'arc de grand cercle qui joint ces points. Celui-ci joue le même rôle que la ligne droite dans le plan ; ce sera donc le chemin suivi par les navires à vapeur pour se rendre d'un lieu à un autre, et ainsi s'écartent-ils très peu d'une route étroite, bien que la place ne leur soit pas mesurée. Mais, chose curieuse, alors que la géométrie plane est basée sur l'énoncé : une *ligne droite est déterminée par deux points*, c'est-à-dire que, entre deux points, il n'en existe qu'une, il y a, au contraire, une infinité d'arcs de grands cercles qui passent par deux points de la sphère, s'ils sont diamétralement opposés. Et cependant, on ne peut dire qu'il y ait là une contradiction, car si l'on fait augmenter indéfiniment le rayon de la sphère, elle se rapproche indéfiniment, en un lieu donné, d'une surface plane et on peut dire que certains de ces arcs de grands cercles se rapprochent indéfiniment de lignes droites parallèles tracées sur le plan.

Les Problèmes.

Le Cours de Géométrie est un moyen à la fois d'éducation intellectuelle et d'initiation aux questions de construction qui se rencontrent dans la pratique, mais il n'est pas un but. Un élève doit, le plus tôt possible, se servir de sa première connaissance du Cours pour passer aux applications qui, pour lui, sont les problèmes de géométrie. Puis, par un agréable retour, la peine qu'il aura prise pour les résoudre lui en fera mieux comprendre la portée et la raison d'être. C'est un cercle, mais non un cercle vicieux. D'autre part, c'est beaucoup plus intéressant que le Cours, puisque nous y mettons quelque chose de nous-même.

La variété des problèmes est infinie, et il serait puéril de prétendre enseigner une méthode permettant de les résoudre tous, quelque chose comme une *manière de faire les problèmes*, ou encore de *produire des chefs-d'œuvre*.

En revanche, il est possible, et de plus très utile, de réunir quelques conseils généraux dont l'ensemble constitue une *méthode de recherche*, dont se passent, ou plutôt qu'inventent d'eux-mêmes les élèves extraordinairement intelligents, mais sans laquelle la grande majorité d'entre eux, ne sachant comment s'y prendre pour attaquer un problème, se rebutent vite. Muni d'une telle méthode, on se sent déjà plus de courage, et d'autant plus près du succès : un soldat qui se croit vaincu d'avance n'ira pas loin en avant.

Pour qu'une méthode de recherche, de travail, soit digne de ce nom, il faut qu'elle soutienne l'élève sans lui ôter sa liberté, qu'elle le guide en lui laissant son initiative et son caractère.

Il paraît possible de classer à peu près tous les

problèmes de géométrie en un petit nombre de catégories bien distinctes.

La première comprend les problèmes les plus faciles : ce sont ceux qui ont trait à une *proposition à démontrer*. Il n'est donc besoin que de s'attacher à démontrer une vérité donnée, sans grand esprit d'invention, ce qui est naturellement plus facile que d'aller à la recherche d'une vérité inconnue.

Comment procédera un élève en face d'un tel problème? Il ne saurait mieux faire que d'imiter la méthode qu'il a coutume de suivre dans l'étude du Cours : examiner chacune des hypothèses *séparément*, et en tirer une conclusion utile avant de passer à une autre, sans se permettre un seul instant de vagabonder à côté. En général, après cet examen, qui ne va pas sans hésitations, il parviendra à réduire la question à l'un des termes suivants : démontrer qu'une longueur est égale à une autre longueur, ou un angle égal à un autre angle, ou démontrer qu'ils ne sont pas égaux.

Dans le premier cas, cela revient, plus ou moins immédiatement, à découvrir deux triangles égaux qui renferment les éléments considérés ou à les construire. C'est, parfois, plus immédiatement, au parallélogramme ou à la circonférence que l'on aura recours.

Dans le deuxième cas, c'est l'emploi du triangle isocèle qui, ordinairement, conduit à la solution.

Ceci, bien entendu, n'a rien d'absolu.

Dans tous les cas, quoi qu'il arrive, l'élève évitera avec soin de faire au hasard des constructions, dans le vain espoir de découvrir la solution sans effort; il ne hasardera une construction qu'autant qu'il pourra la justifier d'une manière positive. Quelquefois, il lui sera facile de juger de la valeur de cette tentative en passant à un cas extrême de la figure. Toujours, il devra voir un encouragement dans ce fait qu'il a su utiliser une hypothèse.

Enfin, la solution trouvée, tout ne sera pas fini. Il ne suffit pas que la solution soit exacte; il faut encore, pour que l'effort produise tout l'effet que l'on doit en attendre, qu'elle soit exposée de façon convenable. Ce n'est que dans la pratique que l'exactitude de la solution est le but principal, et, si l'on veut, unique. Dans le cours des études, la solution importe peu par elle-même; c'est la formation intellectuelle de l'élève qui doit être au premier plan de nos préoccupations.

Nous nous attacherons donc sérieusement à ce que l'exposé de la solution soit écrit correctement au point de vue de la langue, et, au point de vue logique, développé avec méthode et avec clarté.

Les propositions s'enchaîneront sans aucune omission, sans rien d'inutile, de façon que le lecteur suive sans fatigue la démonstration. Celui qui fait des études sérieuses ne fuit pas la peine, condition nécessaire de ses progrès. C'est fuir la difficulté qu'écrire une solution sans ordre, en adoptant un langage barbare et hostile.

Et maintenant, quelques exemples faciles illustreront avantageusement ces simples conseils :

Exemple I. — *On prolonge les côtés* AB, AC, *d'un triangle* ABC (*fig. 80*), *de longueurs respectivement égales* AB′ *et* AC′ ; *on joint* B′C′, *et l'on propose de démontrer que le point* D, *milieu de* BC, *le point* A, *et le point* D′, *milieu de* B′C′, *sont en ligne droite.*

L'examen de la figure et des hypothèses (AB′ est le prolongement de AB, AC′ celui de AC) nous montre que les angles BAC, B′AC′ sont opposés par le sommet et égaux.

Si bien qu'il suffira de démontrer que les angles BAD et B′AD′ sont égaux pour établir la proposition demandée.

Nous voici ramenés à démontrer que *deux angles sont égaux*. Les deux triangles BAD, B′AD′ semblent tout désignés pour y parvenir. Seulement, il y a une petite difficulté : nous savons que

AB = AB', et c'est tout. Il fallait nous y attendre, puisque nous n'avons pas tenu compte de cette hypothèse que AB' = AB, et AC' = AC. Réparons

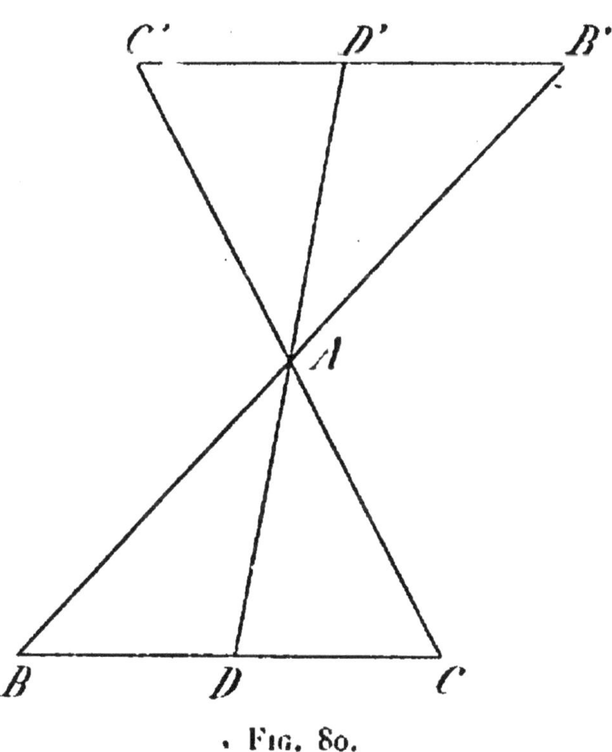

FIG. 80.

cette omission. Nous avons déjà constaté que l'angle BAC est égal à l'angle B'AC'; les deux côtés qui comprennent ces angles étant respectivement égaux, les deux triangles ABC, AB'C' sont eux-mêmes égaux.

Profitons de ce résultat : les éléments de ces deux triangles seront égaux deux à deux; BC est ainsi égal à B'C'; leurs moitiés BD et B'D' sont égales. L'angle B est aussi égal à B'.

Dès lors, nous pouvons conclure que les deux triangles de tout à l'heure sont égaux, et le théo-

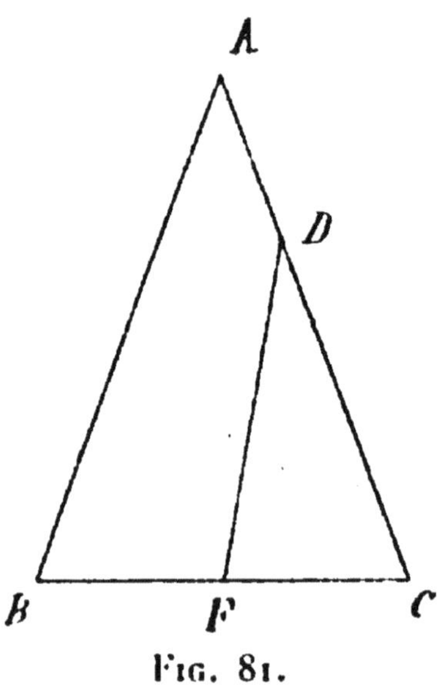

FIG. 81.

rème est démontré, et l'élève peut, si bon lui semble, écrire enfin c. q. f. d.

Dans un problème plus difficile, on procédera d'après la même méthode; mais on n'arrivera parfois à la conclusion qu'après un certain nombre de détours.

EXEMPLE II. — *Si un point* D *se déplace sur le côté* AC *d'un triangle isocèle* ABC *(fig. 81) et qu'on le rattache au point* F, *milieu de* BC, *la différence* AB — AD *est toujours supérieure à* FD — FB (*ou* FB — FD).

Examinons la première hypothèse *seule* : le triangle ABC est isocèle. Puisque AB = AC, rien ne nous empêche de remplacer la différence AB — AD par AC — AD ou DC, ce qui est déjà plus simple.

Prenons maintenant la deuxième hypothèse, sans plus nous occuper de la première qui est utilisée : F est le milieu de BC; dès lors, nous pouvons lire FD — FC au lieu de FD — FB.

Récapitulons : le problème revient à démontrer que DC est plus grand que FD — FB, ou, en d'autres termes, que le côté DC du triangle DCF est plus grand que la différence des deux autres; or, cette proposition est tenue pour évidente.

L'utilité d'une méthode générale apparaît avec force dans les problèmes relatifs à une condition à démontrer ou à découvrir. Tous ces problèmes se rattachent à une méthode unique.

EXEMPLE III. — *Quelle est la condition nécessaire et suffisante pour qu'un trapèze soit inscriptible dans une circonférence?*

1° Cherchons quelle est la condition *nécessaire*, c'est-à-dire inséparable du fait que le trapèze est inscriptible. Un moyen parfait se présente : c'est de supposer que le trapèze est *réellement* inscriptible.

Tout quadrilatère inscriptible, nous le savons, a ses angles opposés supplémentaires. Dès lors, supposer notre trapèze inscriptible, c'est supposer que

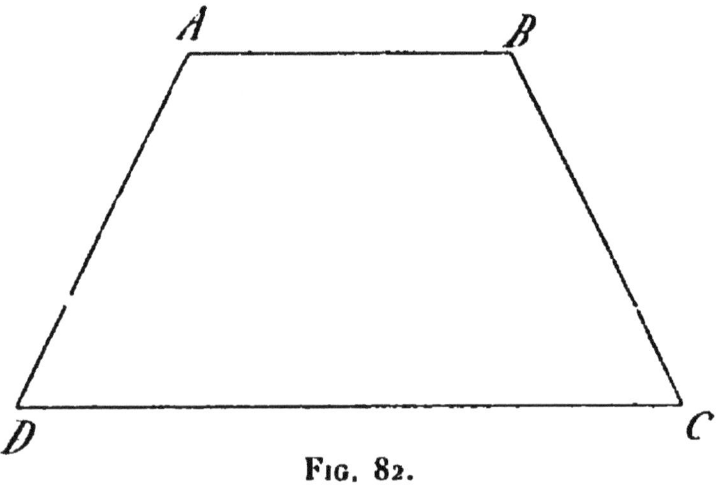

Fig. 82.

les angles A et C (*fig. 82*), d'une part, B et D, d'autre part, sont supplémentaires.

Voilà pour notre première hypothèse; mais, en supposant que la figure est un trapèze, nous en avons admis une autre : dans tout trapèze les angles A et D d'une part, B et C d'autre part, sont supplémentaires encore.

Rapprochons ces deux résultats : il en résulte fatalement, *nécessairement*, que les angles A et B sont égaux, et aussi C et D, ce qui signifie que le trapèze est isocèle.

2° Examinons si la condition est *suffisante.* Cette question se présente comme la réciproque de la précédente. Notre méthode consistera donc à retourner notre argumentation. Supposons, cette fois, que le trapèze *est* isocèle, et voyons s'il est inscriptible.

C'est un trapèze ; donc les angles A et D sont supplémentaires ; de même les angles B et C ; la première hypothèse est utilisée.

D'après la deuxième, à savoir qu'il est isocèle, les angles A et B sont égaux, et aussi C et D.

Il résulte de là que l'on peut échanger D avec C, et, par conséquent, que les angles A et C sont supplémentaires, et que, enfin, le trapèze est inscriptible.

Concluons : la condition est nécessaire et suffisante.

Que l'on ne croie pas que cette méthode est exclusive à la géométrie. C'est une méthode générale, et, pour le montrer, il suffira de l'appliquer à un problème tout différent que nous empruntons à l'arithmétique.

Exemple IV. — *Quelle est la condition nécessaire et suffisante pour qu'une fraction irréductible puisse être convertie en une fraction décimale ?*

1° Proposons-nous de trouver la condition *néces-*

saire. Procédons comme nous avons fait plus haut : supposons qu'une fraction irréductible, que nous représentons par $\frac{a}{b}$, afin de n'en exclure aucune, est égale à une fraction décimale. Celle-ci étant, par définition, une fraction dont le dénominateur est une puissance de 10, peut être représentée par $\frac{c}{10^n}$, symbole qui convient à toutes les fractions décimales.

Il résulte de notre hypothèse que $\frac{a}{b}$ est égale à $\frac{c}{10^n}$. Or, nous avons appris que toute fraction égale à une fraction irréductible a pour termes des multiples des termes de celle-ci. Retenons-en que 10^n est un multiple de b, ou mieux que b est un diviseur de 10^n. Et, puisque 10 a pour facteurs premiers 2 et 5 seulement, b ne saurait en avoir d'autres.

La condition nécessaire est donc que le dénominateur de la fraction n'ait d'autres facteurs premiers que 2 et 5.

2° Voyons si cette condition est *suffisante*. Nous retournons la proposition : supposons que le dénominateur n'ait d'autres facteurs premiers que 2 et 5; soit par exemple $\frac{7}{2 \times 5^2}$. Nous n'altérerons pas la valeur de cette fraction en multipliant les deux termes par 2, et nous obtiendrons

$$\frac{14}{2^2 \times 5^2} = \frac{14}{10^2}$$

ou enfin 0,14, fraction décimale.

La condition énoncée est donc nécessaire et suffisante.

Il suffit de lire successivement ces deux démonstrations pour constater que l'on a suivi exactement la même méthode, et l'on pourrait faire cette constatation dans tous les cas analogues.

Il est à peine besoin d'ajouter qu'il est possible de traiter d'autres questions par d'autres méthodes; il n'en est pas moins vrai que celles qui viennent d'être exposées sont les plus généralement employées et suffisent presque toujours.

*
* *

Une deuxième catégorie de problèmes, celle des *lieux géométriques*, est plus difficile, pour cette raison que l'on doit aller à la découverte d'une figure inconnue.

Ici, pas d'indication sur ce qu'il faut faire, et il est dangereux de se laisser aller à échafauder, *à priori*, une solution. Ces constructions auraient la fragilité des légendaires châteaux en Espagne.

Il vaut mieux, au contraire, afin d'en tirer le meilleur rendement possible, ne pas chercher à deviner quelle figure sera le lieu géométrique cherché : tout parti pris, on le sait, empêche de raisonner droit. Or, n'oublions pas que ce qui importe le plus, c'est d'aborder en face la difficulté, et de la vaincre méthodiquement, en se préoccupant plutôt de raisonner juste que de toute autre chose.

La recherche d'un lieu géométrique est souvent assez ardue. Dans l'étude élémentaire de la géométrie, on doit tendre généralement à ramener le lieu géométrique cherché à un lieu déjà connu, ce qui limite l'étendue des découvertes aux figures déjà étudiées. Ce n'est que dans le Cours de *Géométrie analytique*, qui sort du cadre de cet ouvrage, que l'on rencontre une règle générale pour déterminer n'importe quel lieu.

Le mieux est de procéder, comme toujours, d'une manière analytique, en ne s'occupant que d'une hypothèse à la fois. Ayant construit un point *quelconque* du lieu, on le rattachera, autant que possible, à des points fixes, ou des lignes fixes, et l'on utilisera successivement chaque hypothèse, jusqu'à ce que l'on découvre une propriété du point quelconque considéré qui le rattache à une figure connue.

EXEMPLE V (*fig. 83*). — *Un angle droit* XOY *est fixe et un autre angle droit tourne autour de son sommet* P *qui est fixe. Les côtés vont rencontrer ceux du premier en* A *et* B. *Quel est le lieu géométrique du point* M *milieu de* AB?

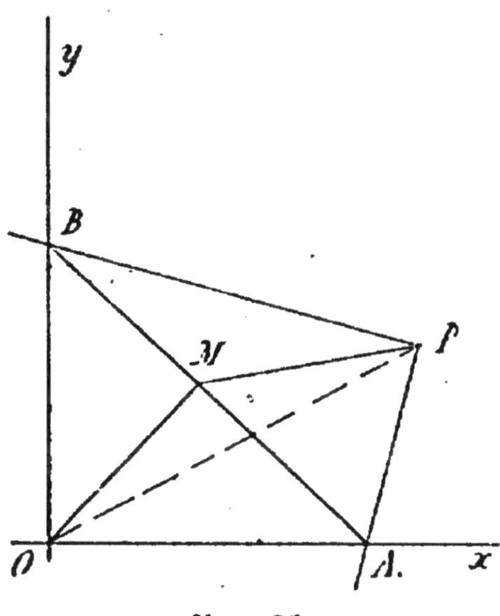

FIG. 83.

Il paraît naturel de rattacher le point M aux points fixes O et P.

D'après la première hypothèse, AOB étant un triangle rectangle, la médiane OM est égale à la moitié de l'hypoténuse AB, circonstance qui nous confirme dans l'idée de relier M au point fixe O.

De même, d'après la seconde hypothèse, le triangle APB est rectangle; et PM est aussi la médiane de ce triangle, et elle est aussi égale à la moitié de l'hypoténuse AB. Il était donc utile de joindre M au point fixe P.

Rapprochons les deux résultats obtenus séparément : OM et PM, égaux à la moitié de AB, sont donc égaux.

En d'autres termes, le point M est à égale distance des points fixes O et P, et il ne saurait en être autrement. Enfin, le lieu cherché est ramené à celui-ci : *Quel est lieu géométrique des points équidistants de deux points fixes* O *et* P?

Ce problème est résolu dans le Cours de Géométrie : le lieu est la perpendiculaire au milieu de la ligne droite OP.

Voici un exemple tiré de la *Géométrie de l'espace :*

EXEMPLE VI. — *Un plan* P *(fig. 84) tourne autour d'une droite fixe* xy; *d'un point fixe* A *de l'espace, on abaisse la perpendiculaire à ce plan et l'on demande quel est le lieu du pied* M *de cette perpendiculaire.*

D'après la première hypothèse, AM est perpendiculaire au plan P; il en résulte qu'elle est perpendiculaire à toute droite du plan P, en particulier à xy.

D'après l'autre hypothèse, xy est fixe; ce qui

nous donne l'idée de relier M à cette droite par une autre ligne droite. Et celle qui se recommande entre toutes est la perpendiculaire MO.

En réunissant ces deux résultats, nous trouvons

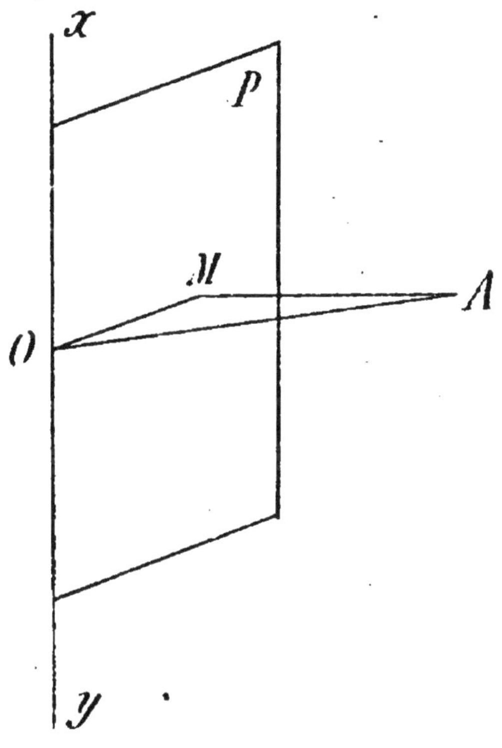

FIG. 84.

que le plan AMO est perpendiculaire à xy au point O, fixe, puisque ce plan est unique. — Et ainsi nous savons déjà que la figure cherchée est *plane* et située dans le plan AMO. Cela fait, ce n'est plus une difficulté de trouver la solution. Car le triangle rectangle AMO a une hypoténuse fixe, et le lieu du sommet M est ainsi la circonférence de diamètre AO.

La nature de la question peut impliquer l'usage du calcul; bien que ce soit un peu plus abstrait, la méthode reste la même.

Exemple VII. — *Un angle droit tourne autour de son sommet fixe* P (*fig.* 85). *Ses côtés rencontrent une circonférence donnée en des points* A *et* B. *Quel est le lieu géométrique du milieu de la corde* AB?

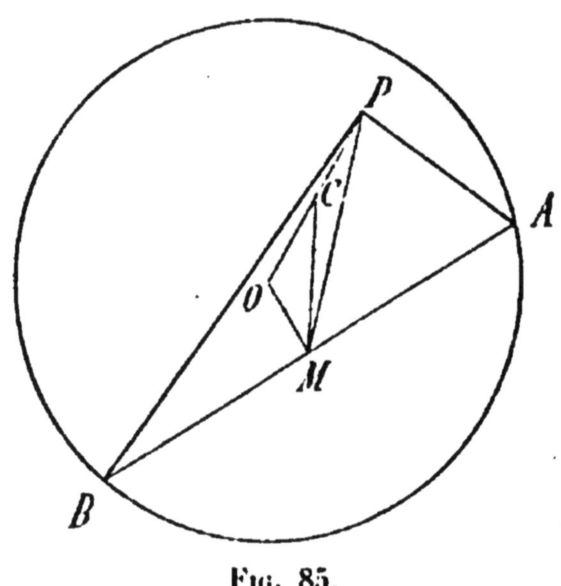

Fig. 85.

Soit M ce milieu, dans une position *quelconque* de la corde AB.

Le triangle PAB, c'est notre première hypothèse,

est rectangle et la ligne droite PM, qui rattache M au point fixe P, en est la médiane. Nous savons ainsi qu'elle est égale à MB et MA.

D'autre part, AB est une corde, et M le milieu de celle-ci, si bien que la ligne droite OM, qui rattache le point M au point fixe O, est perpendiculaire à AB.

On le voit, nous avons été amenés, par les hypothèses, à joindre M à deux points fixes, O et P.

Or, OM et MB sont les côtés du triangle rectangle OBM; et, d'après le théorème de Pythagore

$$\overline{OM}^2 + \overline{BM}^2 = \overline{OB}^2$$

et, puisque BM = MP

$$\overline{OM}^2 + \overline{PM}^2 = \overline{OB}^2$$

OB, rayon de la circonférence, est constant; le lieu géométrique cherché se ramène à une question connue, car on sait que, C étant le milieu de OP

$$\overline{OM}^2 + \overline{PM}^2 = 2\overline{OC}^2 + 2\overline{CM}^2$$

par suite

$$2\overline{CM}^2 + 2\overline{OC}^2 = \overline{OB}^2$$

ou

$$2\overline{CM}^2 = \overline{OB}^2 - 2\overline{OC}^2$$

Ceci nous montre que CM, distance du point M

au point fixe C, est constante, et que M décrit une circonférence de centre C.

*
* *

Enfin, dans une troisième catégorie, nous rangerons les *problèmes de construction*, qui sont, au fond, les vrais problèmes de géométrie.

Toute solution juste est évidemment acceptable si l'on se place au point de vue objectif, c'est-à-dire si l'on n'envisage que le résultat. Tel ne saurait être le point de vue d'une éducation rationnelle; il est déplorable de se spécialiser trop tôt, car ce n'est pas sur les bancs de l'école secondaire qu'on doit apprendre les notions pratiques nécessaires à la vie; on vient s'y préparer à apprendre. En ce qui regarde particulièrement les mathématiques, on y prend des habitudes d'ordre, de méthode, de travail intelligent; plus tard, le jeune homme, ainsi outillé pour les études sérieuses qui le conduiront à la carrière qu'il veut suivre, en éprouvera les heureux effets. C'est bien une langue universelle pour étudier les sciences.

Dès lors, si un élève parvient à deviner la solution d'un problème de construction, chose facile pour beaucoup de petits exercices, il ne doit y attacher qu'une médiocre importance, sachant bien que des questions plus sérieuses l'arrêteraient. Cette synthèse ne constitue pas une méthode : l'art est difficile. Ici encore, il n'y a qu'une méthode : la méthode de Platon, de Descartes, la méthode analytique. On suppose le problème résolu, ce qui veut dire que l'on se place en face d'une figure analogue à celle que l'on se propose de construire, et on lui attribue, momentanément du moins, les propriétés qu'elle doit avoir, les éléments qu'elle doit réunir.

Mais si l'on s'en tenait là, en attendant que le papier ou le tableau noir suggérât la solution, on n'avancerait guère. Il faut, au contraire, être actif et attaquer vivement la difficulté. Pour cela, on examine l'une après l'autre les données, les hypothèses, jusqu'à ce que l'on découvre celle qui est plus facilement utilisable. Cet examen, fait avec réflexion, conduit, après plus ou moins de tentatives infructueuses, à conclûre que toute la question se réduit à construire *un point* déterminé. A partir de ce moment, on peut regarder la solution comme imminente.

Cela ne veut pas dire qu'il n'y aura que ce point à construire; il pourra se faire qu'il y en ait d'autres, mais, comme on n'en construira qu'un à la fois, c'est bien là le terme auquel il convient de ramener la solution.

On peut aller plus vite parfois, en le ramenant à construire une ligne droite.

Un point, au point de vue graphique, est toujours regardé comme l'intersection de deux lignes. Celles-ci ne demandent, pour les découvrir, que de l'attention : ce sont habituellement deux lieux géométriques dont la définition est plus ou moins clairement écrite dans les données. Une fois ces lignes connues, la solution du problème en découle aisément.

Ces conseils seront mieux appréciés dans des exemples.

EXEMPLE VII. — *Construire un triangle dont on connaît les deux côtés* AB *et* BC *et la hauteur* AD (*fig. 86*).

Nous supposons le problème résolu ; en d'autres termes, nous dessinons, *au hasard*, un triangle ABC et nous admettons, pour un instant, que ses côtés AB et BC sont donnés, et aussi sa hauteur AD. Il est clair que, quand nous aurons trouvé le moyen de construire, *à coup sûr et sans hésitation,* ce triangle, nous saurons en même temps construire tous les autres.

Or, l'exemple étant simple à dessein, il n'est pas besoin d'un long examen de la figure pour s'apercevoir qu'il sera toujours facile de porter, sur une ligne droite indéfinie, une longueur B′C′ égale à la longueur donnée pour le côté BC. Et, dès lors, le problème sera résolu pourvu que nous sachions construire le *seul* point A.

Essayons donc de trouver, dans l'énoncé, les

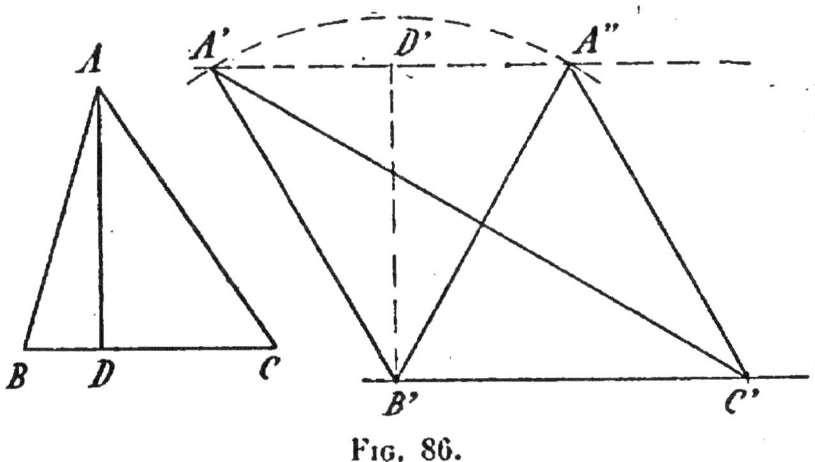

Fig. 86.

indications de deux lieux géométriques contenant ce point.

Il nous reste deux données à utiliser; la première est la longueur du côté AB. Si nous portons, à partir de B′, dans toutes les directions possibles, cette longueur connue, son extrémité décrira une circonférence qui sera un premier lieu géométrique du point A. Conséquence : le point que nous cherchons *ne peut pas ne pas être* sur cette circonférence.

Passons à la deuxième : la hauteur AD est connue. Si, de même, en tous les points de la ligne droite indéfinie, nous portons cette hauteur, son extrémité décrira une parallèle à B'C', et ce sera le deuxième lieu géométrique du point A. Il *ne peut pas ne pas être* sur cette parallèle.

Puisqu'il doit être à la fois sur la circonférence et sur la parallèle, il est à leur rencontre.

Il en résulte immédiatement le tracé graphique.

On voit, d'après cela, qu'il y a une méthode réelle de travail, de recherche, dont l'un des avantages est de ne pas laisser l'élève désemparé devant son problème. L'emploi des lieux géométriques, toutes les fois qu'il est possible, et il en est ainsi généralement, conduit à des figures sur lesquelles se trouve *nécessairement* le point cherché. S'il y a une solution, il est certain qu'on la trouvera.

Bien plus, si nous faisons les tracés graphiques indiqués dans la solution, nous verrons un autre avantage de cette méthode : la parallèle va rencontrer la circonférence en deux points. Nous cherchions un point et nous avons la surprise d'en trouver deux, ce à quoi, habituellement, nous ne nous attendions pas. Nous allions peut-être passer à côté de la deuxième solution ; nos lieux géométriques nous ont gardés contre cette omission.

Enfin, notre méthode nous permet d'aller plus

loin encore : elle nous permet de critiquer la solution *générale* obtenue par nous, afin de reconnaître si elle est toujours applicable, puis, la curiosité nous venant, de voir comment se modifient les résultats de la construction quand les données varient elles-mêmes. C'est ce qu'on nomme la *discussion;* elle procède des mêmes remarques que celle des formules algébriques ; elle en a aussi l'utilité et le caractère. Ici encore nous devrons nous rappeler l'adage : user, ne pas abuser.

Dans le problème que nous venons d'expliquer, le point A devant se trouver *nécessairement* sur l'un et l'autre lieu géométrique, nous pouvons affirmer que la solution n'existe qu'autant que la parallèle coupe la circonférence. Et nous connaissons les conditions géométriques dans lesquelles cela a lieu. Dès lors, nous ferons un inventaire complet des solutions possibles en laissant la circonférence invariable et faisant croître la hauteur depuis zéro jusqu'à une valeur assez grande pour que nul incident nouveau ne soit à craindre.

Et nous constatons que les triangles trouvés, d'abord aplatis sur B'C', se relèvent graduellement, tandis que les sommets A' et A'' se rapprochent. La parallèle finit par être tangente à la circonférence : les deux triangles sont venus se fondre en un unique triangle, et celui-ci est rectangle. Ce fait n'est pas exceptionnel, au contraire : à toute valeur extrême des données, à tout cas limite, comme l'on dit, correspond une solution *singulière*. En effet, nous sommes bien dans un cas limite, puisque la parallèle continuant à s'élever, ne rencontre aussitôt plus la circonférence : il n'y a plus de solution; le triangle rectangle était la dernière.

Prenons un exemple dans la Géométrie de l'espace.

EXEMPLE VIII. — *On donne dans une face* P *d'un angle dièdre* (*fig.* 87) *une longueur* AB, *et l'on demande de trouver, dans la face* Q, *un point* M *tel que le triangle* ABM *soit rectangle en* M *et isocèle.*

Nous supposons le problème résolu ; soit donc M le point demandé; cela signifie que nous admettons que l'angle M est droit et que MA = MB.

Prenons cette deuxième hypothèse : MA = MB; elle nous montre que le point M est équidistant de A et de B ; or, il y a une infinité de points tels que M, et leur lieu géométrique est le plan perpendiculaire au milieu de AB. Soit R ce plan; comme il coupe la face Q selon la ligne droite DE, nous n'avons plus à chercher le point M que sur cette ligne droite. Il ne saurait être ailleurs. En vertu de la première hypothèse, l'angle M est droit, et le triangle ABM est rectangle. Or, son hypoténuse étant AB, nous voyons que CM est égal à AC ou BC. Si bien que le lieu géométrique qui en résulte

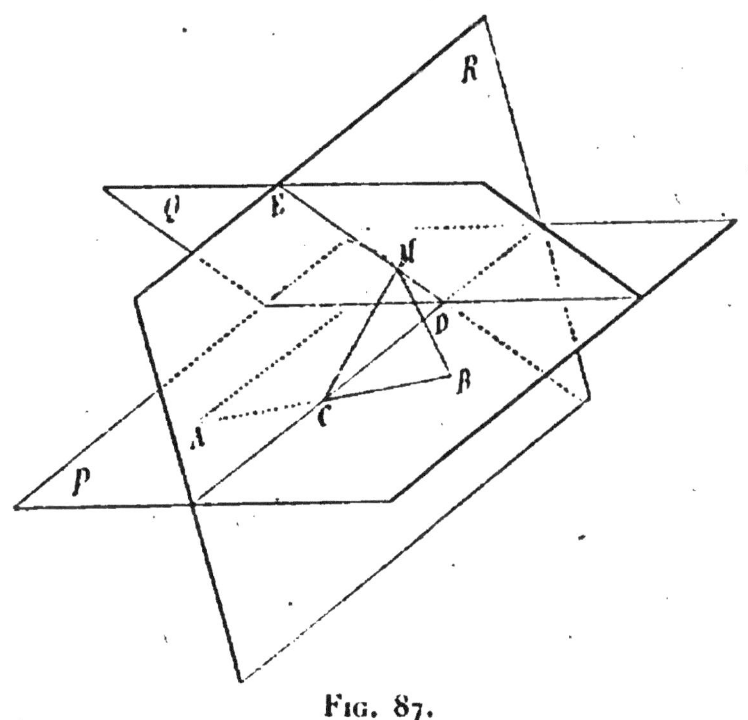

Fig. 87.

est la circonférence de centre C, de rayon égal à la moitié de AB, tracée dans le plan R.

Le point M étant à la fois sur cette circonférence et sur la ligne droite DE se trouve à leur rencontre.

Le problème peut avoir, comme on le voit, deux solutions ou une seulement, ou aucune.

Lorsque le problème proposé est plus difficile,

la méthode est encore plus nécessaire, et l'on a plus besoin encore d'avoir confiance en elle.

Il est bien entendu aussi qu'une méthode est un guide qui doit laisser toute liberté à celui qui l'emploie. Les avantages d'une méthode déterminée, pour réels qu'ils soient, ne sont pas une raison suffisante pour l'imposer d'une façon étroite. Et si un élève, doué de plus d'activité, de plus de sagacité, trouve par d'autres voies la solution du problème proposé, on ne peut que s'en féliciter. Une éducation bien comprise a pour but de guider, de former, et non d'opprimer.

La classification des problèmes de géométrie exposée plus haut a le défaut de toutes les classifications : elle n'est pas complète. Aussi bien n'a-t-elle d'autre but que de faire comprendre que la plupart des questions de géométrie se rattachent à des types peu nombreux; que, par suite, l'acquisition d'une méthode adaptée à chaque type est un bienfait pour le débutant en géométrie, et de nature à lui donner du courage. Sorti lui-même de la période des essais, il ébauchera à son tour, à son usage, une classification de ces questions en la complétant. Et c'est bien ce qu'il y a de plus désirable, que l'élève se passe du maître, travaille avec plaisir, et ait des idées personnelles.

On aurait pu, semble-t-il, créer encore une classe

de problèmes dont la solution entraîne l'emploi plus ou moins exclusif du calcul. Mais, pour la partie géométrique, ce qui a été dit plus haut est suffisant; et quant au calcul, les combinaisons sont de même sorte que pour les calculs algébriques. Il est donc inutile d'en parler de nouveau.

CONCLUSION

Nous voici arrivés au terme de cette étude, trop longue encore, malgré les limites que nous nous sommes imposées. Sera-t-il permis d'espérer que la lecture de ces pages aura convaincu le lecteur des quelques vérités essentielles que nous résumons ici?

I. — Les éléments des mathématiques ne constituent pas une science d'une difficulté qui exige des dons naturels exceptionnels. Leur réputation d'aridité est en partie basée sur la paresse naturelle à l'homme, en partie sur le souvenir désagréable d'un premier contact avec elles sans l'expérience, loin de toute réalité.

II. — La base des mathématiques est solidement fondée sur l'expérience; pour qui sait regarder, elles nous entourent, elles pénètrent notre vie.

D'ailleurs, qui s'en étonnerait, puisque le but primordial des sciences, leur origine même, est l'amélioration matérielle de la vie humaine? Si, comme on a voulu le leur reprocher, elles ne donnent pas aux hommes plus de bonheur direct, du moins leur permettent-elles, et leur permettront-elles de plus en plus efficacement, de réagir contre les fatalités évitables. C'est déjà un beau rôle, et, peut-être, en donnant plus de sagesse, contribueront-elles au bonheur même.

III. — La jeunesse étudiera les mathématiques avec fruit. Leur fréquentation donne de bonnes habitudes de méthode, de réflexion, de finesse. Les élèves y puiseront le goût de l'activité, de la critique, le mépris du parti pris et des spéculations hasardeuses.

IV. — Enfin, les mathématiques offrent au débutant un grand avantage : elles lui montrent que nul effort n'est vain. Tout élève doué de volonté pourra comprendre les éléments, et même, si la géométrie lui présente trop de difficulté, développer suffisamment ses connaissances en algèbre. Ce sera donc pour lui une source de réconfort, de juste confiance dans ses forces. Il en deviendra plus viril et plus actif.

Ayant, grâce à elles, acquis ces qualités essentielles : activité, réflexion, sens critique, largeur d'esprit, il sera mieux préparé à entrer dans la société. Il saura dégager des réalités des idées solides, pourra prendre plus d'intérêt à la vie moderne, se mêler au mouvement social, collaborer au progrès, devenir une force utile à son pays, et ainsi avoir une plus grande somme de vie.

V. — Les élèves retrouveront dans ces pages bien des airs connus et les reconnaîtront; je les remercie de leur collaboration involontaire, mais réelle ; leurs parents y trouveront un écho fidèle des commentaires qui accompagnent les travaux en commun de leurs enfants et de leurs maîtres, et c'est peut-être ce qui aura le plus de prix à leurs yeux, et leur permettra, même sans les avoir vus, une sorte de collaboration avec les maîtres. Une conversation est, le plus souvent, rapide, brève, décousue ; elle ne permet pas de fixer la pensée d'une manière durable. Au contraire, après avoir lu ces quelques pages, réfléchi sur les idées qui y ont été exposées, en vue du bien des enfants, les parents pourront en causer plus sérieusement avec les professeurs, et obtenir des précisions sur des points encore obscurs.

Si le but a été atteint, et si nous avons pu être

utile à quelques-uns, nous aurons la meilleure récompense que nous puissions désirer.

Disons, en terminant, que loin de les écarter, nous sollicitons vivement les critiques et les conseils de tous nos lecteurs, sans exception. Leur collaboration nous sera précieuse pour mettre plus au point cette étude qui n'a de prétention qu'à être utile à l'œuvre de l'Éducation de nos enfants; en cette matière, l'expérience seule permet d'approcher peu à peu de la solution, et les théories sont vaines. Et ainsi nous pourrons, dans une autre édition, tenir compte des améliorations qui auront été suggérées par nos lecteurs.

TABLE DES MATIÈRES

Pages.

Toulouse, Imp. Douladoure-Privat, rue St-Rome, 39. — 9747

BIBLIOTHÈQUE DES PARENTS ET DES MAITRES

PUBLIÉE SOUS LA DIRECTION DE M. PAUL CROUZET

Honorée d'une souscription du Ministère de l'Instruction publique.

Collégiens et Familles. *Le travail de l'enfant à la maison; L'éducation de l'enfant par lui-même; Les vacances,* par F. GACHE, professeur au Lycée de Montpellier. Préface de P. CROUZET. Frontispice de Jean BÉRAUD (Couronné par l'Institut), 2me édition.

I. **L'Art et l'Enfant.** *Essai sur l'Éducation esthétique,* par Marcel BRAUNSCHVIG, professeur de première au Lycée de Toulouse, docteur ès lettres, ancien élève de l'École normale supérieure. Préface de Jean LAHOR (3me édition, revue et augmentée).

II. **Préjugés d'autrefois et Carrières d'aujourd'hui.** *Essai d'une éducation rationnelle,* par G. VALRAN, docteur ès lettres, professeur au Lycée d'Aix, chargé de missions par le Ministère du Commerce. Préface de M. Eugène ETIENNE, ancien ministre.

V. **Pour la Vie familiale,** *Conférences faites à l'École des Mères,* par MM. BOUTROUX, CHEYSSON, COMPAYRÉ, DARLU, LICHTENBERGER, MALAPERT, Mme MOLL-WEISS, MM. F. PASSY et Ch. WAGNER.

V. **Mères et Fils,** par F. GACHE, professeur au Lycée de Montpellier. Préface de Mme Pauline KERGOMARD. Frontispice de Jean BÉRAUD (Couronné par l'Académie des sciences morales et politiques).

VI. **Pour mieux vivre.** *A nos Fils* (Pour leur vie physique, pour leur vie intellectuelle, pour leur vie morale, pour leur vie artistique, pour leur vie civique), par Victor MARGUERITTE.

VII. **Pour qu'on voyage.** *Essai sur l'art de bien voyager,* par Albert DAUZAT, docteur ès lettres. 20 illustrations hors texte.

VIII. **Le Français de nos enfants,** par Armand WEIL et Émile CHÉNIN, professeurs de Lycées, agrégés de l'Université. 34 illustrations hors texte.

IX. **Parents, Professeurs et Écoles d'aujourd'hui,** par MÜNCH, professeur à l'Université de Berlin (traduit de l'allemand par Gaston Raphaël), professeur au Lycée Lakanal.

X. **Pour qu'on apprenne les mathématiques,** par POCHIER, professeur au Collège Rollin. Préface de M. Baillaud, membre de l'Institut, Directeur de l'Observatoire de Paris.

Prix de chaque volume (format in-12) :

Broché.. **3 50**
Relié (reliure spéciale)...................... **5 »**

www.ingramcontent.com/pod-product-compliance
Ingram Content Group UK Ltd.
Pitfield, Milton Keynes, MK11 3LW, UK
UKHW020315200726
13857UKWH00001B/181

9 782012 927841